選擇，不只是選擇

全美決策領域最知名教授，告訴你選項背後的隱藏力量

Why the Way We Decide Matters

The Elements of Choice

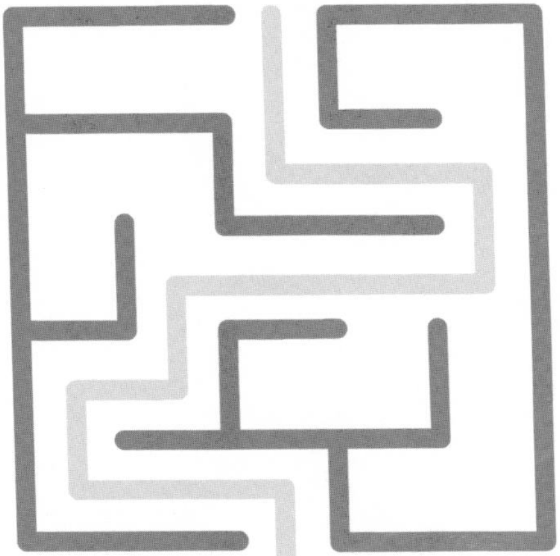

哥倫比亞商學院決策科學中心主任

艾瑞克．J．強森

Eric J. Johnson

林麗雪　譯

【目次】

第5章 預設選項的決策

第6章 有多少選擇？

第7章　排序

第8章　描述選項

第9章 打造選擇引擎

第10章 成爲更好的選擇建築師

重磅推薦

經濟學家多半喜歡擁有更多選擇，相信一般人也是，但除了選擇本身，影響我們做出選擇（判斷）的要素還有什麼，恐怕就不是一般人有注意到的。這本《選擇，不只是選擇》用十個章節分析各種選擇本身背後的要素帶來的影響，就算你不覺得自己是個常需要做出重大決策的人，也能從中更清楚地理解當你做選擇時，到底受到了哪些影響，進而在每次選擇時都想多一點，進入到作者所謂「正確的盒子」。

——楊士範，關鍵評論網媒體集團內容長

必讀！對個人、他人與社會，本書提供架構更好選擇的重要指南。

——丹尼爾．康納曼，《快思慢想》作者

本書精采揭示了影響你決策的細微卻強大的元素。

——卡蘿．杜維克，《心態致勝》作者

若想知道如何能幫助彼此做出更明智的選擇，本書是必讀之作。

——安琪拉．達克沃斯，《恆毅力》作者

這種有說服力的探索會讓讀者著迷。

——《出版人週刊》

艾瑞克．強森是世界一流的選擇架構專家。沒有人比他更有資格描繪限制我們一切作爲的那張無形的影響之網。

——菲利普．泰特洛克，《超級預測》作者

對任何想了解影響我們日常決策背後隱藏力量的人來說，本書是必讀之作。而身爲最重要的判斷和決策學者，艾瑞克．強森是撰寫這本重要而引人入勝的書的完美人選。

——凱蒂．米爾克曼（Katy Milkman），華頓商學院教授、《如何改變》（*How to Change*）作者

艾瑞克．強森爲設計更好的「端到端」決策流程，提供了一個強大的工具包。他的深刻見解和專業知識貫穿全書的每一頁。

——約拿．博格，《看不見的影響力》《如何改變一個人》作者

任何認眞想知道如何爲你所提供的選項建構最佳特點，或如何對這些特點的呈現做出最佳因應的人，都必須讀這本書。

——羅伯特．席爾迪尼，《鋪梗力》作者

本書以極爲罕見的，只有來自該領域的頂尖研究員才做得到的清晰度和洞察力，解釋了人類的決策。對於想做出更好選擇的人，這本書是不可或缺的讀物。

——尼爾．艾歐，《專注力協定》作者

第1章
形成選擇

我們的選擇都是自己決定的，這眞的只是一個假象。你走進一家餐館，點一份三明治。配偶問你想看什麼電影。醫師詢問你是否想嘗試一種新藥來控制膽固醇。你爲了假期返鄉找的航班。你在雇主提供的退休計畫中選擇一檔投資基金。你可能沒有察覺，但在每一個選擇裡，你都有一個隱藏的夥伴。

你做了一個選擇，但餐廳、配偶、醫師、航空公司網站和雇主，針對如何向你展示這些選擇的方式，都有他們的決定。**他們的**設計決策，無論是否刻意，都會影響你的選擇。餐廳配置了你見到的三明治選項，也許右邊是素食類，左邊是肉類。你的配偶推薦了幾部可以一起看的電影選項，但排除了其他電影。醫師決定如何描述你用來控制膽固醇的藥物所造成的後果、副作用和益處。你登錄的網站決定如何對航班分類，以及是否顯示某些資訊，比如航班的準點率和行李托運費用等。最後，如果你不做選擇，雇主也會有一個爲你的退休帳戶設置的基金。

我們或許多少同意外部因素會影響自己的選擇，但是並不明白，透過一些龐大且系統化的呈現方式，也可以改變我們的選擇。多年的研究不斷顯示，各種選項呈現的方式會影響人的行爲。如果雇主的網站已經預先爲員工挑選了一個退休基金選項，我們就更有可能選擇該選項。如果醫師說有一%的病患會出現嚴重的副作用，而不是說有九九%的病患沒有副作用，我們就會做出不同的選擇。儘管你可能認爲是自己在挑選三明治，但菜單上的許多內容，比如品項排序和種類名稱等，都在幫你做出選擇。

以上所說的這些細節，都是所謂**選擇架構**的一部分，它說明了一個選項在呈現時的許多層面，都可以被有意或無意地操縱，進而影響我們做出的決策。選項可能相同，但呈現的方式就可以改變你的選擇。

在做成決定之前，有人已經爲你打造了這個選擇的許多特徵，而這些設計決策會以某種方式影響你的選擇。本書將詳細檢視選項的呈現方式如何改變決策的過程。提供這些選擇的人，包括餐館老闆、你的配偶、醫師與雇主，無論本身是否意識到，他們都是**選擇建築師**。簡言之，選擇建築師是你的決定的設計者，就像你在他人和自己的無數選擇中，也是設計者一樣。爲了簡單起見，我將選擇建築師稱爲**「設計者」**，而將做決策的人稱爲**「選擇者」**。

我們可以用令人驚訝和極爲有力、對設計者和選擇者都能帶來正面效果的方式來運用選擇架構。但要做到這一點，我們必須仔細檢視選項在設計時的每一個細節，包括通常不會注意的元素。畢竟，在面對選擇時，我們太忙於做出選擇，沒有去考慮各種選項的呈現如何影響我們。但只要釐清這些細節，就會出現更好的決策。

我在考慮上大學時，對做決策與決策設計產生了興趣。我出身於紐澤西州郊區一個跟萊維敦城很類似的勞工階級家庭，我很驚訝的是，很多同高中的朋友，正在爲人生考處非常不同的選擇。我念的高中有許多學業表現很優異的學生，有些人很高興地去上當地的社區大學，而其他同樣夠格的人則申請了長春藤盟校。是什麼因素讓他們考慮了不同的選擇呢？在接下來的幾年裡，我發現，做選擇時要考慮的因素，大致上決定了他們的未來。

我很幸運（也很不好意思）地以三寸不爛之舌進入在決策方面做開創性研究工作的地方。我在卡內基美隆大學攻讀研究生學位，並在史丹佛大學進行博士後研究，這兩個地方都是開啓決策研究與行爲經濟學革命的中心。這場革命根據的觀點是，人會用簡化的經驗法則或捷思法來做決策。最典型的證明就是，人都會因爲無關緊要的事，做出不一致的選擇。將相同的選項描述爲獲利或損失，就可以改變選擇。提不相關的數字，就可以改變人們願意支付的金額。有人會更願意爲像癌症這樣有顯著危險的疾病支付保險費，而較不願意購買涵蓋所有疾病的保單。這種事情很快就能列出一個清單，根據大衛·賴特曼（David Letterman）脫口秀的喜劇橋段，這些事有時候被稱爲「愚蠢的人類把戲」。

這些結果通常被視爲展現了人們是如何的不理性，而且往往不擅於做決定。我一直對公共政策與改善決策等議題感興趣，我發現，爲了達成正面的結果，我們可以翻轉這個框架：與其顯示人們做選擇時的不一致，來揭露人很不擅於做決策，倒不如利用這些不一致，讓人們變成更好的決策者。透過改變選擇的呈現方式，我們或許可以幫助人做出更好的決策。

大約這個時候，我在賓州大學的華頓商學院組織了一個研究保險決策的小組。我們發現，賓州與紐澤西州即將引入更便宜的汽車新保險。美國各州都要求保險公司使用不同的選擇架構，來呈現汽車保險的選擇。我們正確預測到，由於選項的呈現方式，這個新保單在紐澤西州會比在賓州更受歡迎。我們針對此事致函給兩州的州長與保險部門專員，甚至在費城一家報紙寫了一篇讀者投書。沒有人理我們，但這個選擇架構的影響非常大。這項新的汽車保險在紐澤西州受歡迎的程度達到賓州的三倍。由於賓州居民的選擇，他們最後在汽車保險上多負擔了數十億美元。多年後，我與朋友丹·戈德斯坦（Dan Goldstein）運用同樣的觀點來呈現出，選擇架構在人們是否同意成為器官捐獻者上，造成很大的差異。

這件事情過了幾年後，我與一家德國汽車製造公司合作，對該公司網站的選擇架構提出諮詢建議。在該公司的網站上，人們可以在購車時，決定引擎、內裝、塗漆顏色等選項。但這家汽車製造公司呈現這些選項的方式，對所有相關人士都是不利的，製造商將買家導向比較便宜的選項，因此損失了可能的收入，而且這些選項也不符合買家的需求或渴望。在做了一些簡單的改變後，我們可以提高公司的利潤，以及改善客戶對最後買到的汽車的滿意度。

我最近在美國新成立的消費者金融保護局擔任資深訪問學者，就許多與選擇架構相關的議題提供諮詢。你該如何撰寫貸款和房貸的披露事項？你該如何展示像預付型信用卡這類複雜產品的資訊，而且前提是這張信用卡的大小必須能放進錢包？你如何鼓勵人們貨比三家再買？還有我最喜歡的問題：你如何確認人們在簽字申請透支保護服務時，知道自己申請了什麼？這是美國銀行的一種服務，當你的支票帳戶透支時，仍然會兌現你簽發的支票。銀行往往會在每次透支時收取三十五美元的費用。有些人想要這樣的保障，但有些人就會在發現自己買的一杯咖啡因爲透支，最後竟然要花三十八美元時感到憤怒。你該如何確認，每個擁有這種產品的人都做出了良好且知情的決定？

選擇架構並不僅僅關於網站如何設計，或政策如何實施；也不只是適用於專業人士與研究人員。在日常生活中，你我每個人都是設計者，因爲我們會對朋友、同事與家人提出選項。當我的朋友不是問他三歲的女兒是否準備去睡覺了，而是問她是想要飛上床或跳上床的時候，他也是決策設計者。他告訴我，當他開始提供選項，而不是「要或不要」的選擇時，就寢時間對全家人的壓力就減輕了。

選擇架構與建築架構

選擇架構與實際的建築架構有很多共同點。邱吉爾對此相當了解，他曾說：「我們打造建築物，之後建築物會打造我們。」他這句話說的是英國下議院，當時剛在第二次世界大戰的最後一次閃電戰中，被德國的燃燒彈摧毀。

它是一棟長方形的建築物，造型參考奧地利聖史蒂芬教堂的設計，位置也是下議院原來的開會地點。議會成員坐在會議廳的相對兩邊。有些國會議員希望改成半圓形的座位安排，與美國參議院與眾議院的圓形劇院安排相似。還有人指出原來的會議廳裡，沒有足夠的座位供所有人使用。

時任英國首相的邱吉爾，沒有採納上述的任何說法。他在一場精采的演說中，主張保留「舊建築的所有基本特色」。儘管在政治立場上較爲保守，但邱吉爾在這件事情上並未感情用事或墨守成規。他堅信這棟建築物的形狀會影響身處其中的人，而且政治論述的本質也會取決於下議院的兩個基本特色。

第一個特色就是長方形的設計，將下議院分成兩半，一半是執政黨，另一半則是反對黨，兩黨直接相對而坐。邱吉爾認爲這對主導英國政治的兩黨制度非常重要。直接看著對手，能夠強化辯論、集中注意力在對方身上，也轉移了對自己黨內不斷變化的聯盟的注意力。你的這一方看著共同的敵人。兩方之間的距離，也依照傳統，保持著兩把劍的距離。邱吉爾將這個與半圓形場地做了比較，在後者的環境中，議長站在前方，對著整個會議廳演講，看向支持者的程度，與看著反對派相當。

第二個特色則是建築物的大小，它小到無法容納整個下議院的六百五十名成員。這有助於促成對話式的辯論，而且擁擠的議會大廳也製造了重要性與緊迫感。

邱吉爾成功了，任何人只要觀看英國BBC的《質詢時間》（*Question Time*）節目，就能見證這棟建築物造成的影響，這是每週三中午在國會開會時播放的衝突對質性節目。一些通常只是稍加掩飾的攻擊性問題，當它們在首相面前被提出來時，反對派就會以言語譏諷和哄堂大笑予以支持。這是像劇場一樣的典型政治場景。❶

正如同下議院的長方形設計讓議員聚焦於對方，也讓他們思考自己的反應和回擊一樣，選擇架構也會讓你我的注意力與思想集中在特定選項上，而忽略其他選項。實體架構與選擇架構一直都存在，而且一直都有影響力，即使我們沒有察覺。就算建築物可能沒有建築師，但它總會有門和窗戶。有人已經決定門該設的位置，而這就決定我們該從哪裡進出。同樣的，無論是否刻意，選擇建築師也會安排選擇的呈現方式，影響我們會檢視與忽略哪些資訊。

不了解選擇架構，我們做出的設計就會以自己或選擇者都想像不到的方式，引導他們做決定。

極小的改變就會影響人的決定

醫師是忙碌的決策者。在診療室中，他們平均每小時要完成十項任務，包括詢問病患的病史、討論症狀，以及進行身體檢查等。但現在醫師有了新夥伴，那就是電子健康記錄系統（EHR）。每次與病患接觸，醫師都會使用這套系統來記錄病患的血壓、診斷結果，以及治療決策等事項。當研究人員檢視醫師如何分配時間時，他們發現電子健康記錄系統是診療室裡第二重要的工具。醫師有一半的時間是在與病患溝通與檢查，但竟然有高達三七％的時間是花在電子健康記錄系統上。老醫師的處方本和筆現在被螢幕、鍵盤和滑鼠取代。這個系統可能會改善紀錄的保存，但電子健康記錄系統就是一個可能影響醫師如何治療病患的選擇架構。

學名藥（譯按：指原廠藥的專利權過期後，其他合格藥廠依原廠藥申請專利時所公開的資訊，產製相同化學成分的藥品）與原廠藥在化學成分上相同，但價格便宜很多。

像抗組織胺的艾來錠（Allegra）這種原廠藥，價格可能比它的學名藥飛敏耐鹽酸鹽膜衣錠（Fexofenadine Hydrochloride）貴上五倍。學名藥不僅更便宜，還可能讓患者更健康。當藥物成本較低時，患者會更忠實地服用，原因正是因爲更便宜。

醫院用了許多方法鼓勵醫師開立學名藥，包括發動電子郵件遊說、舉辦研討會，以及其他干預手段，但一樣沒有效果。電子健康記錄系統經常會跳出視窗，鼓勵醫師開立學名藥。但這些訊息很快就遭到忽略。過度使用彈出視窗，會造成醫師在沒有閱讀內容的情況下迅速略過所有的警示，我們將此稱爲**「警報疲勞」**。有一項研究甚至付錢給醫師，請他們開立學名藥，但也一樣失敗了。想改變醫師的行爲非常困難，以至於有些州就直接允許藥師，將醫師開立的原廠藥更換爲學名藥。❷

付錢給醫師請他們開立學名藥，沒能奏效，是因爲它想解決的是錯誤的問題。康乃爾大學威爾醫學院的研究人員針對使用介面開發出一個簡單的更動，已經證明比付錢更有效。它是根據醫師如何記住藥品名稱而開發的。因爲，醫師可以更容易記住原廠藥的名字。畢竟，**艾來錠**要比**飛敏耐鹽酸鹽膜衣錠**更好記。況且，原廠藥也會花更多錢打廣告。當藥廠提供醫師免費樣品、刻有藥品名稱的記事本與筆的時候，這個藥名就烙印在醫師的腦海裡了。

這就讓忙碌的醫師養成了習慣。當他們需要開立抗組織胺藥物時，就開始在電子健康記錄系統中打入「All」三個英文字母，系統就會根據輸入的英文字母，自動拼出Allegra這個字。系統設計者以爲這個自動完成拼字功能是幫助醫師，結果這些字母輸入就變成了慣用的選擇。

康乃爾大學威爾醫學院團隊更改了介面，讓電子健康記錄系統在醫師開始輸入藥品品牌的時候，自動用學名藥來取代原廠藥。舉例來說，當有人輸入「All」時，系統會立刻提供「飛敏耐鹽酸鹽膜衣錠」這個選項。醫師當然可以回頭勾選「依輸入文字選擇」這個選項，改回開立原廠藥。但他們很少這麼做。醫師幾乎都會保留系統推薦的學名藥。電子健康記錄系統運用它對效果相同的學名藥的完美知識，替換了醫師不完美或不存在的記憶。❸

這讓開立學名藥的比例高出一倍，而且由於學名藥平均比原廠藥便宜八〇%，因此也讓醫院和病患節省了大量成本。

電子健康記錄系統究竟是如何改變醫師的選擇呢？醫師和所有選擇者一樣，對做出選擇需要花費多少精力相當敏感。像自動把原廠藥更改成學名藥這種極小的改變，就會影響他們的決定。醫師大可像以前那樣開立原廠藥，但必須按一次滑鼠鍵這件事，就改變了他們的行爲。他們選擇了**合理路徑**，這是一種瀏覽自己眼前資訊的方式。選擇者的合理路徑決定了他們會檢視與忽略哪些資訊。和所有選擇者一樣，醫師會依賴自己的記憶，但他們不會總是記得關於自己選項的所有事情。醫師會使用的，反而是**組合偏好**（assembled preference），這是根據他們想起的事情的集合。對醫師而言，他們記得原廠藥比較容易，要記住學名藥比較困難，甚至根本記不得。改變人們腦中最容易想起的事情，是設計者能改變人們選擇的另一個重要方式。

預設選項將人推向預期行為

「選擇架構」這個名詞是由我的朋友理查．塞勒（Richard Thaler）和凱斯．桑思坦（Cass Sunstein），在他們合著的《推出你的影響力》一書中最先提出的。這個名詞在此領域問世只有十多年，但選擇架構的觀念已經存在一段時間了。在古代，貿易商一定對該如何在市集中展示商品，做過深思熟慮的決定，並且根據反覆測試來調整這些決定。他們在自己攤位的地毯最前端擺放什麼？他們對展示商品的安排是由最好到最差的，還是由最貴到最便宜的？

在過去三十年間，學者對於證明改變選項的呈現方式會影響抉擇這件事，已經到了痴迷的程度，部分原因是這些證明與傳統的經濟學有很大的歧異。

紐約市計程車與禮車委員會偶然進行了一項選擇架構的實驗，無意中就證明了這個論點。該委員會本來試圖對該市著名的黃色計程車隊做現代化改造，在現有車內加裝螢幕、GPS定位裝置，以及信用卡讀卡機。兩家完成現代化的公司，針對乘客可以如何支付小費，各自挑選了不同的展現方式。其中一家提供了一五％、二○％與二五％的選擇，另一家則提供了二○％、二五％與三○％的選擇。在任何一個讀卡機上，乘客都可以按下「其他」按鍵，並輸入他們想支付的任何小費金額。根據標準的經濟學，人們應該只會輸入他們想打賞的小費金額，而忽視讀卡機提供的選擇類別，但在這個例子中，不同的選擇組合卻造成了不同的小費支付金額。如果選項中存在支付一五％時，人們選擇這個選項的機率大約有六倍。整體而言，當計程車司機的車裡搭配支付較高小費的建議時，他們的收入會增加約五％。一項偶然的選擇架構變化，卻讓計程車司機的收入變得豐厚了。❹

預設選項與其他選擇架構工具可以將人逐漸推向預期的行爲，但本書內容不僅僅談這個簡單概念。明白了預設選項改變計程車乘客支付小費習慣的原因，你就能以更有效與可靠的方式使用選擇架構。你會了解它在什麼時候很有效，何時又會適得其反。

在此我該提起過去十年間，行爲科學領域發生的另一場革命。許多試圖複製著名的研究但最後都明顯失敗的例子，讓大家高度聚焦於「再現性」的重要。一項研究的發現，在其他科學家可以展現相同的研究結果之前，並沒有太大意義。儘管我有時會提到某項特定的研究，但大多數情況下，我都會使用個別的發現來總結較大範圍的研究結果。在大量研究中要取得重要結論，整合分析已經成爲關鍵工具，我會在第5章詳述這個方法。了解個別研究的重要性、科學家如何能評估大量研究的方法，可以讓你閱讀本書或其他著作時更能好好消化內容。

預設選項可能是選擇架構中最廣爲人知的元素，但在決策設計的工具中，還有許多其他選擇。爲了說明這一點，請想像你找到一份新工作，公司要求你領導一個團隊架設一個新網站，讓人可以選擇健康保險計畫。

想像你站在一片大白板前，畫著這個網站的首頁會是什麼模樣。在網站設計語言中，這種視覺稿被稱爲**「線框圖」**（wireframe）。這是網頁設計的第一步。

身爲設計者，你開始沉思你和團隊面對的問題：

- 在網頁該呈現多少個保險計畫？[5]
- 如果只打算呈現幾個計畫，你該如何選擇要呈現的計畫？
- 該如何爲這些計畫排序？是按照字母順序排列？如果你這麼做，會不會給字母排序較前的計畫帶來不公平的優勢？

● 該如何描述這些計畫？就連說明它們的價格，都是複雜的。當中包括每月保費、部分負擔與自付額等名詞，你甚至無法確定人們是否了解這些名詞。

你後退一步，看看你與團隊在白板上寫的內容。你有種不安的感覺，覺得自己的選擇會影響人們選擇哪個保險，但你不確定會如何影響。

你看得出來設計者的工作很傷神。當然，這裡所舉的健康保險網站，並不是隨意舉的例子。從二〇一三年十月開始，有八百萬美國人根據《患者保護與平價醫療法案》（*Patient Protection and Affordable Care Act*），要首次選擇自己的健康保險。這項法案也被稱爲「歐巴馬健保法」。請暫且忽略這個法案最後成爲一場技術性災難，或這個主題至今仍充滿政治爭議的事實。我帶領一個團隊做了相關研究，其中眞正的挑戰是：呈現保單的方式，要能引導人用最好的價格購買符合自己需求的保險。我們與美國衛生及公共服務部的官員、各州醫療保險交易所負責官員，以及保險業者見面。如果說他們剛開始對於選擇架構抱持懷疑態度，還算客氣了，但正如你在本書後文所見，我們的工作的確產生了效果。

設計者要選擇我所說的**選擇架構工具**，或者簡稱爲「**工具**」。對醫療保險交易所而言，一個工具就是選擇正確數量的保單選項。第二個工具就是，萬一人們沒有做出選擇，就要決定哪一個會是預設選項。這些工具可能會相互影響：讓人有更多選擇，可能會讓預設選項更具吸引力。

此外，還有其他工具。設計者必須決定要呈現哪些特點，以及該如何呈現。價格的呈現可能要很明顯，其他特點則不那麼明顯。在談論患者滿意度時，是否要使用數字、字母等級，或者打星數量計分？我們該如何敘述醫師的人數規模？

最後，既然這是一個網站，我們可以利用網路的互動性質，來客製工具、做計算，甚至幫人更充分了解這些健康保險。我將這些潛在的強大互動環境稱爲「**選擇引擎**」。正如搜尋引擎能幫人查找資訊，選擇引擎也可以助你做出選擇。

泥沼陷阱與暗黑模式

我曾經提過，設計者挑錯工具可能造成不良的決策，就像德國汽車製造商的網頁，以及電子健康記錄系統的自動完成拼字功能導致選出原廠藥那樣。但不是所有不良的選擇架構都是偶然發生的。設計者心中認爲最重要的，經常是他們自己的利益，而不是選擇者的。設計者可以有許多方法做出惡意行爲。他們可能選擇可以提高自己利益的預設選項，但並不符合客戶的需求。他們也可能使用排序方法來增加製作成本較低食物的消費，但這些食物對選擇者而言不太健康。

蘋果公司於二〇一二年九月爲 iPhone 推出新的作業系統 iOS 6 時，納入了一項用來追蹤使用者的新技術，這個技術就是「廣告識別碼」。根據蘋果公司的說法，這個追蹤技術是「非永久性、非針對個人的裝置識別碼，廣告網路平台會使用它來讓你更能掌控廣告主使用追蹤方法的能力。如果你選擇限制廣告追蹤，那麼使用這個廣告識別碼的廣告網路平台，就不能爲了對你推播精準廣告而蒐集資訊。」❻

這聽起來很公平，但你得先了解它的內容。你可以選擇不讓廣告商追蹤你在線上的行爲。然而，正如英國認知學者哈利．布瑞格諾（Harry Brignull）所指出的，想執行這樣的選擇，可沒那麼容易。

首先，如果你不主動做選擇，那麼系統的預設選項的設定就是開啓追蹤功能。這是大部分使用者想要的嗎？如果不想讓追蹤功能開啓，你就得爲了改變設定展開一場不斷點擊滑鼠的遊戲。你可能會先想到要在「隱私」（Privacy）選項下搜尋，但這個選項並不存在，反而得點選「一般」（General）這個不怎麼有幫助的標籤。然後選擇其中同樣含意很模糊的「關於」（About）。如果下拉頁面到這個子選單的第六個選項，你就會看到另一個選單，叫做「廣告」（Advertising）。在這個選單底下，你終於找對了地方，接著會看見一個「限制廣告追蹤」的選項，而這個開關的設定爲「關閉」（Off）。但這到底代表開啓或關閉「限制廣告追蹤」？當你記起雙重否定就表示肯定的時候，終於明白在這種情況下的「關閉」，就表示廣告追蹤是開啓的。蘋果公司最後將這項設定搬到了你可能預期的地方，也就是在「隱私」選項下，但是這個容易讓人混淆的用詞，卻維持不變。

這項選擇架構有沒有誤導或讓人產生混淆呢？約有三〇％的人回答這個問題，並認爲自己已經限制廣告追蹤了，可是檢視他們的手機時卻發現，其實並非如此。❼還不僅僅是廣告追蹤而已。有人似乎對自己所做的隱私決定不太了解，有五九％的人就表示，他們對於公司蒐集資訊去做什麼，知道的很少，或一無所知。在我們詢問時，只有五分之一的美國人會經常或總是閱讀隱私條款。其他的人則說很少或從不閱讀這些條款。如果你不閱讀重要的風險所在，就難以做出明智的決定。❽

有關手機的這些決定會大幅影響公司賺錢的方式。除了將手機賣給你之外，蘋果公司還從谷歌那裡取得鉅額費用，以確保你的 iPhone 裡預先設定它的搜尋引擎。二〇一四年剛開始這項安排時，這筆費用爲十億美元，但這筆費用於二〇二〇年可能已經成長爲一百二十億美元。❾這可是一大筆錢。谷歌的美國搜尋廣告收入總額爲四百億美元。對蘋果公司而言，這筆來自谷歌的收入，約占蘋果公司利潤的一四％至二一％。

這個預設選項的力量強大到在二〇二〇年十月，美國司法部與十一個州聯合提起一樁數十年來最大的反托拉斯法訴訟案。訴訟案的核心就是蘋果公司與谷歌的協議。《紐約時報》稱其爲「控制網際網路的交易」。谷歌或許是比較優越的搜尋引擎，但如果手機預先安裝的是像微軟 Bing 之類的其他搜尋引擎，那麼谷歌的市占率就會大幅減少。看起來像是選擇的事物，實際上卻反映出你的偏好，以及選擇架構。

我是樂觀主義者，所以在本書中我通常會假設，設計者會將選擇者的最佳利益放在心上，選擇工具的方式也是以提高選擇者的福祉爲依歸。可是，正如前文所提的，選擇架構有可能會遭人惡意利用。如果設計者與選擇者有不同目標，就一定會有一種誘惑，變成是爲了提高設計者而不是選擇者的利益而設計。這是一個嚴重的問題，因爲如同我們在本書稍後會見到的，選擇者經常沒有察覺選擇架構的影響。我討論的工具，幾乎每一個都能用來讓選擇者獲利或受害。

有兩個名詞是用來描述會傷害選擇者的選擇架構。第一個名詞叫做**泥沼陷阱**（sludge），可以簡單概述爲利用選擇架構讓選擇者難以做出對自己最有利的選擇。如果有人想要選擇不被廣告商追蹤，讓這件事變得困難就是一種泥沼陷阱。

另一個源自用戶體驗研究的不同知識傳統，則產生了**暗黑模式**（dark pattern）這個詞。暗黑模式是由布瑞格諾於二〇一〇年提出，這種設計元素可以讓人最後選擇了本來不想挑的選項，比如註冊加入了垃圾郵件的名單，或者意外購買某樣物品等。暗黑模式主要聚焦在網路設計造成的負面效果，但它通常也用來描述設計者讓選擇者更容易做出不符合自己最佳利益的情況。如果你很容易就去選擇免費試用一項網路產品，卻沒意識到這代表要持續使用該產品一年，你就可能已經成爲暗黑模式的犧牲品。

這兩者的來源可能不同，但泥沼陷阱與暗黑模式卻有著密切關係。兩者都牽涉到我們在選擇該如何做一件事時，自覺的努力程度（perceived effort）所造成的巨大影響。閱讀本書對設計者與選擇者的一個好處，可能就是在選擇架構朝壞的方向發展時，會更容易意識到狀況。

無論好或壞的選擇架構，其實都做著相同的事情，它改變我們見到的資訊，並改變我們從記憶中回想起來的事情。雖然選擇架構看起來是和字體、顏色、展示之類的事相關，但它之所以重要，是因爲它改變了我們腦內思考的事情。本書會檢視設計者可使用的不同工具、它們如何運作，以及共同運作的方式。如果不了解選擇架構背後的流程，我們就無法成爲負責的設計者。了解選擇架構如何運作，能讓我們發明新穎與更有效的工具。

第2章 合理路徑

二〇〇九年一月十五日下午，我和我太太從紐約拉瓜迪亞機場起飛。我們走過全美航空的大廳，登上了飛往丹佛平靜無事的航班。在幾個登機門外，另一架全美航空編號一五四九、飛往北卡羅來納州夏洛特市的班機，在半小時後也要起飛。當我們在四小時後降落，班機滑行至離機口時，傳出了開啓智慧手機慣常聽見的開機聲。但當大家開始閱讀手機上的警告訊息時，開機聲伴隨而來的卻是一陣驚嘆。我身旁的人驚呼：「天啊，有一班全美航空的飛機墜落在哈德遜河上！」大家都震驚不已，也覺得墜毀的很有可能會是我們這班飛機。

隨著我們一路游移且驚魂甫定地離開飛機走道，大家並沒有像平常那樣忙著去提領行李與趕搭計程車，而是都停下來看著頭頂上大型螢幕播放的CNN報導。那班飛機奇蹟似的並沒有支離破碎與沉沒。我們看著電視重複播放大致上沒有受傷的乘客與機組人員，登上消防艇、拖船和駁船。一五四九班機起飛後的六分半鐘，成功地緊急迫降在河上。對一名紐約客而言，這件事格外讓人震撼。如果我當時待在家裡，沒有去搭飛機，就可以從客廳窗戶看見那班飛機迫降在哈德遜河上。

選擇架構無所不在，其影響所及，甚至是乘客非常仰賴要將自己平安送抵目的地的飛行員。他們接受過做出選擇的訓練，正如一名飛航訓練計畫負責人所說：「我們不是在培養飛行員，我喜歡告訴學生：我們是在訓練他們成爲恰巧知道如何駕駛飛機的決策者。」❶人稱「薩利機長」的契斯利・蘇倫柏格（Chesley "Sully" Sullenberger）對於該在哪裡迫降該班飛機的決定，做得既果斷又迅速。從兩座引擎的扇葉因爲撃中一群誤撞上來的加拿大雁而停止運轉，到飛機迫降落入河中，中間只有二〇八秒，也就是三分鐘多一點的時間。薩利表示，他沒有時間仔細分析三個選項：一個是返回眾所周知跑道很短的拉瓜迪亞機場，尤其對緊急著地而言，跑道更是不夠長。第二個是飛越河到對岸人口稠密的地區，前往在新澤西州梯特鎮比較小的通用航空機場。最後一個是在哈德遜河迫降。

薩利要做的第一件事就是要決定「自己該如何做出決定」。他迅速且下意識地完成了這件事，而且根據事故報告的紀錄，他很清楚自己做的決定，但不知道自己是如何選擇出這項決定的。當時根本就沒有時間。他全程完全掌控，但腦袋是自動運作，彷彿處於自動駕駛狀態。

我在前文曾稱這個如何做決定的選擇爲**「合理路徑」**，意思就是我們用來做決定的策略。在任何情況下，都會有多個做決定的方法。在初期，我們要決定聚焦於哪些選項與資訊，以及該如何整合眼前的資訊。更重要的是，要決定該忽略哪些資訊。我們有可能改變主意，但是在一開始，爲了做出選擇，就必須對某一個策略做出犧牲。薩利必須決定要考量與忽略的資訊，以及如何解釋他考慮的資訊。不出片刻，他就決定該如何降落那班飛機的合理路徑。我們會看到，選擇架構的作用就是影響選擇者使用的合理路徑。換句話說，駕駛艙控制裝置所使用的選擇架構，引導了薩利選擇帶來良好結果的合理路徑。

薩利在討論他的決定時，透露了他立刻確定了什麼是重要事項：

我很快決定了優先順序。我立即減載（load shedding）——把問題簡化至基本要素，然後做了少數幾件必須做的事情，並且將它們做得很好，我也願意為了目標而做一些犧牲。我知道當務之急就是拯救生命，為了達成這項目標，我老早就願意放棄試圖拯救飛機。這對我而言是很容易的選擇，雖然（副機長）傑夫．史蓋爾斯（Jeff Skiles）後來對我說：「你把一架價值六千二百萬美元的客機開進河裡，他們還稱你為英雄。這眞是個偉大的國家，是不是？」❷

薩利從電力產業借用了**「減載」**這個詞，當需求超過供給時，電力公司有可能讓部分電網關閉，比如停止對工廠供電，這樣才能將電源供應至另一個更重要的地點，例如：醫院。機師在不堪重負時便會使用這個詞，決定忽略他們希望是問題中無關緊要的部分。選擇合理路徑就是一種減載形式，它牽涉到決定為了達成目標要考量的重要資訊，以及哪些是不重要、可以移除的資訊。

資訊呈現給選擇者的方式，影響他們對於合理路徑的選擇。除了薩利、副機長史蓋爾斯和三名空服員的英勇事蹟外，在討論中沒被提及的，還有駕駛艙顯示器所扮演的角色。他們駕駛的是空中巴士A三二〇機型，在駕駛員正前方配備著主要的電子顯示器。如果沒有那個顯示器，一五四九航班的結果可能大不相同。它在迫降時扮演著關鍵角色（卻沒有像一五四九航班機組那樣，獲得紐約市長頒發的市鑰）。

駕駛艙儀表設計已經演進爲一種精密科學，根據的基礎是對人性因素的詳盡了解，以及使用模擬飛行的充分實驗結果。飛機機艙展示器的設計者會進行許多測試，來評估他們最後的決定。目標是將最適當的資訊囊括在展示內容裡，並讓不必要的複雜度降至最低。有一家大公司建議要對駕駛艙的任何資訊詢問以下問題：「它是否提供了駕駛員需要的資訊，而且只在他有需要的時候，單純只提供他所需要的資訊？提供資訊的方式是否直觀、明確而容易理解？如果不是，就是雜亂的資訊。」❸

薩利沒有太多的時間，但他的確設立了一個簡單的目標。他希望讓飛機在安全但沒有動力的情況下，滑行一段讓他可以安全著陸所需的距離。讓飛機維持在空中，擴充了他的著陸選項。以下讓我們來看看薩利看著的關鍵顯示器：空速表。

爲了讓飛機飛得更遠，薩利必須追蹤兩個數據：飛機速度與飛行角度。藉著將飛行角度與速度維持在一定數值，他就能讓飛機盡量維持在空中，給自己更多時間來做出決定。雖然像薩利這樣身經百戰的飛行員可以自行判定這些數值，但空速表可以幫助他。藉由提供「綠點速度」，也就是提供最佳升阻比（lift over drag ratio）的速度，讓飛機持續飛行最遠的距離。薩利還需要確認飛機的航速不會緩慢至失速速度，導致飛機立即墜毀。

在空速表中，圓點停留在大約每小時二〇〇英里（約三二〇公里）上，在實際顯示幕上爲綠色。這個圓圈替飛行員做好了數學計算，它已經算好要航行最遠距離的最佳速度。飛行員只需要確保飛機速度與綠點相符即可。另一個重要指標也有幫助：白色線條顯示目前速度，在本例爲每小時一六〇英

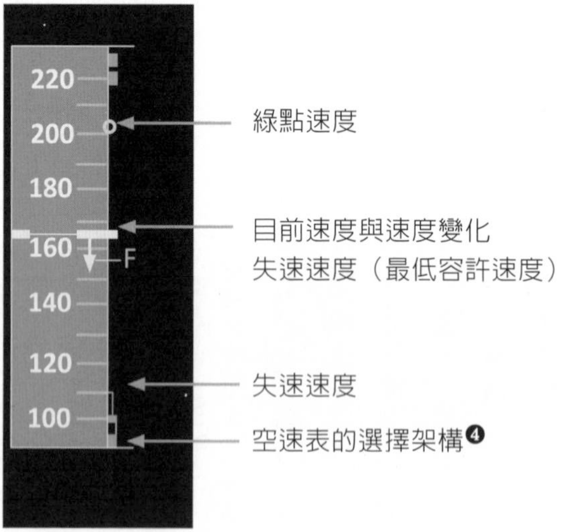

里（約二六〇公里）。附著在白色線條上的箭頭，顯示了速度的變化，以及在十秒後速度會變成多少。在本例中，飛機速度正在減緩，除非飛行員更改飛行角度，否則十秒後的時速將變成每小時一五〇英里（約二四〇公里）。為了增加飛機可飛行的距離，薩利可以改變飛機墜跌的程度，讓白色線條更接近綠點。❺

空速表的顯示方式刺激飛行員查看特定的資訊。它在同一個測量儀器上將薩利要追蹤的兩件最重要的事放在一起：飛機的航行時速與飛行角度。箭頭指出飛機時速相對於綠點正朝著哪裡移動，對飛行員顯示了他需要做哪些改變，才能讓速度回到綠點。這些訊息結合之後，減輕了飛行員處理資訊的負擔，讓他能減載。薩利也可以自行計算，但顯示幕讓這一切變得更容易，讓他能考慮更重要的事情，比如該在哪裡著陸。

將這項設計與其他在資訊展示上較無用處的例子相比，設計者可能提供兩個顯示幕，各自呈現目前時速與最佳航行速度。此外，還能增加兩個顯示幕，一個提供目前飛行角度，另一個顯示最佳飛行角度。我們或許能理解這組資訊真的都很重要，應該有自己的測量儀器，讓它們很容易被看見。另外，由於薩利是飛行專家，已經累積了五千小時的空中巴士A三二〇飛航經驗，你可能會相信他可以輕鬆推測出飛行時速的綠點，並憑直覺就知道飛機的加速與失速有多快。可是，透過空速表幫蘇倫柏格做好計算工作，給了他寶貴的額外時間去思考其他因素。

薩利非常了解A三二〇的空速表，並表示他在著陸時經常使用這個儀器。❻ 他知道這個測量儀器很重要。A三二〇是「玻璃座艙」航空器，與較老機型的機械測量儀器不同，像第36頁所呈現的電子顯示幕，通常依賴飛機引擎提供的電力來運作。在雁群撞擊一五四九航班的二秒鐘後，薩利立刻伸手打開了備用電力裝置，讓重要的顯示器維持正常運作。這一點非常重要，他是靠自己的判斷做了這件事，沒有提示，也沒有違反協定。副機長史蓋爾斯此時正在查兩份引擎都無法運轉時的處理程序清單，但這份三頁長的清單在設計時的假設是：這種無法運轉的故障只會發生在二萬英尺（約六千公尺）的高空上，所以能提供足夠時間讓機艙人員翻閱清單所有項目，並指示飛行員開啓備用電力。史蓋爾斯在飛機著陸前，甚至連讀完第一頁的時間都不夠。

這個測量儀器讓薩利可以想到什麼，又能忽略什麼？它如何幫助他減載？他指出，在一片混亂中，他考慮了水上著陸的位置。哈德遜河在一月中非常寒冷。水溫約攝氏五度，而氣溫則更是冷到只有攝氏零下七度左右。體溫過低是眞實的風險。即使他們成功著陸，飛機也只能漂浮短暫的時間。薩利知道曼哈頓西邊有許多船隻，附近還有一個渡輪碼頭。由於他可以減載，所以能考慮的就不僅是哪裡可以讓他安全地降落飛機，還能考慮救援的可能性，也就是考慮接下來可能會發生什麼事。這個測量儀器讓他能選擇一個最可能迅速成功撤離與救援的地點。

駕駛艙控制儀是精心設計與實驗的成果，用意就是讓飛行員盡展所長。但我們所有的決定並不都是如此。我們經常在沒有刻意設計的環境中做出選擇。我們在日常生活中見到的資訊，並不是像飛行模擬廣泛測試實驗後的結果。朋友推薦你去吃午餐的餐廳，可能只是他們隨意想到的，當中有你討厭的食物。推薦替代療法的醫師，可能指定的手術是他們經常執行的，但並不適合你，而且他們可能提到太多細節，或使用（對你而言）難懂的術語。你登入一個由雇主提供的保險網站，結果看見許多選項，包括孩童的保險（你可能根本沒有小孩）與許多關於懷孕期間保險的資訊（但你是單身男士）。

我們碰到的選擇架構對於如何呈現資訊，經常缺乏愼重考量。相反的，這些展示很隨意，根據看起來不錯的大致直覺而決定。一般而言，其設計者並沒有體認到，選擇架構會影響人的選擇方式與選擇的事。但一個巧妙的選擇架構，比如設計得很好的駕駛艙，能讓決策者迅速觀察到什麼是重要的、忽略掉不重要的，並整合相關資訊。

將空中巴士A三二〇的駕駛艙與你在網路購買東西時見到的典型網頁比較，甚至是像亞馬遜這種大型知名零售業者的網站。如果我在上頭搜尋洗衣粉，我會得到二十頁的搜尋結果，每一頁都有十五個選項。每一頁還會有十二個廣告（包括一則男用體香劑，以及一則賣垃圾袋的！）。問問你自己，這個頁面是否遵循了駕駛艙設計者剛才提供給我們的建議：這一頁是否只涵蓋我需要的資訊，是否以容易了解、直觀與不模糊的方式呈現，或者顯得亂無章法？當然，亞馬遜與許多其他選擇建築師除了確認消費者做出對自己最有利的選擇之外，還有其他動機。然而，這種對比仍然非常有教育性。它也指示了一些細微的事情，例如：網站顯示出多少個替代產品時，可能改變消費者的選擇。

不假思索選擇的合理路徑

合理路徑這個用詞的靈感，來自我們在眞實世界走路時所做的那種初步決定。想像一下，你正在公園和朋友講話，然後決定要穿過公園去買冰淇淋。❼ 到達目的地有很多種方式：想繞長一點的路就往街上走；可以穿過旋轉木馬區，甚至騎上旋轉木馬抄小路。但如果是走在公園裡，你就會踏上眼前那條看來很漂亮的碎石路；即使知道翻過那道約三十公分高的矮籬笆可以更快，也不會想這樣做。這些決定都是臨時的判斷。在我們出發時，並沒有做很多的推理就快速決定了，但這些決定最後卻會影響我們接下來的路程。如果有人問你爲什麼要走這條路，你也許還很難解釋這樣選擇的理由。就像薩利機長一樣，你是不假思索地選擇了合理路徑。

走路的時候，人通常不會一再重新評估已經選擇的路線。我們會做其他的事，比如和朋友講話，或是回想剛剛才發生的偶遇。這表示，初步選擇的合理路徑是「有黏性的」：我們可能會改變路線，但第一個選擇是有慣性的。思考一下從智慧手機的地圖程式上參考行車路線。你一上車就選了一條路。你可能會改道，但通常（我希望）忙著專心開車，所以沒有重新考慮選另一條路。

如果你曾經去過哥本哈根機場，也會面臨類似的選擇。從行李領取處拿了行李後，你可以經過海關辦公室，然後往左走到出口。如果你需要付關稅，就應該去一下海關辦公室。或者，你可以走右邊，直接到出口（如下方圖示的左圖）。大家經過機場時所走的路線，可以節省時間或造成堵塞。將近九〇%

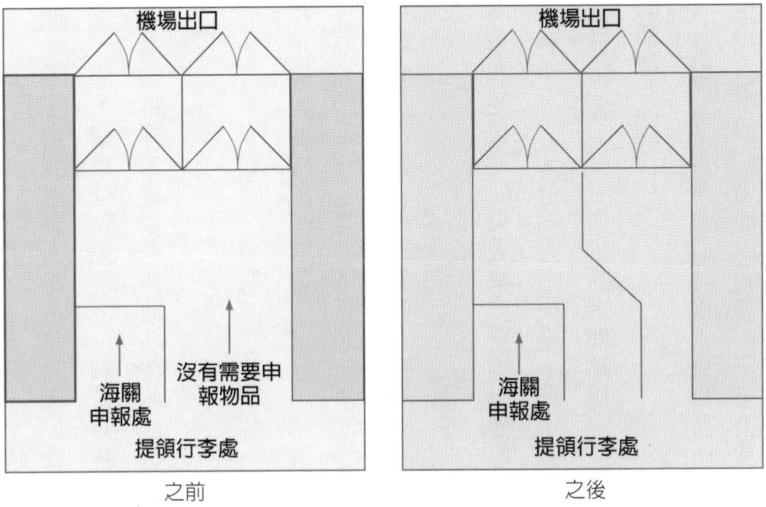

干預前與干預後的哥本哈根機場海關[8]

的旅客會走右門，因為他們沒有東西要向海關申報，因此想避開左邊要申報物品的辦公室。這個合理路徑的早期選擇導致了一個問題：為了避開海關而走右側的人，會一直留在通道的右側，導致最後在出口前形成了一條人龍，結果就耽誤了每一個人的時間。左邊的門其實開放給所有人走，但大家很少選左邊的路線，寧願沮喪地站在前往右門的隊伍中。

所以，你要如何讓人考慮不同的合理路徑？有一家顧問公司想出了一個解決方案，如前頁右圖所示。他們用了顏色暗淡的通道標示線，並增加了寫著「請利用右邊與左邊通道」的指示標誌。結果走左門的人潮流量增加了五四%。當他們把標示線與指示標誌顏色改成明亮的螢光綠時，通過左門的人潮流量成長得更多，相對於左圖原來的設置增加了一二八%。❾

這個驚人的變化並不是因為成本或資訊考量的結果。如果大家非常擔心要多花在排隊等待出關的時間成本，這種干預行為就不必要了。大部分的人在決定走哪一個門時，其實沒有想很多，但明亮的螢光色膠帶提出了另一個一樣吸引人的合理路徑。這個簡單的綠色膠帶揭示了實際路線與合理決策路徑的幾個共同特性。

設計者提出的選項看似微乎其微，卻大大影響了實體與心理上的合理路徑。在這個例子裡，綠色膠帶看起來毫不起眼，旅客如果想也可以輕易地跨過去。但它仍然發揮了引導大家走哪一條實體路線的強大作用。

在設計建築物時，建築師對看起來最微不足道的事物所做的選項，也是相同的道理。我們通常會根據最近的距離走樓梯或搭電梯，但這些都是好幾年前建築師在規畫大樓時就選好的位置。同樣的，選擇架構的設計師採取的選擇清單其實非常長，當中有很多選項看似無關緊要，但它們確實會影響選擇。

這些實體與心理上的影響都是前重後輕的：也就是說，在使用者的決策過程中，愈早做的決定，產生的衝擊就愈大。選擇一條合理路徑就像是一個一勞永逸的選擇，除非出現重大的困難，否則一旦決定，就不會再改。合理路徑一旦選定，往往也會維持不變。我並不是暗示，一旦設定了一條合理路徑就不能更換。當然有一些可以試著修正早期錯誤的監測程序。但是早期的影響，比如選擇的順序、字體的使用，以及一開始做決定時讓人感到輕鬆的每一件事，都會被過度重視。

這些影響很多都是在不知不覺中發生的。大部分的選擇架構是在決策者不知情的情況下就發揮了作用。這對選擇架構的倫理有很明顯的意義，因此我將在本書的最後一章探討這項主題。

由於許多決定合理路徑的事物，都是在不知不覺中發生，所以在你設計合理路徑時，許多用來評估形式與其他選擇介面的常見技巧，就變得沒這麼有用。在焦點團體訪談時，詢問受訪者對網站有多喜歡，或者給他們一組選項，確實能讓大家開始發言，但他們提出的答案與真正影響他們決定的因素之間，可能不太相關。

耐心路徑

在選擇合理路徑時，選擇建築師已經影響我們的行動了。他們影響了我們會考量與忽略的資訊，也會影響我們的選擇。

在碰到選擇時，我們會自動面對一連串關於如何選擇的決定。大腦立刻開始同時從多個層面評估問題。選擇者迅速對選擇的粗略概況進行編碼。如果眼前是一個網頁，我們會自動注意它的顏色、使用的字體是否容易閱讀，以及空白（沒有空白）區塊的多寡等。如果有一個朋友列出可以約吃晚飯的地點，我們聽的不僅是選項本身的內容，還會聽到他話中暗藏的玄機，比如他在描述那間新的壽司店時，是不是有點猶豫？他是否在暗示想待在附近？人對於眼前選擇的複雜度會形成一個整體印象：是否有很多選項？是不是有很多屬性？按鈕與單元名稱是否容易懂？這個印象會影響人對合理路徑的選擇。

我們來考慮在兩個選項之間的選擇，每個選項都有兩個特點。第45頁的圖代表在兩張亞馬遜網站禮券之間的選擇，一張面額比較小但可以較快取得，另一張價值較高，但要多等四週後才能取得。在研究決策的時候，這兩個選項被稱爲**較小較快**（smaller-sooner，**簡稱ＳＳ**）結果，與**較大較慢**（larger-later，**簡稱ＬＬ**）結果。

較小較快的結果很誘人，多數人會挑這個選項，比例占了六〇%以上。研究人員在許多關於自我控制的研究中，都採用了像這樣的選擇。爲了確認人們會鄭重看待這項決定，有些參與研究的人會在約定的時間，經由電子郵件收到實際的禮券。

雖然這是一個簡單的安排，卻有多個合理路徑。你仍然要決定如何看

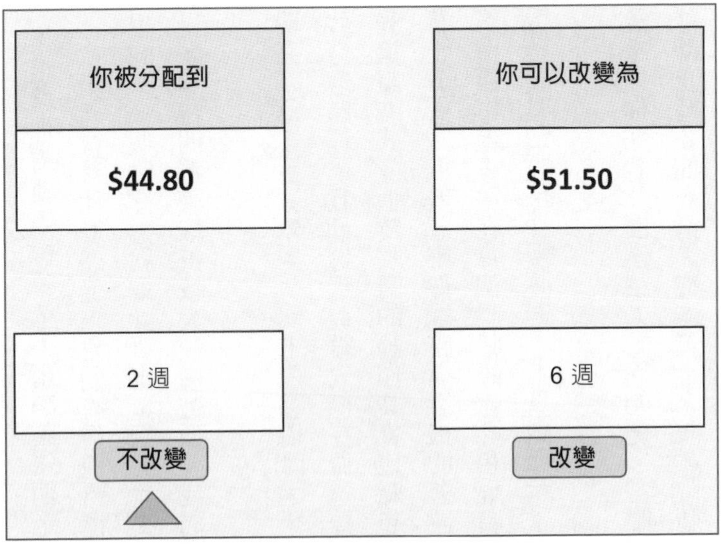

兩張於不同時間後可以取得的禮券之間的簡單選擇

待與整合資訊。即使在這個簡單的選擇中，不同的合理路徑將會影響你的選擇結果。

舉例來說，你可以看著不同金額，然後根據你需要等待多久，來調整這個金額的價值，比如問自己，在兩週後取得四十四．八美元會有什麼感覺。我們將這種路徑稱爲**「整合」**。在研究中，大約有半數的人採用的另一個路徑，就是計算出金額的差異數，在本例中爲六．七美元，然後判斷是否值得多等待四週來取得較大較慢選項。我們將這種路徑稱爲**「比較」**。

我與現任天普大學教授的克莉斯朵．瑞克（Crystal Reeck）與卡內基梅隆大學的研究生丹．沃爾（Dan Wall）一起研究了這些合理路徑。我們透過追蹤人們在做選擇時看這些資訊的順序來進行研究。我們使用**目光追蹤**方式。追蹤眼睛的動作其實比聽起來容易。接受測試的人坐在電腦螢幕前面，螢幕上方有一個看起來像網路攝影機的裝置，就像你用來進行視訊會議所用的設備一樣。這個攝影機專注在每個眼睛的瞳孔和虹膜上，並使用紅外線在不引人注意的情況下追蹤受試者的眼球運動狀況。下頁圖顯示了整合（上方）與比較（下方）的典型軌跡。

藉由追蹤眼睛停止的位置，研究者就能掌握你在看什麼。讓人訝異的是，當眼球在移動時，我們看不到任何端倪，只有在眼球靜止時才能看清。從本質上來說，眼睛只是捕捉一系列最後由我們的大腦拼湊起來的快照。眼睛追蹤讓我們知道你在看什麼，也可

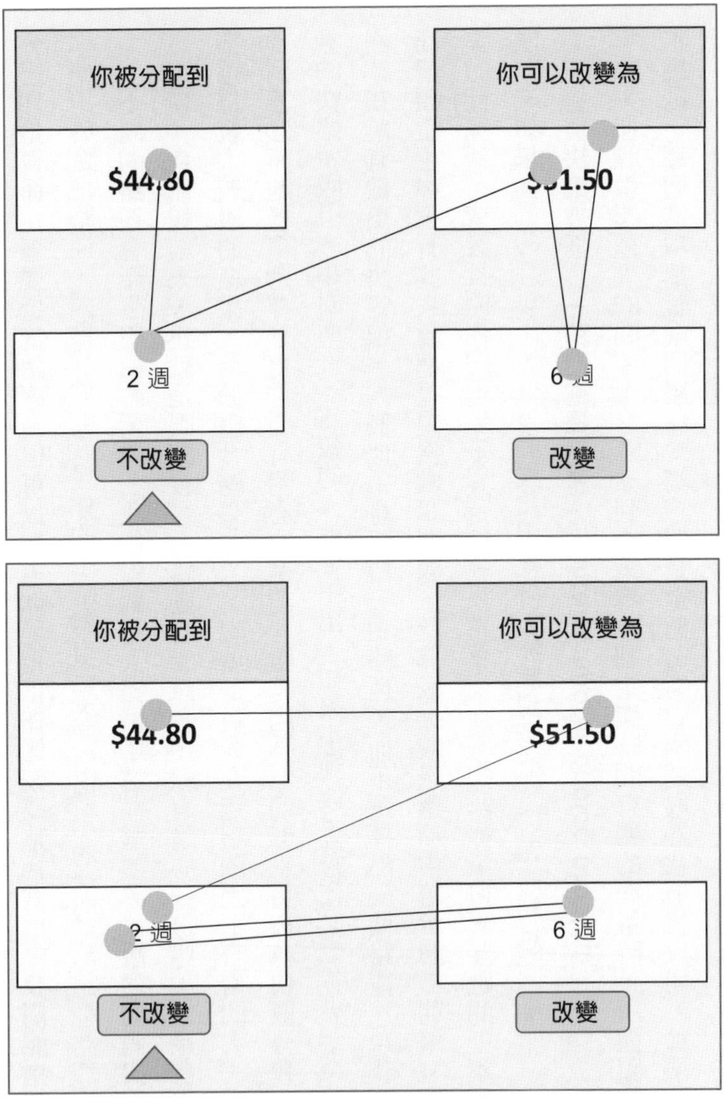

目光的軌跡代表了在做這個選擇時的兩個合理路徑，

整合（上圖）與比較（下圖）

以看見你先看的是較小較快的金額，還是取得較大較慢禮券所需的時間。儘管我們無法分辨你是否掙扎著要抵抗誘惑，但可以知道你是否正在比較或整合選項。我們能指認出你使用的合理路徑，因爲我們能看見你的眼睛對自己大腦所展示的快照。

不同的路徑會產生不同的選擇。我們對數百人提供了這些選項，並觀察他們如何做出選擇。會比較結果，也就是眼睛會左右轉動的受試者，較有耐心。這些人幾乎有半數都選擇較大較慢的結果。至於整合結果的人，也就是目光在選項間上下查看的人，只有不到三〇%的機率選擇了更需要有耐心的選項。這是因爲他們似乎更被較快取得較小禮券的快樂所吸引。相對而言，比較的人就會指出，如果不等待，就是放棄六．七美元。

在所有做出的決定中，人們似乎會堅持一項路徑，而不選擇另一個路徑。（我教的商學碩士生中，有些人會把這視爲數學問題，計算較大較慢選項中暗示的年利率。掏出你的計算機，或者打開你的Excel來計算，當然也是一種合理路徑，但大多數的人不會這麼做。如果你眞的計算了，就會發現藉由等待，你賺到了一一〇%的利息。）[10]

這種決策被稱爲**「跨期選擇問題」**（intertemporal choice problem），過去五十年來，已經引起極大的關注。它牽涉到決策者在制定與時間有關的決策時，所面臨的基本挑戰。每個選項都有兩個屬性：第一個是金額，第二個是取得款項的日期。爲了做出選擇，人們必須在時間和金錢進行權衡：越早固然越好，但錢越多也越好。在這些選擇中，你必須放棄一個，才能取得另一個。

這些選擇之所以吸引了大量興趣的一個原因，就是我們周遭充滿跨期選擇。對一些選擇而言，這些實驗性問題似乎明顯呼應了眞實生活中的決定。舉例來說，我們可以決定在今天就消費一筆錢，還是把它存起來等退休後使用。但眞實世界還有其他重要的跨期選擇問題。決定今天吸菸，可以帶來享受，卻有延後發生的長期健康影響。我也提醒學生，他們今晚可以決定出去參加派對，或者留在家裡讀書。如果他們如我期望的留在家裡讀書，就會得到延後的獎勵，就是較好的成績，這也有可能會帶來較好的工作與較高的薪資。

跨期選擇問題研究顯示，立即發生的成本與效益對決策有巨大影響。如果較小較快選項眼下即可取得，就會更有吸引力。心理學家將這種對立即結果的過度重視，稱爲**「高估現狀偏誤」**。高估現狀偏誤解釋了爲什麼人們可能喜歡前期優惠利率（teaser rate），也就是一開始給你很好的優惠，但在後面有很高的成本。你只要看看大部分電信和有線公司所提供的方案，就能找到例子。舉例來說，我的有線電視公司最近提供給我更快的上網速度，初始價格頭六個月只要四十九美元。但幾乎無法找到過了六個月後的費率會是多少的資訊。

做出任何決定，都可能受到高估現狀偏誤影響。針對每一個決定，我們必須當下投入精力，才能在後來因爲挑了較好選項而得到報酬。我們可能因爲喜歡前期優惠利率，選擇了一張不好的信用卡，但我現在要討論的是我們可能做出不佳選擇的另一個原因：我們或許只是認定，評估替代選項要花的心力不值得省下來的錢。

這並不表示我們從未在一個決定上投入太多精力。我們可能沉迷於挑選最好的新車，或者投入大量精力選擇購買一件新外套或背包。但這通常是因爲我們享受想起這項產品的感覺才會發生。它本質上是我們喜歡的事物。在大部分的情況下，決定本身並不有趣，我們也試圖避免眼前的成本。

禮券決策例子顯示了合理路徑爲什麼很重要。如果能改變人們用來做出決策的路徑，我們也許就能幫人選擇更好的選項。改變路徑眞的可以改變選擇，又不會改變和選擇相關的金錢與時間嗎？

事實證明，要影響合理路徑非常容易。我們重新做了這項研究，但讓隨機挑選的受測者較難進行整合或比較。我們藉由延後每個訊息的出現時間，來做到這點。對半數的受測者，我們在他們試圖比較時延後資訊的出現；針對其他受測者，延遲會發生在他們試圖整合時。這種短暫的延後，已足以改變人們使用的合理路徑。這個小改變，也會讓人變得更有耐心或更沒耐心。[11]

這只是可以如何影響合理路徑的一個範例，但我們都還沒開始詳盡討論爲了解決這個即使非常單純的跨期選擇問題，選擇建築師要設計的各種選項。

大部分時候，我們面對的選擇問題，都比有兩個屬性的兩個選項複雜得多。想想使用 OpenTable 或 Yelp 應用程式選擇餐廳，當中有更多的餐廳與資訊，包括星級評等、每道菜的平均價格、菜單、餐廳的距離，以及最佳菜餚的評論與條列等。如果合理路徑能在單純決策中影響選擇，那麼想想看它們會如何影響我們使用 Yelp 這樣的應用軟體來做複雜的決策。你我所處的世界，往往就是如此複雜：在超市逛的早餐玉米片貨架上有數百種選項；約會網站上有幾千個可能的匹配結果；大學裡提供的課程，如果沒有上千個科目，也有上百個。在這些情況下，選擇看什麼資訊與如何簡化決策，就變得更重要，而且對選擇哪個選項也有更深遠的影響。這讓選擇架構變得更爲重要。我們很快將會檢視選擇建築師在複雜選擇中要設計的許多選項，但我們首先要了解，選擇者如何選擇合理路徑，至關重要。

找出流暢性

在理想狀態下，我們可能認爲，選擇者在挑選合理路徑時，都會仔細考量整個決策過程中需要付出多少心力。但現實並非如此。從結果看起來，在牽涉到要付出的努力時，人會有高估現狀偏誤，尤其要付出的努力是爲了獲取金錢時更是如此。這表示，選擇者在剛開始做決策時，他們認定要付出的努力程度，所發揮的作用至關重要。⓬

這也解釋了可以怎樣改變人對禮券的選擇。透過讓某些資訊稍微難以取得，我們就能改變人的合理路徑。這讓某個路徑比另一個路徑更容易，而且這個路徑選擇，是在決策最初的幾個時刻就決定了。

但還有很多方法可以讓路徑變得更容易。容我借用一個心理學的名詞，叫做**「流暢性」**。流暢性，就是人對於採行一個特定合理路徑的輕鬆程度，所感受到的最初與主觀感覺。⓭ 這類似流暢使用一種語言的體驗。這時沒有什麼因素會妨礙手邊工作的進行：我們理解敘述內容的意義，也沒有因爲試圖弄清楚新語言裡的某個動詞意思或它的變化型態而分心。

主觀在這裡是關鍵詞。沒有人拿著碼表計算實際需要花多少時間，重點在於路徑感覺有多困難。當我們能流暢地理解語言時，要聆聽收音機廣播或對話就很容易。但客觀地說，對其他非人類的智慧而言，這就非常困難了。在人工智慧發展初期，我曾和一百個人坐在一間沒有窗戶的房間裡，看著第一批語音辨識系統中的一套Hearsay應用程式的展示。當系統於幾分鐘後理解了「城堡移至KN4（Rook to King's Knight 4）」的意思後，大家都大感驚訝。這是西洋棋的標記法，也是這個系統能理解的少數領域。美國國防部的國防高級防禦技術及計畫局，與卡內基梅隆大學簽訂了數百萬美元的合約，讓這件事成眞。對我們而言，了解語言是很流暢的事，但對機器而言卻很困難。同樣的，將兩個十位數字相乘，即使對最不強大的CPU，也能很流暢地做到，但對大部分的人並非如此，我們會覺得這種計算很艱難。流暢性不是對做決定有多困難的客觀衡量，而是對於做決定有何感覺的主觀衡量。

流暢性的感覺可以來自許多選擇呈現方式的樣貌，而且很容易操縱。想想哥本哈根機場那條鮮綠色的指引線，改變了人對於實體路徑的選擇，以及延遲顯示資訊如何改變人們的耐性程度。另一個特別好的例子就是書裡使用的字體。希望你正在用看起來流暢的字體讀這本書，這樣才可以專注於文字的意義，而不是閱讀的過程。但不是所有字體都是流暢的。我可以用兩種字體分別寫一個句子，赫維提卡（Helvetica）是一種常用的字體，如同所示，是易於閱讀的。至於**黑登席威勒**（**Haettenschweiler**）則是一種很少用的字體，看起來也是難以閱讀（或許也較難發音）。

以赫維提卡或**黑登席威勒**來顯示選項，並沒有改變對選擇者呈現的資訊內容，只是改變了閱讀起來的困難度。改變選項的流暢性，就可能改變用來做選擇的合理路徑。你也可以更換成其他難以閱讀的字體，比如**緊縮間距字體**（**Impact**）和布萊德利手寫體（*Bradley Hand*）等。

心理學家亞當．奧特（Adam Alter）和丹尼．歐本海默（Danny Oppenheimer）針對會改變流暢性的要素，提供了一份很詳細的清單。舉例來說，改變字體的色彩對比，讓它更近似白色背景，會讓它更不易閱讀，變得不流暢。將數字轉換爲文字，會讓數字較不流暢。大多數的人要讀懂一二%，比讀懂百分之十二更容易。有些名字較容易念出來，有研究就顯示，比較將產品命名爲巴寧司（Barnings）或憂魯倪克斯（Yoalumnix），結果說英語的人較喜歡前者這個更容易發音的名字。

流暢性也可能騙人，讓人以爲某些事情較容易，但事實並非如此。一組心理學研究請人們記住用「像這樣」比較小的字級顯示的字，或者「像這樣」比較大的字級顯示的字。

研究人員接著詢問受測者，這份清單的內容可以記得多少，然後才眞的請他們回憶這份清單。受測者認爲，他們更可能記得用較大字級印出來的字。然而，結果是：雖然

較大字級感覺比較容易閱讀，但對於記憶內容的幫助少之又少。⓮

在必須選擇一個合理路徑時，我們對一開始要付出多少努力的認知，發揮強大的作用。流暢性在選擇路徑時可能不完美，卻很重要。如果設計者讓正確的合理路徑變得容易，就像空中巴士A三二〇的駕駛艙那樣，那麼我們做選擇就可以借用薩利機長所說的術語：「減載」。但事情不會總是這麼順利。有時候設計者對於該用哪些合理路徑，想得很天真。有時設計者希望我們使用並不符合自己最佳利益的合理路徑。還有時候，正如我們會讀到的，在人類最古老的活動上運用科技，會產生比較不好的合理路徑，以及糟糕的約會。

不符期待的約會

我太太愛爾克．韋伯（Elke Weber）是一名知名的數學心理學者，我們的相識很傳統，不是透過網路，而是在一個會議上相遇的。她的研究與著作主要是了解另一種類型的決策，也牽涉到氣候變遷這個極重要的議題。你可以想像，我們之間有許多嚴肅的對話，但她還是有一個沒這麼正經八百的習慣，那就是每週閱讀《紐約時報》週日版的

〈誓言〉（Vows）專欄。我也開始養成了這個小習慣。發現天差地別的人如何相遇、約會和結婚，是很有趣的。當然，在〈誓言〉專欄裡，每個約會故事都有圓滿結局。

有個星期天，一對特別的夫婦引起了我的注意：女方是一名很有魅力的非裔女性，叫做愛瑞卡．伍茲（Erika Woods），出身於阿拉巴馬州伯明罕市、一家都是專業人士的家庭。她在時尚界工作，身高一百六十五公分，喜歡穿十公分高的高跟鞋。她新婚的丈夫阿薩夫．柯德姆（Assaf Kedem）則是身高一百五十七公分，身材較瘦的以色列人，比她大十歲，也是《投資寫作手冊》（*The Investment Writing Handbook*）一書的作者。這麼一對自稱是「不同世界」的人，是如何找到彼此？

部分答案就在於合理路徑，以及約會網站的選擇架構是如何影響他們，尤其是一個叫做「咖啡遇見貝果」（Coffee Meets Bagel）約會網站的設計者所做的決定。

在線上尋找愛情是一個龐大的產業。有四千萬人使用線上約會網站服務，約占美國單身人口的三分之一。這個產業年收入達二十五億美元，Tinder、Match.com、OkCupid等網站的母公司配對集團（Match Group），當前的市值約為二一八億美元。線上約會現在已經是異性戀情侶相識最常見的方式，有三九%的人使用線上約會，透過朋友介紹的占二〇%，在酒吧或餐廳相遇的則占二七%。[15]

雖然美國可能只有幾個主要約會網站，但此類網站在全球就超過五千個，有許多是專門爲非常特定的人所打造的。舉例來說，有爲迪士尼（叫做 Mouse Mingle）、小丑（Clown Dating）、農民（Farmers Only），以及嘻哈（Bound 2）等粉絲專門設立的約會網站。在二〇一六年大選期間，甚至還有一個專門爲伯尼・桑德斯（Bernie Sanders）的支持者而成立的約會網站。[16] 這個叫做 Bernie Singles 的網站有一萬三千五百個會員，宣稱「在社群媒體之外，協助讓改革論者產生連結，激發出對未來有相似願景的人之間的化學反應」。該網站還宣稱：「這個選季，不只是一%的人被搞了。」（譯按：原文字 getting screwed 有雙關意涵，一是遇到麻煩，一是從事性行爲）如今回頭看起來，這句話眞是相當諷刺。

但大多數的人在選擇伴侶時，並沒有這種選擇性的目標，大部分約會網站的作用都是協助選擇者決定與誰約會。約會網站的設計者就是選擇建築師。他們會做許多選項，這些選項會影響誰給誰傳簡訊、誰和誰約會，以及最後會成爲伴侶的人。就連網站提供潛在約會人選的數量這類小事，都能改變線上約會者的人生。

OkCupid 會在螢幕上展示十二名潛在約會對象，但允許你搜尋多個螢幕。Tinder 更是讓你無窮無盡地查看潛在約會對象，你只要拚命滑手機就好。但這很可能讓人筋疲力盡。專門解釋英語俚語詞彙的城市字典（Urban Dictionary）網站甚至還有「Tinder 拇指」（Tinder Thumb）的詞條定義：「因過度使用 iPhone 約會應用程式 Tinder 所造成的局部疼痛，該程式讓用戶根據其他用戶的照片和（通常無用的）簡介，以往左滑或往右滑的方式決定『喜歡』或『不要』。剛開始像遊戲一樣的有趣體驗，最後經常導致嚴重的手抽筋，還可能讓人接受我們都將孤獨死去這個觀點。」

伍茲和柯德姆這對看起來不可能成功的夫妻，都是當時剛成立的咖啡遇見貝果約會網站的會員。這是由三名姐妹成立的網站，她們決定重新設計線上的約會場景。一開始，她們就跟設計者一樣做了一個重要的選擇。根據該網站創辦人之一姜艾瑞（Arum Kang，譯按：該網站三名創辦人爲韓裔姐妹，此處爲音譯）表示：「我們不想用大量低品質的配對建議淹沒會員，因此會幫忙篩選，讓她們每天只需要花一分鐘。」⓱ 這幾名創辦人打造這個網站的部分原因就是，她們認爲女性想要不同的方式來考慮約會。與女性相較之下，男性通常會多花兩倍時間停留在這類網站上，更可能會對潛在對象傳送簡訊（也比較不會得到回覆）。咖啡遇見貝果約會網站的目標，就是推翻這種大量郵件的思維，改由讓用戶更認眞地考慮每個選項。姜艾瑞和她的姐妹透過網站的選擇架構挑了一個重要特色，達成了這個目標：用戶每天只會看見一名潛在約會對象。

咖啡遇見貝果成功創造了一個對女性更友善的約會網站。透過改變選擇架構，咖啡遇見貝果簡直翻轉了通常男性占六五％，而女性占三五％的用戶性別比例。

試著想像如果伍茲或柯德姆（或者也可以想成是你自己）正在使用 Tinder 網站。用戶要面對數百個挑選出來的建議約會選項。他們會如何看待這些選項？會仔細考慮每個選項，閱讀每個推薦用戶的細節，還是可能根據其中一或兩項特徵，比如照片、年齡，或者（他們在網站上宣稱的）身高來做出快速判斷？在Tinder網站上，潛在約會對象很可能迅速地在大量滑動螢幕中遭忽略，因爲每項決定都只是根據這個人一或兩項顯著特徵來決定。相反的，咖啡遇見貝果網站的設計機制，強迫伍茲和柯德姆更仔細地去觀察推薦用戶。他們被激起興趣，於是更詳細檢視了網站推薦的每日用戶資料，然後發現了他們沒有預料到的共同點。原來柯德姆和伍茲一樣，都喜歡節奏藍調和摩城音樂，並且有大量此類音樂的唱片收藏。

因爲有許多選項而促成的快速評估方式，就稱爲**「篩選」**。由於它看起來相當流暢，所以在處理大量各類替代選項時，是很常用的合理路徑。快速瀏覽照片很容易，但要閱讀某人喜歡和想要什麼的文字敘述，就困難得多。但這種容易帶來的輕鬆感，不見得會讓用戶挑到最佳選項。

舉例來說，試想一名約一百七十公分高的女子，要略過所有比她高不到十三公分的約會對象。而喬治．克隆尼也在使用同一個約會網站，但由於他的身高只有約一百八十公分，因此他永遠都不會通過這名女子的初始篩選流程，他們也永遠不會配對成功。相反的，假設這名女子在咖啡遇見貝果網站的每日推薦用戶資料中看見了克隆尼。她可能認爲他有趣的背景和魅力，超越了她的篩選標準，就會告訴自己：克隆尼迷人的微笑值得讓自己放棄篩選標準，她可以改穿比較矮的高跟鞋。

在這種情況下，決定克隆尼被選擇機會的，是這個特定約會網站的選擇架構，而不是用戶的願望。在咖啡遇見貝果網站上，克隆尼會被選出來並發送簡訊，但在OkCupid網站上就不會。同樣的，伍茲和柯德姆在其他網站就可能快速轉至其他更類似的潛在伴侶資料，而不會花時間更仔細地查看彼此的資料。

篩選功能在Tinder這類的網站中，更是直接內建的功能。在這些網站上，用戶指定年齡範圍，以及他們願意爲了見面而跨越的距離。自動篩選功能會讓問題變得更糟糕，進而剔除選擇者可能在選擇資料中發現其他內容的所有機會。如果你使用手動篩選，有可能發現克隆尼迷人的笑容，但自動篩選根本不會把他呈現給你，哪怕他只站在離你設定最遠距離三公尺遠的地方。

人生中的選擇，最重要的莫過於選擇交往對象，所以我們選擇要在一起的人，竟然多少受到呈現給我們的選擇對象數量所影響，這聽來似乎很奇怪。這就是選擇架構的力量：透過影響我們的合理路徑，哪怕是小幅的調整，都可能改變重大的選擇。

由於這些網站蒐集每次瀏覽的資訊，我們可以了解許多關於使用約會網站的流程。這種點擊的數據流量，讓我們不需要詢問用戶他們在尋找的內容與原因，就能觀察到人們在約會網站中在尋找什麼。或許感覺上不是如此，但使用約會網站就很像你在上網時額頭上綁著一個攝影機。對人們如何選擇約會對象這件事感到興趣的研究人員，可以看見人們如何搜尋與向誰發送簡訊。也能看見用戶在考慮哪些個人資料，即使他們沒有選擇進一步檢視。舉例來說，在超市裡，購物者可能會檢視開心果冰淇淋，但沒有將它放進購物車裡。同理，應用程式可以看見用戶何時瀏覽一個潛在約會對象的資料，但沒有發出簡訊。這說明了冰淇淋和約會對象都有些吸引人之處，因爲他們引起了用戶的注意力，但也有些不對頭的地方，所以用戶沒有選擇他們。如果他們根據某個不受歡迎的特徵，排除了某個潛在約會對象，我們將這項特徵稱爲**「破局因素」**；如果他們因爲某個受歡迎的特徵而堅持選擇約會對象，則稱爲**「媒合因素」**。

透過觀察某人購物，不論買的是冰淇淋還是愛情，我們都能了解他們是如何思考的。這項資料顯示出搜尋者在選擇（與拒絕）約會對象時，使用的合理路徑，讓我們能了解搜尋的運作方式，以及這個運作方式在選項數量有變化時如何回應。

看人尋找愛情時，我們觀察到什麼？在密西根大學，社會學家伊麗莎白・E・布魯赫（Elizabeth E. Bruch）、統計學者與行銷專家佛瑞德・費恩伯格（Fred Feinberg）、李奇源（Kee Yeun Lee，音譯）分析了一一〇萬個選擇，想找出是什麼因素決定了知名約會網站的成員，是否想要仔細觀察某個特定人士的個人資料或發送簡訊。結果他們發現很多人都是在進行篩選。⑱

身爲該網站的用戶，你會見到一個包含至少十二個潛在約會對象的頁面（你也可以要求看見更多潛在對象的資料），幾乎所有對象都附上照片與一些資料，例如：身高、年齡與體重。布魯赫和她的團隊捕捉了那個頁面，並記錄了用戶可以看見的十二個潛在約會對象的特徵。他們接著檢視了是什麼因素決定了哪些潛在約會對象的資料會被更仔細地閱覽。點擊滑鼠查閱更多資訊，這個動作被稱爲**「瀏覽」**，如果你喜歡看到的內容，可以傳簡訊給這個人。透過檢視那些獲得或沒獲得瀏覽與傳送簡訊的個人資料，布魯赫與團隊可以針對促成決定進一步發展的因素建立模型。他們確實可以看到一般用戶想在伴侶身上找到什麼特質。

在這個約會網站上，破局因素與媒合因素有哪些？人們的品味無疑地有所差異，所以密西根大學的研究團隊也觀察不同的市場區塊，將所有約會網站用戶分爲有類似品味的男性與女性。一個大型男性區塊顯示出明顯的模式。他們的平均年齡爲三十九歲，但他們很少對同齡女性發簡訊。相反的，更有可能對比自己年輕十歲的女性發簡訊。他們對比自己大四歲女性發送簡訊的機率幾乎爲零。這些男人使用了以年齡進行篩選的合理路徑。

同樣的，也有一群爲數不少的女性以身高做篩選因素。這些女性幾乎所有人都喜歡傳簡訊給比較高的男性，而隨著身高差異從五公分增加到十五公分，傳送簡訊的機率也大幅增加。這些女性向比自己高十五公分男性發送簡訊的可能性會高出八倍，而傳簡訊給與她們身高相同或較矮男性的機率幾乎爲零。布魯赫與同事認爲這是**高跟鞋效應**，也就是女性想和即使踩著高跟鞋時，還是比自己高的男性約會。男性身高與她們相當，就成了一個破局因素。

篩選讓決策更流暢，因爲你只需要注意潛在約會對象的單一特徵，比如他們的照片、身高或年齡，就能決定該追求誰。但這個合理路徑有其缺陷，在決定約會對象時，這個缺陷會變得很明顯。

試想有些男人如果可以，或許會謊報身高。相對於這些不誠實的男人，誠實的男性正確描述了自己的身高。在宣稱的身高與不誠實之間，就存在關聯性。宣稱身高越高的男性，就越可能不誠實。篩選身高有一個可怕的後果，那就是造成與騙子約會的次數更多，也會導致更多尷尬的第一次約會，因爲這些男性不符合他們所宣稱的身高！

當兩個重要屬性是負相關時，篩選就是一個大問題。這種事一直在發生：便宜的保費意味著較高的自付額、高報酬投資通常風險較高，而便宜的產品往往也……好吧，就是品質差。篩選也可能剔除了在兩個重要但負相關的屬性之間達到良好平衡的選項。因此，更多選擇可能造成篩選，而篩選又可能造成與不誠實的男性約會、購買高自付額的保險，以及選擇高風險投資。

這是選擇架構讓人感到不安的事情。它的效果可能很重大，大到甚至可能決定你的感情伴侶，但網路設計者或選擇者通常不了解這些效果。流暢性有可能是假的友善感覺，將我們引導至會高估某些選項，並忽略其他有可能是完美選項的合理路徑。按照身高或年齡來篩選潛在約會對象很容易，也讓做決策變得簡單，但它同時也妨礙了我們考量可能會喜歡的選項。

看清楚

了解合理路徑很重要，這決定了我們會查看與忽略哪些資訊。當合理路徑讓我們專注於正確的資訊，並思考重要考量事項時，就能做出更好的決策。在做決定的初期，我們就透過感覺比較容易的方式選擇了合理路徑，而這些初期判斷似乎有太大的影響。

大多數時候，人都不會想到自己使用的合理路徑。我們也與研究者不同，缺乏眼睛追蹤或滑鼠點擊記錄裝置。但合理路徑是有後果的。去賣場買東西，實際上就牽涉到選擇合理路徑。如果你不走到洗衣劑走道，就不會看到並因此購買洗衣皂。的確，有些賣場目前會在購物車上放追蹤裝置，了解購物者的路徑。但當你看見一個品牌產品時，會發生什麼事呢？你通常不會駐足去閱讀包裝，而是記得自己對該品牌的了解與看法。你取得的資訊，不是從外界，而是從記憶裡抓取。我們所記得的內容，也會受選擇架構的影響，爲了理解這一點，讓我們轉向記憶的世界。

第3章

組合偏好

達倫・布朗（Derren Brown）這位魅力十足的英國藝人，在事業上一直非常成功。透過長年播出的個人秀，以及廣受好評的電視特別節目，他僅靠一己之力就讓「讀心專家」（也就是所謂的讀心者）這個職業再度風靡。❶不過，布朗與其他靈媒或通靈師有所不同，並沒有宣稱擁有任何靈媒力量，但他似乎能夠在那些行動還沒開始時，就記錄下別人稍後的思考與行動，而且離奇的準確。

在一次示範中，布朗請東尼與馬丁這兩名廣告公司主管，搭乘計程車與他在一間看起來很普通的辦公室會面。在寒暄結束後，他請他們爲一家業務有點特別的新公司設計平面廣告，這是一家製作動物標本的連鎖店。這個廣告必須包括商標、名字，以及企業標語。他們有半小時來完成任務。布朗說他從小就對動物標本很著迷，還對東尼和馬丁展示了幾個「塡充動物標本」範本。布朗就在離開房間前指出，已將自己關於動物標本商店廣告的一些想法，放在封好的信封裡。很戲劇性地，他把這個信封放在桌上一隻塡充貓咪標本底下，這樣就沒有人可以碰到它，然後就離開了。

他於半小時後回來。東尼與馬丁展示了他們工作的成果。他們的廣告設計裡有一隻大熊當做商標，大熊坐在一扇鐵門前的雲上，彈奏著豎琴。它們將公司取名爲「動物天堂」（Animal Heaven）並採用了「往生動物的最佳去處」（The Best Place for Dead Animals）這樣的標語。

布朗要求馬丁從貓咪標本下面取回信封、打開封條，並展開草圖。它與東尼和馬丁剛剛設計好的廣告非常相似。布朗爲公司命名爲「生物天堂」（Creature Heaven），商標幾乎與兩名廣告主管設計的相同，口號更是只差兩個字。

參與者和滿懷疑問的觀眾都想知道，布朗是如何完成這個小小的魔術壯舉？要花招似乎不可能做到，布朗和這兩名廣告公司主管在這半小時內沒有任何溝通，而且從他把信封放在貓咪標本下面後，就再也沒有碰過信封。他是如何影響東尼和馬丁的創作過程呢？不同於其他讓觀眾困惑不解的讀心專家，布朗的特色就是揭露（或者聲稱揭露）自己的祕密，告訴大家把戲是如何完成的。

在這個例子中，布朗展示了他的團隊如何讓東尼和馬丁接觸到許多稍後出現在他們廣告中的設計元素。載他們去見布朗的計程車經過了倫敦動物園雄偉的鑄鐵大門，當車子還停在該處時，讓一群學生在他們面前穿過馬路。每個學生的天藍色T恤上都有動物園大門的圖像。當他們繼續行駛時，經過了一家酒吧，外頭貼著許多告示，上面都寫著這是**最好的往生動物去處**（WHERE THE BEST DEAD ANIMALS GO）。接著他們緩慢地經過一家咖啡店，黑板上畫著天使的翅膀，還寫著**生物天堂**（Creature Heaven）。當他們到達現場與布朗會面時，他分享給他們看的一個「塡充動物標本」，就是一隻標本態。這趟旅程巧妙地將每個概念都植入了兩名主管的腦海中，讓他們稍後極可能回想起這些概念。他們設計中出現的元素非常容易記住，幾乎令人無法抗拒。

當布朗描述這項技巧是如何運作時，他顯然沒有預測未來，而是控制未來。與其說布朗是讀心者，不如說是**寫心者**。他增加了某些已知概念出現在人們腦海中的可能性。心理學家把事物在腦海中浮現的容易程度稱爲**「可及性」**。在布朗的展示中，他增加了鐵門、天使、雲彩和快樂的往生動物的可及性。

當我們被問到問題時，有時候立刻就知道答案。有些食物我們會知道自己不喜歡：如果問我是否喜歡動物肝臟，我的回答直接就是否定的。但是如果問我喜不喜歡壽司，回答可能就取決於我當時想到了什麼。如果想到一塊精心料理的新鮮鮭魚，我可能會說喜歡。如果我想像的是一片不新鮮的海膽，我的答案就會和動物肝臟一樣，而且同樣不假思索。

我們說起自己的偏好，是取決於回想起的事。有時候，我們自認知道自己想要什麼，但往往面臨的都是以往不曾應付過的事。在這些情況下，我們會查找自己的記憶，根據最相關的經驗看看自己對這些選項的感受。我把這些記憶和它們喚起的感覺稱爲**「組合偏好」**。你可能認爲，選擇就是知道什麼是想要的，然後找到它。爲了做到這一點，我們會回顧自己的經驗找回相關的記憶。

這意味著我們的偏好不見得總是穩定和固定的，而是即興的，是從大量相關的記憶中隨意構建出來的。雖然有時我們的偏好是不變的，比如我一輩子都厭惡動物肝臟，但有時它們則反映了腦海當下浮現的事，它們會根據情況和不同記憶的可及性而改變。在沒有外界影響的情況下，我們的選擇差別不大。選擇建築師像布朗一樣，也是寫心者，他們做出設計決策來改變不同概念的可及性，進而改變我們這些觀眾或消費者的選擇。爲了更了解這種能力，我們去訪問愛荷華州愛荷華市的一組研究人員，他們改變了你我熟悉的美國漢堡的可及性。

記住自己想要什麼

如果在一九八〇年代後期走進愛荷華大學的心理學實驗室，你可能會注意到它聞起來更像是間小餐館或露天汽車電影院，而不像是研究和教育中心。露天烤架上牛絞肉的香氣經常瀰漫在大廳裡。氣味本身並不是正在進行的研究重點，而是研究標籤讓人對肉類品質和味道的感知所造成的影響的副產物。肉香味強烈到讓主持這項研究的教授歐文・列文（Irwin Levin）擔心，同事可能以爲他在大樓地下室經營一家麥當勞。

列文的實驗其實很簡單。首先，他讓兩組大學生評估自己對生的牛絞肉樣品的感覺。對其中一組，他展示的是標有「二五%肥肉」的肉，而另一組的標示則是含「七五%瘦肉」。列文發現，第二組對他們看到的肉有較正面的感覺。他們認爲，它比另一組看到的樣品品質更好、更不油膩，而且味道更好，但這其實是同樣的牛肉，因爲肥肉和瘦肉的比例加起來一定是一〇〇%。然而，僅是使用**肥**和**瘦**這兩個字眼，就會影響兩個小組對漢堡絞肉的想法。

接下來，列文測試了標籤可以如何改變吃肉的實際體驗。列文和他的團隊穿上了圍裙，在參與研究的人面前烹調肉類。有一半的「顧客」被告知，漢堡中的牛肉有七五%是瘦肉，其他人則被告知有二五%是肥肉。那些在吃肉前被告知肉中含有二五%肥肉的參與者，認爲他們吃的漢堡更油膩、品質更差與熱量更高。就連那些在品嘗牛肉**之後**才看到標籤的人，也表現出類似的感知變化，只是幅度較小。

列文在與研究行銷的同事共進午餐時，想到了要做這項研究，他告訴我，這些標籤讓學生對漢堡各層面的知識有更多或更少的理解，並改變了他們組合偏好的方式。將肉標記爲含七五%瘦肉，可能讓學生想到多汁入味的漢堡美味。腦中可能浮現一張帶有新鮮綠色生菜和紅番茄切片的生動漢堡圖片，也許旁邊還擺著沙拉。或許他們還想起了上個月吃的那份美味、多汁、爆汁且高品質的草飼牛有機漢堡。

至於二五%的肥肉標籤，學生更可能想到肥肉這個詞及其所有的負面含意：油脂、也許是腐臭味、乳酪中的卡路里、在加熱燈下堆放的軟爛炸薯條，還有一頭等著宰殺的工廠化農場養殖的牛。簡言之，這兩組人最後會想到不同的漢堡，以及這些漢堡的不同面向，一切僅取決於他們看見的標籤。❷

人們對漢堡的聯想是豐富且複雜的，包括好與壞的記憶和意象。只要檢視單字小世界（Small World of Words）網站的定義就知道了（該網站蒐集了近九萬個關於人們閱讀某一個特定單字時，聯想到的前三個單字的回應）。對於**漢堡**，人們有正面回應的單字，包括**好味道**、**多汁**、**好吃和美味**，也有更多的負面單字，比如**油膩**、**肥肉**、**噁心和想吐等**。❸

這些聯想詞會根據選擇架構而改變。我們不會同時想起自己所知的一切，只會回憶所知的部分訊息，並使用這個子集合來爲自己的決策提供資訊。我們的組合偏好反映了自己在當下輸入資訊的時候所做的選擇，即使這些輸入資訊與牛絞肉包裝上的標籤一樣簡單。

就像布朗的動物標本熊、天使翅膀和動物園大門一樣，標籤讓一些記憶更容易觸動，不一樣的標籤也會產生不同的聯想。列文和他在愛荷華的研究人員可能還不了解，但透過讓學生接觸不同的標籤，他們正在設計或編寫學生當下的反應。當我們做選擇時，未必一直引用自己根深柢固的觀點；我們在當下也創造了該觀點的一部分。正如薩利機長面對太多資訊，因此需要減載，才能讓自己專注於問題的特定部分一樣，漢堡實驗中的受試者也需要考慮許多層面，因此他們必須專注於從記憶中可以找回的內容，聚焦於一些特定記憶，而不是其他記憶。

在解說人如何選擇合理路徑時，我談了很多關於流暢性的內容，以及做出最初的決定有多容易。人通常會選擇自己認爲不會很麻煩的路徑。但記憶不一樣。大多數的時候，我們覺得自己無法控制浮現腦海的事。這個過程更自動化。如果你看到漢堡肉上貼著「二五%肥肉」的標籤，它的負面聯想內容似乎就會自動出現，很難不去想到它們。你在任何特定時刻的聯想，都是由許多因素決定的，包括你有多餓、空氣中的氣味、漢堡的包裝看起來有多油膩等。

愛荷華大學實驗中的漢堡肉吸引力，似乎與標準的經濟模式完全不同，在標準經濟模式中認爲，人們知道自己想要什麼，只要去探索外部環境，找到它就好了。事實上，標準經濟學假設，我們對那個漢堡有一個所謂的保留價格（reservation price）。當查看菜單時，我們會檢視標價是否低於自己願意支付的最高價格。如果價格更低，我們就會買下漢堡肉。在經濟學的標準觀點中，人們可能很難找到自己想要的東西，但知道自己想要什麼。相較之下，心理學家認爲，人通常可以找到很多選項，卻很難弄清楚自己真正想要什麼。

組合偏好可能是選擇架構難以用標準經濟學解釋的一個原因。在心理學中，做出許多決定的關鍵，是確定什麼是好的選擇。心理學傾向將選擇視爲對我們將會享受到什麼的預測，而做出這些預測則需要找回我們的記憶。

當我們的偏好已經固定時，可及性幾乎發揮不了作用。當我看到**動物肝臟**，就立刻回想起自己討厭動物肝臟的味道。然而，如果在做決定時會在腦海中蒐集偏好，可及性就變得很重要，因爲我們的選擇可能會受到各種因素的影響，比如包裝標籤。在根據牛絞肉的品質和味道做出選擇時，我們可以找回許多記憶，包括好的與壞的，這表示我們可能根據當下找回的記憶，做出不一致的選擇。華特．惠特曼（Walt Whitman）在他所寫的詩〈自我之歌〉（Song of Myself）中詮釋得很好：

我自相矛盾嗎？
很好，那麼我就自相矛盾，
（我很大，我包含很多層面。）

可及性

大多數時候，我們造訪一家公司的網站，都會看到與公司產品或服務相關的誘人、有美感的背景圖。舉例來說，在音樂串流服務網站 Qobuz 上，造訪者會發現一個留著鬍鬚、戴著昂貴耳機的認眞聆聽者正沉醉在音樂中，或者一個年輕的流浪歌手拿著一把民謠木吉他，在看起來很像一九四〇年代的錄音室裡使用的麥克風前閉著眼睛。這些圖片看起來更像是雜誌封面，而不是網頁。爲什麼公司要花額外的時間和費用，取得授權或製作如此高品質的圖像，即使它與公司產品沒有直接關係？

丹麥公司阿若諾（Arono）提供了一個答案。這家公司開發了成功的飲食減肥計畫和健身應用程式。阿若諾通常透過公司的電子報，以及十四天免費試用服務來獲得新客戶，在過了試用服務期後，他們可以選擇購買月度、季度或年度訂閱方案。最初的客戶註冊頁面顯示了一張看似相關的照片，照片上是一名身材勻稱的運動型模特兒，在不起眼的灰色背景下做著伸展動作。然而，現在網站上的圖片不再是模特兒，而是一張看起來很美味的健康餐，裡面有很多酪梨、青翠的綠色蔬菜和少許美味的乳酪，還有一些詢問我們是否想要獲得客製飲食計畫的文案。爲什麼會做了改變？事實證明，這張飲食計畫食物的圖案比起模特兒照片，在獲得客戶註冊的成果上高出五三％。

阿若諾對兩張圖片進行了Ａ／Ｂ測試，隨機對一半的潛在客戶展示了模特兒圖片，另一半則展示了食物。但是爲什麼一張圖片會比另一張更有效呢？一種可能性是，每個圖片都或多或少觸及到不同的記憶，因此也多少會被想起來。當我們看到這些圖像時，會組合自己對減肥計畫的偏好，以及在控制體重方面的經驗。這兩張照片讓人觸及到不同的面向：模特兒被視爲潛在的長期利益，而健康餐則是當下的美味獎勵。如前所述，我們更可能取出當下最容易獲取的記憶，在這個例子中，我們覺得這頓飯觸手可及，而那張美化的模特兒照片並不是。畢竟你我大多數的人都不是模特兒，如果以前從未這麼苗條，就無法取得這樣的記憶，因爲它根本就不存在。但是大多數的人的確都**吃過**美味的沙拉，就很容易聯想到咬下生菜時清脆的聲音、酪梨的甜味，以及乳酪的清晰口感，這些可觸及的記憶都在說著：「是的，我想要**那個**！」接著在不知不覺之間，手機上又多了一支應用程式。❹藉由改變不同記憶的可及性，一個網站的背景圖片就能影響我們的決定。

二〇〇〇年代初期，網際網路剛開始成爲一種商務媒介，店家開始透過不怎麼美觀的網站銷售各種產品。現任亞利桑那州立大學教授，當時還只是研究生的娜奧米．曼德爾（Naomi Mandel）帶著一個想法來找我，我承認當時自己是不太認同。曼德爾有個瘋狂想法：她認為透過改變網站的壁紙背景，可以影響瀏覽者能觸及的記憶，進而改變人們的選擇。有些網站的背景圖可能與產品的不同面向相關，因此讓這些特點更容易被觸及，會讓它們更容易被想到，並強調出重要性。

舉例來說，以一個家具網站而言，曼德爾認為，看到背景圖滿是蓬鬆雲朵的人，更可能想到舒適，這是讓沙發能售出的一個重要特點。曼德爾推測，如果更換背景圖案，就可能改變顧客選擇購買的沙發。曼德爾就像當博士生時那樣富有創造力又精力充沛，準備反駁我的懷疑。

她為同一個網站打造了多個不同背景圖的版本，例如：一個是蓬鬆的雲朵背景，一個是美鈔背景。在另一項研究中，她驗證了雲朵讓人更容易觸及到舒適這種感覺，而鈔票則更容易觸及到花錢這個概念等等。

然後就是讓受測者購物了。曼德爾在一個網站上，要求參與者在兩種沙發之間選擇，一種昂貴而豪華，一種較便宜又不舒適。換言之，這就是一個A／B測試。對那些看到雲朵的人而言，如果更容易想到舒適，參與者還會花更多時間，去思考坐在一張真正舒適的沙發上的感覺嗎？那麼他們是否願意為這種舒適感花更多錢呢？❺

事實證明，曼德爾的預感是正確的。六一％看到雲朵的人選擇了較貴、也較舒適的沙發。相較之下，當參與者看到美鈔時，這個比例就下降為五二％，在只對網站進行微調，且不包含產品或其外觀資訊的前提下，客戶的行爲變化相當顯著。

我們詢問了購買較昂貴且較舒適沙發的研究參與者，背景圖是否影響了他們的選擇。就算知道答案是肯定的，但他們卻說沒有影響。就像許多由於選擇架構而做出的決定一樣，網站背景圖改變了人們的行爲，但這種影響並沒有被人察覺到。人始終不會知道自己受到了影響。改變可及性的確改變人如何形成組合偏好，也造成不同的選擇。

當然，自從曼德爾的見解獲得證實開始，A／B測試已經成爲公司設計網站時的關鍵。但它不僅適用在網路而已。我們每天認爲理所當然的事情，也會影響自己的可及性。以天氣爲例，它不僅能改變我們的記憶可及性，甚至還能改變我們深信不疑的信念，比如氣候變遷。二〇一〇年二月五至六日，一場暴風雪沿著北美東部海岸向上移動，維吉尼亞州、馬里蘭州和華盛頓特區降下的大雪，積雪達五十至九十公分，媒體稱這場大雪爲「末日暴雪」（Snowpocalypse），四天後又發生了另一場暴風雪，被稱爲「大毀滅暴雪」（Snoverkill）。

末日暴雪和大毀滅暴雪前後造成許多商家、地方和州政府關門好幾天。人們被迫留在家裡面對大雪帶來的不便。一些媒體認爲全球暖化已經結束，或者指出這兩場成災暴雪證明了氣候變遷是一場騙局。著名的氣候變遷懷疑論者殷霍夫（James Inhofe）參議員在美國國會大廈前搭建了一座冰屋，上面有一塊手寫的招牌寫著：「艾爾・高爾（倡議

全球暖化議題的美國前副總統）的新家」。否認氣候變遷議題的人，對於因暴風雪導致氣候危機會議延期召開一事幸災樂禍。❻

儘管完全缺乏科學證據，但殷霍夫的說法似乎是可以理解的。看著窗外一百公分厚的積雪，我可以理解全球暖化對一些人來說，或許有點難以相信。我與現在在加州大學河濱分校的李業（Ye Li，音譯），和哥倫比亞大學的麗莎・扎瓦爾（Lisa Zaval）一起做了一項簡短的網路調查，提出了兩個問題：「你多相信全球暖化議題？」和「今天的氣溫是高於或低於正常溫度？」我們使用受訪者的郵遞區號來比對他們回答問題時所處位置的實際溫度。我們發現，相對溫度（當天實際溫度與平均溫度相比之下的溫暖或寒冷程度）與人們對氣候變遷的擔憂之間，存在顯著的相關性。我們把這稱爲**「在地暖化」**（local warming），與它相對的是全球暖化，因爲相關性顯示，在特定地點和時間的溫度似乎是決定是否相信氣候變遷的一個重要因素。由於今天的天氣在我們的記憶中很容易看到和觸及，因此會獲得過多的重視，但在宏觀的計畫中，任何一天的天氣在我們面臨的整體氣候危機中，幾乎沒有任何重要性。

這項發現已被其他許多研究複製，包括在實驗室的研究中，研究人員詢問參與者對氣候變遷的看法時，偷偷將房間溫度改變爲高於或低於正常溫度。❼提高室內溫度會增加對氣候變遷的感覺，而降低室內溫度則會降低對氣候變遷的看法。這種環境溫度甚至影響了參與者的行爲。在一項類似的研究結束時，我們詢問參與研究的人，是否願意把參與研究所賺的錢捐出來抵抗人爲氣候變遷。當房間裡的溫度設定在比平時低得多時，他們只捐了大約〇・七五美元，但當房間溫度設定的比平時高出許多時，他們捐出的數字約爲三倍，達到二・二五美元。

天氣也以似乎和可及性一致的方式，改變了各種消費行爲。選擇建築師可能無法改變天氣，但他們絕對可以改變可及性。包括梅根・布斯（Meghan Busse）、德文・波普（Deven Pope）、賈倫・波普（Jaren Pope）和豪格・席爾瓦-里索（Jorge Silva-Risso）在內的一群經濟學家和行銷學者，使用美國超過四千萬輛汽車銷量的資料庫，比較了敞篷車和四輪驅動汽車在晴天和陰天的銷售情況。與在地暖化一樣，特定日子的天氣也會發揮影響力，在晴朗天氣時購買敞篷車的可能性增加了一二・六%。布斯和她的研究夥伴發現，四輪驅動車的銷售有相反效果，當天氣不好時，反而賣得更好。事實上，一場積雪二十五公分高的降雪，會在接下來的二到三週，刺激四輪驅動車的銷量增長約六%。❽

其他類型的購買行爲也出現了類似的結果。經濟學家麥可・康林（Michael Conlin）、泰德・歐唐納修（Ted O' Donoghue）和堤摩西・渥格森（Timothy Vogelsang）發現，在特別寒冷的日子裡，人們更有可能購買像厚夾克之類寒冷天氣會使用的物品。但與汽車不同的是，我們很容易就能修正這個錯誤——只需要退回包裹就行了。因此不意外的是，他們發現在接下來的幾天裡，退貨量大幅增加。平均而言，在購買當天的溫度低了三十度時，後續的退貨率會增加四%。❾

抑制

在了解記憶和組合偏好之間的關係方面，還有一個小問題。當我們只因爲它可以觸及，而回想起一段記憶時，讓人驚訝的事情發生了：其他相關的記憶會變得更難想起，即使是有用的。心理學家把這個阻礙稱爲**「抑制」**；可及性讓一些記憶更容易被記住，但回想這些想法或經歷的過程，會阻礙或降低我們記得其他相關想法或經歷的能力。

抑制無時無刻都在發生。假設你在得到一組新手機號碼的次日走進乾洗店。乾洗店請你提供新的號碼，你就努力在腦海中想出那組數字。你覺得這組號碼已經在舌尖上了，乾洗店老闆想要幫忙，看著你的上一筆訂單並提示說：「是不是212……」就在他說出最後一個數字時，你的新手機號碼突然在腦海中徹底消失了，你除了舊手機號碼之外，什麼號碼也想不出來。聽到舊的手機號碼似乎抹殺了找回新號碼的希望。舊號碼的可及性增加，就抑制了新號碼的可及性。你投降了，不好意思地拿出寫著新號碼的那張紙。當你在考慮的兩種資訊非常相似時，此類經驗特別容易發生。新的電話號碼不會抑制無關的記憶。舉例來說，如果乾洗店老闆問你的結婚紀念日，或許當場要你立刻說出來都沒問題。

曾經風靡一時的老牌益智節目《危險邊緣》（*Jeopardy!*）提供了對抑制的進一步理解。節目的高潮部分就是最後的危險邊緣單元，參賽者必須寫下同一個問題的答案，而這個問題通常會很困難。在二〇二〇年，《危險邊緣》製作了一集錦標賽，叫做《史上最強危險邊緣》（*Jeopardy!: The Greatest of All Time*），請來節目史上三名創紀錄的冠軍對決，證明誰是強中之強。這場比賽在聖誕節和新年後不久舉行，媒體廣泛報導，收視率很高，數百萬名觀眾收看了這個節目著稱的戲劇性時刻。其中一名冠軍是肯・詹寧斯（Ken Jennings），他在節目中的所有出場參賽集數贏得了超過四百五十萬美元的獎金，並以在二〇〇四年連續保持七十四場勝利這個最高紀錄而聞名。但我對他在第七十五次參賽時發生的事情較感興趣，他在一個看似簡單的問題上輸了比賽。

在最後危險邊緣單元中，參賽者得到了這條線索：「這家公司的七萬名季節性白領員工，大多數一年只工作四個月。」有了這個線索，很多人會自然想到明顯的季節性工作時間，例如：學生經常打工的寒假或暑假。這也是詹寧斯首先想到的：「我假設答案與夏季或聖誕假期有關。」我們的頭腦和他一樣，試圖想到那些必須雇用人手來因應這種季節性造成人力緊縮的公司。也許是百貨公司？會是亞馬遜？還是郵局？我們可以很快地將這些公司排除在外，因爲它們因應季節性而招聘的人，大部分都不是白領工作。其他類似的雇主呢？詹寧斯想出了「聯邦快遞」這個答案。

當他說出答案時，現場響起了一陣驚呼聲。許多人都知道他答錯了，在連贏了七十四場比賽後，他即將落敗。你可能認爲，正確答案H&R布洛克稅務公司（H&R Block）很簡單。但詹寧斯表示，他從未考慮過繳稅季，儘管知道這家公司，但他的腦海中從沒想起H&R布洛克稅務公司。他怎麼會犯下這個錯誤？

想到聖誕假期，會讓聖誕假期的雇主更容易被想到：亞馬遜、實體零售商和救世軍可能都會出現在他的腦海中，就像我們也會想到這些雇主一樣。但與此同時，抑制讓他比較難以想到繳稅季、人口普查和其他類型的臨時就業情境。我們在不知不覺中抑制了一些記憶，這樣才能專注於手頭的任務。對詹寧斯而言，聖誕假期變成了抑制產生器，讓繳稅季從他的腦海中消失了。

無論有意與否，選擇建築師經常以犧牲另一個思考方向爲代價，將注意力和隨之而生的記憶轉移到一個方向。在撰寫本書的這一部分時，我試著透過告訴你競賽節目是在聖誕節和新年之後舉行的方式來誤導你。這種說法讓聖誕假期更容易被想起來，並且可能抑制了你想起繳稅季，就像發生在詹寧斯身上一樣。相反的，如果我告訴你詹寧斯輸掉這場遊戲的時間是在四月十五日，也就是繳稅日，你可能就會專注在繳稅季，而抑制了聖誕假期的聯想。可見在這個例子中，環境不僅影響我們想到哪些事，也影響著想不到的東西。

如果我要你寫下全美國五十州的名字，你覺得自己會怎麼做？你會比埃默里大學的學生表現得更好嗎？他們平均只能列出四十個州。有些州的名字，比如你所居住的州，是很容易記起來的。現在想像一下，我會給你一個小小的幫助，提供一張列出二十五個州的清單，你可以在測試之前看五分鐘。你會使用這個清單嗎？你肯定會比沒有這張清單時答得更好，畢竟你可以得到一半的答案，所以你已經對了一半。

但我的幫助實際上一點幫助都沒有。雖然你會記住更多清單上列出的州名，但整體上會記得的州卻較少。檢視你得到的二十五個州名，會讓它們更容易被想到，但也讓不在名單上的州名較難被記起來。通常，當人們得到清單時，他們會「丟掉」三到五個州，也就是記起大約三十六個州，而不是四十個。抑制會降低記得清單上沒有列出的州的能力，❿即使它能讓列在清單上的州名更容易記住。

每當我們很難記住某件事時，會想把它寫下來。這個流程確實有幫助。班傑明·富蘭克林這位出版商、發明家、散文家和外交家，以提出一種有關紙和（羽毛）筆的決策系統而出名。事實證明，他是一個早期的選擇建築師，並預料到了抑制在組合偏好中的作用。

發現氧氣並發明蘇打水的英國化學家約瑟夫．普利斯萊（Joseph Priestley），針對他面臨的一個重要選擇，徵求了富蘭克林的建議：他應該為一位富有的紳士擔任家教和助手嗎？這個職位會提供穩定的收入，這是普利斯萊迫切想要的，但可能會占用他的研究時間。富蘭克林要普利斯萊列出一份利弊清單，這種列利弊清單的方法後來非常出名。但故事中經常遺漏的，是本次討論中至關重要的內容，富蘭克林擔心普利斯萊所列出的優點，可能會抑制缺點，反之亦然：

當困難的情況發生時，它們之所以困難，主要是因為我們在考慮時，所有的利弊原因並不會同時出現在腦海中，而是有時出現一組利弊原因，有時出現另一組利弊原因，但第一組利弊原因就消失了。因此，各種不同的目的或傾向交替占著上風，於是就出現了困擾我們的不確定性。⓫

富蘭克林有一個解決這個問題的辦法：

在三、四天的考慮期中，我針對不同動機簡短寫下要點，而這些動機是在不同時間出現於我支持或反對某項方案時。

富蘭克林將這個決策過程稱爲他的「道德代數」（moral algebra），部分原因是他將利弊相加，並根據權衡出的重要性來做出決定。

爲什麼要花三或四天把事情寫下來，而不是趁著利弊原因在我們腦中還印象鮮明的時候列清單呢？看起來富蘭克林是擔心抑制的效果。他眞的思考過記住做出艱難決定中最困難的部分。那張紙很重要，因爲與人類的記憶不同，它克服了可及性和抑制的影響。人類的記憶呈現出潮起潮落的過程，有些事情會浮現在腦海中然後消失，很快又被其他事物取代。當某些記憶變得容易觸及時，它們會抑制其他記憶。因此，如果我們總是憑第一印象做出決定，而沒有清單做爲指導，那麼先想到的想法就會占主導地位。

富蘭克林的利弊清單大幅降低了這項擔憂。他了解不僅偏好可以組合，選擇記憶這件事也有很多花樣。大多數的人在談論富蘭克林的建議時，往往忽略了記憶的作用，經常會忽略記憶而專注於他的利弊相加。當這種情況發生時，我們會忽略列出利弊這張紙的眞正意義，也就是透過從我們的組合偏好中移除記憶的缺陷，來改進決策的選擇架構。藉著經過一段時間，可及性逐漸消失，可以讓最初受到抑制的其他想法得以出現在腦海中。

抑制不是永久性的。你最後會走出乾洗店，並仍然記得你的新手機號碼。正如富蘭克林所指出的，在幾天的時間裡，「剛開始看不見」的那些考慮將會再次出現。在我們記得五十州名的例子中，北達科他州並沒有永久離開我們心中的地圖，在一段時間後，這個中西部的州將會被我們想起，被明尼蘇達州、南達科他州、蒙大拿州，和我們北方的朋友加拿大緊緊包圍。如果詹寧斯有更多時間來考慮他在那個最後危險邊緣單元的答案，在某個時刻他就會說「對啦！」，然後說出「當然就是H&R布洛克稅務公司」。如果你是個填字遊戲迷，可能也有過相同感受。你就是想不出一條線索的正確答案，卻總是想出不符合謎底字母數目的答案。但如果在半小時後再回頭看這個線索，答案會突然變得顯而易見。

抑制的暫時性特性顯示，人可能會根據自己首先想到的記憶或屬性而改變想法，如果先想到漢堡中的肥肉，你就會認爲它不太健康。如果想到瘦肉，就會覺得夾著相同牛肉的漢堡更好。韋伯和我，以及一群優秀的合著者，試著將這個想法放入偏好如何組合的模型中，我們稱之爲**「提問理論」**（query theory）。[12]

提問理論的基本想法就是，當我們做選擇時，會考慮潛在選項的不同層面，來組合自己的偏好。我們會先考慮一組層面，然後再考慮另一組層面，韋伯和我將此視爲對記憶的提問，因而就此命名。由於可及性，第一組提問將產生比第二組更豐富的理由。透過將注意力集中在一組提問上，我們改變了偏好的組合方式，而這會影響自己最後的選擇。在我們的漢堡例子中，肥肉百分比標籤使不健康層面的印象更容易觸及，而抑制則使得較健康層面的印象較不易觸及。含瘦肉百分比的標籤則正好相反。在這個簡單的例子中，我們考慮了兩個選項，但是描述漢堡肉屬性的標籤改變了提問的順序，而這個順序的改變會影響我們的決定。提問理論是一種在選擇架構中，應用可及性和抑制的特定方法。

不是要誇大它的力量，但提問理論可以增加你的壽命，或者至少讓你以爲自己可以活得更久。一個人即將到來的世俗結局，不一定是個讓人愉快的話題，所以大家不會經常去思考這件事，尤其是在年輕的時候。但是「我能活多久？」是一個很好的例子，讓我們回憶起一組事實，並得出一個組合後的答案。

壽命是做長期財務決策時最重要的考慮因素之一。估算能活多久，可以幫你選擇抵押貸款利率、決定何時退休，以及決定如何投資、提取和花費你的退休儲蓄基金。如果有人預期會很長壽，他們可能會計畫在工作期間存更多的錢。但是因爲我們會自發性地蒐集答案，即使與我們的壽命有關，這些答案也會受到問題提出方式的影響。不知不覺中，這些組合偏好可能就會對你的財務選擇產生重大的影響。

有兩種不同的方法來思考關於壽命的問題。假設你想知道自己是否會在八十五歲時仍然健在。你可以問這個問題：

我活到八十五歲的可能性有多大？

或者

我在八十五歲之前死去的機率有多大？

顯然，答案是相關的。你在八十五歲時不是還活著，就是死了。如果認爲自己在八十五歲時有七〇%的機率仍然活著，那麼你在八十五歲的時候就有三〇%的機率已經死了。

但是，當以不同的方式詢問你的壽命時，你可能會想到不同的記憶、屬性或事件。想像一下，如果我問你活到八十五歲的機率。你很可能先想到自己爲什麼可以活到八十五歲的原因。舉例來說，你可能會想起所有活到高齡的親戚，像是享壽一〇三歲的貝西姨媽。也許你會想起自己偶爾會運動健身，或者多年前是如何戒菸的。也許你的腦海想到的是二十一世紀醫學和科學閃電般的進步速度。這些想法變得容易觸及，而它們的相對想法，也就是回答你爲什麼可能活不到這麼久的思維，則被抑制了。

現在想像一下，我接著問你在八十五歲之前死亡的機率。腦中會出現同樣的想法嗎？可能不會。相反的，你可能無法活到八十五歲的理由，會成爲你考慮的第一個提問。你把親愛的老貝西姨媽拋諸腦後，只記得你的莫特叔叔，他在五十三歲時心臟病發作。你偶爾的運動和成功戒菸的自豪，被你超重九公斤，和你的膽固醇數字近年來一直在攀升等事實所取代。你更有可能記起讀過的一篇關於抗生素耐藥性日益增強的文章，或者也許是世界變得越來越暴力的看法。那些當你被問到「可以活到八十五歲」時的所有樂觀想法，可能變得很難想起來，因爲它們都遭到抑制了。

問題的措辭改變了你思考爲什麼可以活到八十五歲，與爲何可能在八十五歲之前死去的順序。「活到」的措辭刺激正面原因的可及性，因爲這些就是你會首先想到的，但會抑制負面的原因。當你被問到「幾歲前死去」這種問題時，相反的情況可能成立，負面的想法會占上風。

我與一群研究人員詢問了數千名四十五歲以上的美國人，對於預期壽命的想法。爲了簡單起見，我將他們的答案轉成相同的量表，看看受訪者如何回答有沒有五〇%機會可以活到一定年齡的問題。當我們問他們能活到幾歲時，受訪者認爲自己有五〇%的機率能活到八十五歲。當他們被問到何時可能死去時，則認爲自己有五〇%的機率能活到七十五歲。同樣的問題，只是措辭略有不同，卻造成了十年的差距。⓭

爲了確定這個結果是由於他們在回答不同問題時，想起的內容不同，我們還詢問了他們在做出這些年齡估計值時的想法。在「活到幾歲」的問題中，受訪者較常想起長壽的父母、阿姨和叔叔等，以及自己的健康狀況有多好和現代醫學的突破。而在「幾歲前死亡」的問題中，可觸及的記憶則有很大的差異，他們回憶起家人中的早逝和其他不幸事故，以及可能導致年輕人死亡的隨機危險，比如恐怖主義。

每個人在每行輸入一個想法，在他們認爲完成一個想法後按下 return 鍵，這樣我們就可以計算出他們在想什麼。每多想起一個關於長壽的想法時，他們的預期壽命就會增加四．六年。

這些發現提出了關於選擇架構的另一個重要觀點，而這是我們都必須謹記在心的：並不是每個設計者都會爲我們的最大利益著想。知道受訪者如何回答「活到幾歲」與「幾歲前死亡」問題，意味著兜售依賴長壽這個概念的產品或服務的人，可以使用同樣的可及性和抑制來推廣和銷售他們的商品。以年金產品爲例，它眞的應該被稱爲「長壽保險」：年金是一種保險計畫，可以提供一筆保證收入，無論你活多久都能領取。它們保證你不至於因爲活得太久而變得沒有錢可以花用。基本概念是你現在付一筆錢給保險公司，之後只要你活著，他們就會每個月給你一筆錢。

如果你認爲自己會過著健康長壽的生活，那顯然這對你而言是一筆很好的交易。然而，年金卻很難銷售，因爲許多潛在客戶都對這種模式抱持懷疑態度。一些聰明的業務員似乎覺得，像是提問理論之類的想法，或許能夠幫助他們改變這種看法。有一個金融服務網站提供了以下建議：

你是否常常在找一種讓你與潛在客戶的對話可以走上正確軌道的方法，尤其是在討論退休金規畫的時候？你可以使用下方的措辭……來幫助你鋪陳發人深省的對話，並鼓勵你的客戶花幾分鐘時間「預測」自己可能活多久，以及長壽可能意味著什麼……。當你坐在廚房餐桌看著對面的潛在客戶時，何不用一些發人深省的陳述呢？如以下的說法：

「讓我這麼問吧，你的家族史上是否有人活到八十或九十多歲，或者更久？」

「你的家族有人活到一百歲以上嗎？」
「你是否期望成為家族中活得最久的人？」
「如果我問你，你認為退休後還能活多少年，你會怎麼回答？」⑭

這些並不是理論上的提問，而是**實務中**的詢問內容。這篇網站貼文建議保險業務員，將潛在客戶可能用來回答這些問題的任何自然順序，替換成業務員希望他們使用的順序。像這樣操縱記憶提取的方式，不僅會讓我們更容易想到會活很久，還會抑制我們思考爲什麼自己可能不會活那麼久的能力。如果被用來向不適合的客戶推銷年金，這就等於是業務員的暗黑模式。

雖然提問理論的重點在於我們如何說服自己，但這個保險銷售建議卻指出，保險業務員可以使用相同的理論來說服他人，包括提出一整套蒐集記憶和信念的問題，暗示你會活很久，而這種說服的目的，毫無疑問就是想要銷售年金。

將偏好當成記憶

我們的所有偏好並非都是被構建的。世界上沒有任何一個選擇建築師，能讓我喜歡吃動物肝臟。但是我們很忙，面臨決定的許多情況也是獨特的。不是細節不同（比如在不熟悉的餐廳面對菜單中的選擇），就是我們不常考慮的（比如長壽或換工作）。將注意力吸引到我們記憶的某一個或另一個層面，會影響自己的選擇。這種預期的指引沒有問題，但我們不一定知道自己已經受到影響了。決策者幾乎總是否認天氣、問題的構思方式，或巧妙的網頁背景圖可以影響他人的選擇。這種信念的部分原因，是因爲我們對於記憶如何運作，以及它如何影響決策過程太不敏感。也許這本書所能做出的最好貢獻，就是揭開設計者和選擇建築師如何操縱記憶以讓他們受益的那層帷幕，哪怕只有一點點都好。如果我們理解寫心的技術，就能搶得先機。

第4章

選擇架構的目標

二〇二〇年的早春，所有人都想去找自己的醫師。新冠肺炎改變了很多事，但在那個時候，很多人（其實是太多人）都只有一個問題：「我覺得我有新冠肺炎的症狀，該怎麼辦？」這個問題隱含了幾個選項的選擇：什麼都不做、自我隔離（包括與家人隔離）、試著去做檢測或去急診室。

資訊並不缺乏。事實上，各種新聞、理論、資訊、事實和幻想都如海嘯般湧來。但在新冠肺炎疫情爆發之初，一切都是模糊的，決策一點也不流暢。想釐清該檢視哪些資訊，就讓人感到無力。與此同時，選擇正確的行動方案，我們稱之為**「正確選項」**，看來至關重要。我們都覺得自己需要一場有用的對話。

所有的選擇架構，都是一場設計者和選擇者之間的對話。有時候，這樣的對話是實際面對面，比如你與汽車銷售業務員的交談。有時又是虛擬的，像是你在網站上的使用行爲。另一端與你談話的人在很遙遠的地方，甚至可能已經不再負責這件事了。網站同時與數百、數千甚至數百萬名選擇者交談，而汽車銷售業務員就只和一個人交談。但是汽車銷售業務員和網站有一個共同點：他們都需要了解你，才能向你提供資訊和選項。

這些對話通常牽涉到參與者之間的知識交流，在良好的對話中，雙方可以相互學習。我們都知道好與壞的健談者特色。如果你的夥伴是個善於交談的人，他們可能會告訴你的訊息如下：「本地的雜貨店打算改變營業時間，並爲老年人提供特價時段」，而你可能向對方說自己透過亞馬遜來購買日常雜貨學到的技巧，來做為回報。然而，一個糟糕的對談者好像不了解你，只會提供大量無聊，看起來離題的不相干資訊。他還會沒完沒了地細說，病毒如何破壞了他前往一個你根本不在乎的地方的度假旅行計畫。新冠肺炎相關的對話（與日常的對話），有兩個重要目標，它們也是選擇架構的核心：

- **流暢性**：一場好的談話是流暢的，我們可以專注當下正在談的實質內容。事實上，我們經常會說，當談話進行得很順時，感覺就會**很流暢**。歸根結柢，流暢的感覺有助於我們確認是否會投入對話，以及會持續多久。如果醫師說的話很難懂，又使用你不理解的詞彙，就會聽起來很痛苦。到目前為止，或許你已經看出一場好的對話和選擇架構很類似。無論是談話或決策，我們都想擺脫與避免缺乏流暢性的情況。更重要的是，流暢性可能被用來引導我們走上合理路徑，進而做出較好的決定。但是一個好的決定到底代表什麼？
- **正確性**：一場良好的對話可以幫助我們選擇最適合自己且當下最正確的選擇。與醫師進行關於新冠肺炎的對話，有助於我們確定自己的症狀是否要採取一系列措施。無論是現在或將來，醫師都應該幫忙找出讓我們感覺最好的選擇。沒必要去的急診室，可能會讓我們受到感染，並消耗本可用於眞正生病患者身上的資源。這不是理想或「正確」的結果。我們會發現，正確性不一定容易定義，但它對於了解選擇架構是否表現良好，卻至關重要。

有時候，這兩項目標之間存在著緊張關係：非常徹底的討論可能不太流暢，卻可能讓你做出更正確的選擇。在本書中會討論這種緊張關係，但首先我們必須更深入了解流暢性和正確性。

爲了明白這兩個目標，不妨思考一下，與醫師進行的良好對話應該是怎樣的情形。爲了做到這一點，我們可能會想知道，「病人/選擇者和醫師/設計者」都知道些什麼。選擇者可以主訴任何症狀，比如是否發燒或咳嗽。他們還可以告訴醫師自己在人口統計學上的特徵、最近的旅遊史和密切接觸者。醫師則知道哪些類型的人處於危險中、哪些症狀建議需要做進一步檢查，以及專家認爲在每種情況下做出什麼決定才是最好的。此外，一個好的醫師或許也能讓人心情好轉。

由於疫情的關係，病人太多而醫師太少，所以這種醫師和病人之間的對話，可能透過應用程式進行。二〇二〇年三月二十七日，蘋果公司就發布了Apple COVID-19這樣一款應用程式，目的就是要促進這種對話。它向用戶提出一系列問題，並提供行動方案。

在這個壓力高漲之際，我人又住在紐約，自然想和這支應用程式「聊聊」。它是流暢度的寫照：每個頁面上只會顯示相關文字。我將它與紐約州經營類似功能的網站做了比較。除了詢問關於我的症狀問題外，州政府的網頁還提供了許多不必要的資訊。網站上提出的每一個問題中（其實是網站的每一頁），都列出了州長和州衛生專員的姓名，以及網站使用的檔案格式列表。當然，現在不是討論網站細節的時候，但使用者必須主動忽略這些資訊，就無益於網站的流暢性。如果蘋果手機的應用程式，像一位專心傾聽並只提供相關資訊的醫師，那麼紐約州的網站就像一個喋喋不休談著無關緊要瑣事的人。

蘋果手機應用程式不會告訴你蘋果總裁的名字。它直接進入正題，首先就確定需要立即前往急診室的症狀。然後才是眞正的自我檢查內容。它從詢問你的年齡開始，但它的做法提供了有用的資訊。你可以想像一個可怕的下拉選單，從二〇二〇年一直列到上世紀初的每一年。這需要你滑手機瀏覽幾十個選項，才能找到你的出生年份。這不是很流暢。相較之下，蘋果應用程式爲你提供了三個類別：「十八歲以下」「十八至六十四歲」，以及「六十五歲以上」，因爲這就是它需要的全部資訊。隨後的互動內容列出七個簡單問題，每個問題都只需回答是或否。然後再問三個問題，並建議你該做哪些選擇。這支應用程式非常成功，發布後就成爲當週健康和健身類別排名第一的應用程式，整體排名則爲第四名。❶由倫敦國王學院、蓋伊醫院（Guy's Hospital）、聖湯瑪斯醫院

（St. Thomas' Hospital），和ZOE全球有限集團（ZOE Global Limited）聯合開發的類似應用程式「新冠肺炎症狀追蹤器」是英國排名第一的醫療類應用程式，在英國和美國有超過二百六十萬人使用。這支應用程式要求用戶每天回報自己的症狀，並讓人更了解哪些症狀有助於診斷這項疾病。❷

這兩支應用程式都提供了良好的對話內容。它們會詢問我一系列簡單易懂的問題，這讓對話變得流暢，獲得的資訊也都是有助益，而且是美國疾病管制與預防中心所認可的正確資訊。

我兩位叔叔的選擇

另一個完全沒有達到應有流暢性的決定，是幾乎所有到達一定年齡的美國人都要面臨的：什麼時候該開始申請社會福利金。這項決定看似平淡無奇，但事實證明，這卻是美國人隨著年齡老去必須面對的一個最重要的財務問題。爲了說明爲什麼這是一個挑戰，我喜歡用自己最喜歡的兩個叔叔做比較。

我就姑且稱呼他們爲唐叔叔和約翰叔叔。他們都不是所謂的「富叔叔」。唐叔叔是來自我母親家族的親戚。他喜歡交際、單身，出身於一個大家庭。唐叔叔的雙親壽命不長，都只活到七十多歲。約翰叔叔則是來自我父親的家族。他比較文靜，甚至可以說是沉默寡言，也是單身。他這一邊的家族人數少很多，但比較長壽。約翰叔叔的父母（也就是我的祖父母）都活到九十多歲，而且頭腦依然很敏銳，行動也靈活。雖然我希望自己能繼承約翰叔叔家族這邊的基因，但我經常和唐叔叔一起玩得更開心。他開的派對好玩多了！

我的兩個叔叔，以及其他即將申請社會退休福利金的人，都面臨一個選擇。唐叔叔和約翰叔叔最早可以在六十二歲生日時，便開始申請領取福利金，每個月大約可以領取一三三四美元。他們也可以選擇等候，讓社會退休福利金以每年約八%的速度成長，直到他們在七十歲時，每個月就可以領二三四七美元。這項對他們的未來和退休如此重要的問題，許多美國人卻做出了讓人驚訝的糟糕決定。

讓我們假設像一般中等收入的美國家庭一樣，我的兩個叔叔都沒有在401（k）或其他退休帳戶裡爲退休存放大筆資金。中等收入家庭的退休帳戶中約有七萬六千美元，而這七萬六千美元必須支付退休後十八年的生活開銷。每個月大概就是三百五十美元，無論你住在哪裡，這都不是一筆大數目。這代表對我的兩個叔叔和中等收入的美國家庭而言，他們每個月的社會保險支票就變得很重要。對大多數的美國人而言，他們退休後的大部分收入都來自社會福利金保障。他們的退休儲蓄只是一種貼補。

這種選擇有嚴重的經濟後果。如果唐叔叔和約翰叔叔提前申請，他們的年度福利金保障會比較低，如果他們在六十二歲時提出申請，每年約可得到一萬六千美元。如果等到七十歲才開始領取，他們就能得到更多，大約每年二萬八千美元。那麼，他們應該等待嗎？這是超級複雜的問題，已經有許多學術文章在討論這個議題。

在決定是否提前或延後申請領取社會福利金時，唐叔叔和約翰叔叔有可能造訪社會福利網站，卻不會有太大的幫助。在該網站上，他們會面臨陌生和不熟悉的術語（例如**超額收入**和**延遲退休信用**），以及不適用的資訊。一個陌生的術語是**完全退休年齡**，這是政府根據歷史統計賦予這個標籤的一個特定年齡，但這個年齡並沒有什麼特別之處。不論你大於或小於這個年齡，你的福利金都會以八％的速度成長，另外，這個年齡根據的是你的出生年份。這只是一個任意決定的術語。

但有一個因素顯然很重要：你會活多久？活得越久，就越值得等待。如果你知道自己只能活到七十五歲，那麼在六十二歲時提出申請領取會是一個好主意，因爲你總共會獲得二十萬八千美元。這比你如果從七十歲開始領取會得到的十四萬美元，增加了將近五〇％。等待代表每個月領取的福利金數額更大，但能領取的時間較短，在七十歲開始領的情況下就只剩五年可領。

大多數的美國人壽命都比較長。如果你能活到合理期待的八十五歲，那麼從六十二歲就開始請領社會福利金，你會領到大約三十六萬八千美元。但如果你等到七十歲才開始申請，總共能獲得四十二萬美元。別忘了，唐叔叔和約翰叔叔根據他們父母的壽命和自己的健康狀況，對壽命的預期有各自的認知。因此，我的兩個叔叔也許必須做出截然不同的決定。

預計在未來十年內將要退休的三千一百萬美國人，也面臨著類似的決定。❸ 有兩個原因讓這項決定比任何決定都更重要。公司退休基金（嚴謹的說法是**確定給付制**）的計畫，隨著越來越少公司提供，它的重要性正在下降。另外，美國人的壽命正在延長。一般美國人現在的退休生活大約十九年，比一九五〇年代增加約六〇%。❹ 這可能會讓一些人花費更多，但許多美國人都選擇很早就領取社會福利金。約有半數的人在六十四歲之前申請社會福利金。

他們是不是做錯了？他們的選擇是否正確——說得精準一點，我們的意思是「選擇者是否選擇了對自己最有利的選項？」如果考慮到不同的人可能想得到或者需要不同事物，那麼想定義什麼是「對自己最有利」並不容易。你可能會建議所有人等久一點再領取社會福利金，因為這樣會領到更多錢。但這不見得是一個好主意。

對唐叔叔來說，他的壽命可能不會像約翰叔叔一樣長，那麼早點領取社會福利金就可能不是一個錯誤決定。如果他用了長壽計算器（這是一個透過回答問題，來判定預期壽命的線上軟體），就可能發現自己預計會活到七十五歲。那麼在他預期的壽命中，如果在六十二歲時就申請社會福利金，將會比等到七十歲才申請，多領約六萬八千美元。

但壽命長短並不是他唯一的考慮因素。由於他沒有結婚，所以不必爲伴侶的社會福利金操心。他並不喜歡自己的工作，總想著要辭職。由於這些因素，提前申請社會福利金給付可能更正確。綜合考慮所有因素後，唐叔叔可能得到的明智結論是：延後申請並不符合他的最佳利益。

相對的，約翰叔叔則可能會因延後申請而獲利。他可能會用自己的退休儲蓄來補自己的工資，並盡可能延後申請社會福利金給付。這就好像他進行了一項報酬率爲八%的低風險投資。

我這兩個叔叔的例子說明了，針對何時該開始申請社會福利金的對話，必須針對做決定的人量身設定。爲了找出正確的決定，答案會取決於因人而異的因素，比如壽命。對於某些人而言，在六十二歲時申請社會福利金就是錯誤的，比如我的約翰叔叔。如果不多了解申請社會福利金的人，我們就無法知道誰的決定是正確與錯誤。當我初次發現有多少人過早申請社會福利金時，以爲知道該如何解決這個問題：只要預設每個人都延後申請，比如在七十歲時，就能解決問題。但是我從兩位叔叔那裡學到的教訓很簡單。

將每個人轉移到延後申請，有可能會幫助到一些人，但也絕對會不利於其他人。這只是爲什麼選擇架構必須反映環境差異的一個例子。

找到正確的盒子

唐叔叔和約翰叔叔的故事反映了本書的一個重要主題。選擇架構的目標不是讓人選擇一個特定的結果，比方說，讓所有人都在七十歲時申請社會福利金。相反的，它是要鼓勵人們爲自己選擇正確的選項。我們可以畫一個簡單的表格來說明這一點。下頁表格上方有兩個選項，在六十二歲申領社會福利金或在七十歲申領，下面兩列則是我的兩個叔叔。選擇架構的目標，是讓每個叔叔做出適合自己的決定，讓他們進入正確的盒子。

我們可以爲大多數選擇架構畫一張類似的表格。表格可能有更多選擇，比如前文提過的新冠肺炎應用程式所提供的不同選項（自我隔離與尋求治療等）。對每個人而言，都有一個更好的結果，再次強調，這個應用程式的工作就是讓人進入正確的盒子。

有時候我們很容易知道哪一個盒子最好。在談到爲退休做儲蓄時，我們可以想像，大部分的美國人必須在儲蓄較多與較少之間做出選擇。請記住，美國人在六十五歲時的

申請社會福利金的好和壞決策結果

	提早申領（62 歲）	延後申領（70 歲）
預期壽命短（唐叔叔）	好的決定	錯誤
預期壽命長（約翰叔叔）	錯誤	好的決定

退休儲蓄中位數只有約七萬六千美元。對大多數的人來說，這是不夠的。在爲退休存錢上，有六四%的勞工表示未能跟上計畫的時間表。所以對大多數人而言，正確的盒子就是要存更多錢。結果，許多選擇架構的早期成功例子，其實反而是大多數的人在同一個方向上犯了相同錯誤，也就是把許多人放入了同一個（錯誤的）盒子。全面增加退休儲蓄金能幫助大部分的人，但也可能犯一些小錯誤。雖然讓已經有足夠存款的人做更多儲蓄，並不是理想選擇，但至少可能不會那麼有害。在將每個人推向同一個方向的決策中，存在著隱含的成本效益分析，那就是將大部分的人集中到一個盒子裡（例如：讓他們更可能儲蓄）的好處，增加了大多數人的福利金。而讓少數人退休儲蓄金過多，付出的代價很小。❺

在其他情況下，一體適用的干預措施可能弊大於利。行爲科學家使用的術語**「異質性」**，反映了不同的人有不同的需求。爲了改善申領社會福利金的相關決定，我們固然可以試著提高每個人的申領年齡，但這會產生另一個問題。這樣的推力（nudge）措施有可能幫到約翰叔叔，他能領到更多的錢，但也會將唐叔叔從正確的盒子（提早申領）轉移到錯誤的盒子（延後申領）。如果他只能活到七十五歲，這會是一個錯誤，他將損失五萬美元。爲了詳細說明這一點，請記住他只爲退休存了約七萬六千美元，這會讓他有八年（從六十二歲到七十歲）的期間無法取得任何社會福利金。❻如果他退休後不繼續工作，而且等到七十歲才提出申請社會福利金，那麼他在這八年之間每個月可使用的生活費就不到八百美元。

這種對客製化協助的需求，與大多數人使用**「推力」**這個術語的方式背道而馳；推力是選擇架構的同義詞。很多時候推力被解讀成要將所有人的行爲朝單一方向改變。但我們也可以客製選擇架構。塞勒和桑思坦將之稱爲**「客製化的推力」**，也就是將不同的架構應用在不同的人身上，促使所有人做出正確的選擇。在某些情況下，比如我的兩個叔叔和他們的社會福利金選項，人們的偏好和需求差異更大，只有一種選項的選擇架構對部分人而言是有害的。如果可以，我們應該使用更客製化的方法，讓每個人都進入正確的盒子。

當考慮決定必用的工具很難用時

回頭看看，如果我的兩位叔叔登上社會福利網站尋求幫助，會看到的情況如下：

誰可以使用退休估算器？

在以下情況中，你可以使用退休估算器：

- 你目前有足夠的社會福利積分，有資格申請社會福利金，**而且不**符合以下的條件：
  - 已經在自己的社會福利紀錄中領取福利金。
  - 已經申請社會福利或聯邦醫療保險，正在等待通知。
  - 年滿六十二歲以上，並在其他社會福利紀錄中領取福利金；或者
  - 有資格領取社會保障未涵蓋工作所提供的退休金。

然後你會在「如何在此應用程式中移動」說明裡，看到以下的內容：

「下一頁」和「上一頁」按鍵位於每頁的頁首和頁尾，以逐頁向前和向後移動。使用「下一頁」按鍵會將你帶往可能需要輸入資訊的其他頁面。

你在每頁頁首也可以使用Tab按鍵，讓你在該頁的各區域移動。

重點：

不要使用鍵盤上的「輸入」鍵在應用程式中移動，或從下拉選單中進行選擇。

不要使用瀏覽器的「後退」鍵在應用程式中移動。

不要關閉瀏覽器，或使用瀏覽器上的「×」按鍵來離開應用程式。

這些敘述不怎麼流暢，對吧？這讓我不能專注於眼前要做的決定，反而要先了解**社會福利紀錄**和**社會福利積分**等術語（而且我需要點進另一個頁面，才能搞懂！）。我還要記住不要在使用瀏覽器網頁時按下返回或輸入鍵，但在其他網站上我經常會這麼做。很明顯，社會福利網站讓我思考了很多事情，卻不是對決策過程很重要的事。❼

流暢性決定了合理路徑，但我們沒有談到一個特定的合理路徑：完全迴避決定。缺乏流暢性往往讓人更容易迴避或延遲做選擇。❽ 換言之，讓決定變得困難，會導致當事人**不做**該決定。讓選擇更流暢，可以幫助人在一開始就做出決定。

有關退休的決定被延後（甚至完全迴避做決定），是因爲這些決定讓人感到非必要的不舒服。大家知道要考慮退休這件事，但不想面對退休計畫。研究調查經常會詢問剛退休的人，他們從什麼時候開始考慮退休。約有二二%的人是在實際退休前一年，才開始考慮這個決定，另外二二%的人則是在實際退休前六個月才開始考慮。❾ 顯然，有些決定應該更早完成，比方說，你該爲退休生活儲蓄的金額，因爲當你離退休還很遙遠時，儲蓄才是最有效的（這要感謝神奇的複利）。

考慮退休是一件困難的事。它感覺像是在遙遠的未來，而人都不喜歡想到年邁的自己。當考慮這些決定必須用到的工具卻很難用時，就會讓人迴避，不去想退休這件事。考慮到退休決定的重要性，這就是一個值得解決的問題。

什麼是正確性？

約翰叔叔和唐叔叔的決定，在**正確性**方面的定義很明確，他們希望退休後過得舒適。但不一定這麼容易。如果我們假設，在一生中能領到的錢越多越好，那麼從一個人選擇的社會福利金申領年齡，我們就能輕鬆研判他是否選錯了。但社會福利金還有另一個好處。只要你活著，它就會付錢給你，因此它也是一種保險年金。如果壽命比預期更長，那你仍然會得到保障。❿

選擇建築師如何辨別大家做出錯誤的選擇？我們怎麼能判斷某種選擇架構比另一種提供了更正確的選擇？研究人員傾向於使用三種不同的方法，分別爲**優勢性**、**一致性**，以及我所謂的**決策模擬器技術**（decision simulator technique）等方法。

優勢性就是單純指出一個選項在各方面都優於（或至少相當於）另一個選項。這是找出錯誤最簡單的方法。假設你到一個旅遊網站想要購買機票。有兩個航班可供你選擇：第一個航班是直達的，而且不是很擁擠，有寬敞的座位，售價四百五十美元。另一個航班要花比較多的時間，因爲會在偏僻的地方暫停，票價也更貴、座位前後排的放腿空間更小，而且非常擁擠。選擇第一個航班是正確的做法，因爲它在各方面都更好。選擇第二個航班則是錯誤的，因爲它在各方面都比較糟。我們稱第一個航班是**優勢選項**，而第二個航班則是**劣勢選項**。

如果我們正在爲這項決策測試一個選擇架構，該如何知道它做到了幫助人選擇最佳航班呢？假設這個網站呈現了十個航班。我們會希望確認選擇者會選擇優勢選項，且避免劣勢的航班。如果有一個選項比其他選項更好，那麼不選擇這個更好的選項，就是一個明顯的錯誤，因此我們可以非常自信地得出結論：沒有選擇它的使用者犯了一個錯誤。選擇優勢選項，並避免劣勢選項，是判斷選擇正確性的明確方法。這是衡量正確性的一個好標準，但正如你會在本書後面章節所見，在現實世界中確實會發生錯過最佳優勢選項而選擇了最差的劣勢選項的情形。此外，並非所有的選擇組合都有優勢與劣勢選項。對於這些情況，我們需要使用其他方法來判斷正確性。

識別錯誤的第二種方法就是一致性。如果改變選擇架構，會改變你的選擇嗎？如果會的話，那麼這些選擇中至少有一個是錯誤的。事實上，這是讓我們知道選擇架構很重要的一種方式：我們可以向人們提供完全相同的資訊，但改變它的呈現方式，如果他們的選擇也不同，就證明這個選擇架構會影響選擇。關於檢視一致性的問題在於，我們不知道哪一個選擇是錯的。

讓我們回到選航班的例子。假設你到 Expedia 這樣的知名網站，並選擇了美國航空公司的航班。想像在一個平行宇宙中，你到了另一個網站，比如谷歌航班，並選擇了聯合航空公司的一個航班。假設這兩個航班在每個網站上都有提供。但它們是不一樣的。其中一個價格較高，或飛行時間較短，或座位更好。由於它們不一樣，所以它們不可能都是你的最佳選項。理想情況下，你應該會保持一致，在兩個網站上都選擇同一個班機，但你並沒有。爲什麼呢？一定是因爲網站用了不同的選擇架構。我們不能說選哪個航班是錯的，但可以說絕對有錯誤，即使我們不知道哪裡出了錯。顯然其中一個網站的選擇架構讓你誤入歧途。

過去四十年間，證明不一致性一直是決策研究的核心，也是行爲經濟學的主要驅動力。關於人們偏好不一致，最早期也最具影響力的一項證明，與賭博的評估有關。假設你可以選擇以下兩種賭局中的一種：

- 賭局A：有七五%的機率贏得十四美元。
- 賭局B：有二五%的機會贏得四十一美元。

你會選哪一個？如果你和大多數的人一樣，就可能會選擇賭局A。畢竟這是一個賺一些錢的好機會。

現在想像你走在街上，造訪保羅賭博之家，這裡出售的產品就是賭博。在現實生活中，這種地方稱爲「賭場」，你在這裡或許會投注不同數量的金額到輪盤之類的遊戲上。現在回到這個假設場景，保羅只販售賭局B，並問你要花多少錢來玩這場賭局遊戲。你看看它，然後組合你的偏好：四十一美元是一筆不錯的贏錢彩頭，但你並沒考慮到可能有七五%的結果是得到零美元，於是你說了投注十一美元。你繼續走進了莎拉賭博之家，這裡只提供賭局A。你看了一眼，莎拉問你要投注多少錢玩賭局A。它賠出的彩金只有十四美元，但贏率不錯，所以你說九美元。

你看出不一致了嗎？你最初的選擇是A而不是B。當你走進保羅賭博之家時，你說你願意花十一美元來玩賭局B。接著在莎拉賭博之家，你卻說會爲賭局A花較少金額，九美元。這表示相較於莎拉家的賭局A，你更喜歡保羅家的賭局B。但是在這兩者之間做選擇時，你卻說更喜歡賭局A！較佳的賭局只有其中一個，但看起來你並不知道是哪一個。

這裡的選擇架構就是我、保羅和莎拉如何要求你表達偏好的方式。在一種情況下，是我請你選擇，而在另一種情況下，則是保羅和莎拉請你爲兩種賭局定價。你最喜歡的**應該**是一樣的，但對大多數的人來說，卻不是如此。⓫

這項研究是由心理學家保羅．斯洛維克（Paul Slovic）和莎拉．黎坦絲丹（Sarah

Lichtenstein）完成的，已經做過很多次，結果非常可靠，所以我在課堂上經常採用，也很有信心每次都奏效。黎坦絲丹和斯洛維克甚至在賭城雷諾的四皇后賭場實地複製了這項實驗。這讓經濟學家大吃一驚，因爲不論你是做選擇或者定價，偏好應該是一致的。當然，選擇架構本身對經濟學家來說非常不討喜，原因正是因爲許多不重要的事，最後卻改變了選擇。這些不一致性在檢驗理論時很重要，但在改善人們的選擇時就沒那麼重要。爲什麼？因爲它們只告訴我們出了問題，卻無法讓我們知道正確的選擇應該是哪一個。當我們不知道哪一個選項是正確的時候，就難以修正一個選擇架構。如果選擇架構可以超越不一致性，能夠看出哪一個選項比另一個更好，選擇架構才有效益。

還有第三種方法是借鏡飛行模擬器的方法，我將其稱爲「決策模擬器」。飛行模擬器是用在駕駛艙的設計。我們在第 2 章中討論的那個駕駛艙，就是數百小時模擬後的產物，用來展示控制元件和顯示螢幕的良好布局和設計。像我在那章提到的薩利機長這樣的專業飛行員，在獲得駕駛實體飛機的資格之前，要花許多鐘點駕駛空中巴士 A 三二〇的模擬飛行器。模擬器會模擬飛機如何針對飛行員的決定而做出回應。在大多數情況下，會交付飛行員一項特定的練習任務，例如：模擬在倫敦希斯洛機場 09R 跑道讓空中巴士 A 三二〇班機起飛，或者在紐澤西州泰特波羅機場的十九號跑道讓塞斯納 CJ 四輕型商務噴氣機降落。不良的決定會導致不好的結果，比如墜機，但因爲這是一個模擬器，所以他們可以在不必付出任何代價之下犯錯。

就像飛行模擬器可以測試你從紐澤西州紐華克自由國際機場，駕駛飛機飛往愛荷華州德梅因國際機場的能力一樣，決策模擬器也能檢測你完成某項決策目標的能力，例如：購買最便宜的選項、試著在價格和品質之間取得最佳平衡，或者像找到最合適選項之類的廣泛目標。這就像給朋友買禮物一樣，你並不是爲自己買禮物，而是試圖選擇最能讓朋友開心的選項。

讓我們試著使用決策模擬器來評估約會網站。假設你是一名約會網站的客戶，而設計者正嘗試了解該網站的營運情況。他們可能會請你想像理想的約會對象類型，並讓你找出最匹配的人。舉例來說，你可能正在尋找特定身高、長相和個性的伴侶。也許是對極限運動、瑜伽和歌劇感興趣的金髮高個子男性。目標是看看你與這個「理想」的伴侶有多接近。網站建議的匹配對象越接近，選擇架構就越好。網站的希望就是，這個選擇架構能讓你找到盡可能接近這個理想的人。

給人一個目標似乎不切實際，卻能讓我們看出，選擇架構是否有助於你找到正確的選項。如果飛行模擬器顯示出一個駕駛艙設計讓飛行員得以平穩著陸，而另一個駕駛艙設計是令人困惑且簡直會導致墜機，那麼我們就能放心地說第一個的設計比較好。同樣的，如果一個選擇架構可以比另一個產生較好的選擇，那麼我們就認爲它是一個更好的設計。選擇模擬器在驗證一個選擇架構比另一個更好時，特別有用，因爲我們可以看見，人們是否找到了想要的東西。如果使用第 2 章中的那個約會網站例子，我們希望確認，它會讓伍茲搜尋到柯德姆，反之亦然。當然，在斷定任何特定選擇架構是最好之前，我們會希望可以驗證它能滿足廣泛的目標。就像我們希望飛行模擬器能夠證明，某個特定的駕駛艙設計更適合長短途飛行一樣，我們也期待，約會模擬器能爲不同目標的約會者找到最佳匹配對象。[12]

決策模擬器技術的一個很好的例子，就是經濟學家森迪爾・穆蘭納珊（Sendhil Mullainathan）、馬可仕・諾伊斯（Markus Noeth）和安朵涅特・舒爾（Antoinette Schoar）的研究結果。財務顧問這種對投資提出建議的人，就是活生生的選擇架構。這三位研究人員想了解財務顧問對客戶而言表現如何。爲了做到這一點，他們聘請演員扮成「神祕顧客」去拜訪財務顧問。把財務顧問想像成一個網站。理論上來說，他們應該與你進行對話，才能了解你的需求，並幫助你選擇正確的投資選項。可是財務顧問眞的在幫助投資者嗎？[12]

經濟學家想要確保，他們對財務顧問的評估，不只是針對某類特定客戶而推論出來的。所以他們請演員扮演不同類型的顧客。舉例來說，一名客戶犯了典型的錯誤，他不斷投資去年的熱門股票。問題是雖然這些股票在上一年度表現良好，並獲得媒體正面的報導，但它們在次年的表現往往低於大盤。這種行爲甚至還有一個專門名稱，叫做「**追逐報酬**」，一名好的財務顧問應該告訴客戶不要這麼做。第二類投資者實際上是做著正確的事情，根據專家建議，透過持有低成本共同基金的方式擁有多種股票。財務顧問於此可能做一些細微的調整，但他們應該會說客戶走在正確的路上。對大多數人根據自己財務狀況該做的事，當代金融理論有相當清楚的想法，這點很有幫助。

每個演員都前往不同的銀行、對大眾開放的零售型投資公司，或者獨立財務顧問，這些機構都在爲財富光譜中較爲低端的客戶提供服務。演員每次都固定使用一份詳細的劇本，扮演著他們的角色。

談話進行得如何呢？如果將這些訪談比擬爲飛行模擬器，那大多數飛機都會墜毀。我們的「好」投資者幾乎都被告知他們其實處理得很不好，只有二・四％的財務顧問支持他們的投資策略。相較之下，犯了追逐報酬錯誤的投資者，則有約二〇％的情境中被告知他們處理得很好。

從投資者的角度來看，這些談話並沒有產生正確的建議。財務顧問提出的是客觀上更昂貴的推薦選項，這些選項支付給公司和財務顧問的費用更高。舉例來說，一名做了正確決定的演員被告知，應該賣掉她所有的低成本指數型基金，並將她手中六〇％以上的資金投資在較昂貴的主動型管理基金。

進行研究的經濟學家認爲，這是代價高昂的錯誤，因爲這些手續費與管理費，會使投資者每年支付給公司的金額，增加五百至一千美元。

這項計算顯示了決策模擬器的一個眞正優勢，由於你知道應該選擇什麼，就可以具體指出這個錯誤有多大。就這些顧問而言，結果證明他們只是代價高昂的談話對象。

談談決策

如果某個對話很困難，我們往往會迴避它。然而，即使我們在進行一場流暢的對話，也不代表自己正獲取有用的資訊。同樣的，選擇架構也不僅僅是關於流暢性的選擇。我們可以讓唐叔叔的選擇變得流暢，向他展示一個已經在七十歲申請社會福利金選項上打勾的螢幕畫面就好了。但這可能會導致他做出不正確的選擇。

重申一次，以邱吉爾對下議院的觀察來類推選擇架構是很貼切的：設計下議會建築物的人，爲了讓建築物達成既具吸引力，又有功能性這兩個目標，確實花了很多心思斟酌。一名選擇建築師也必須努力斟酌，實現讓產品既流暢又正確這兩個目標。在最好的建築中，這兩個目標是相輔相成的，一棟吸引人的建築會邀人使用並歡迎來訪者，而一棟具功能性的建築，可以使來訪者進入後很容易達成目的。最佳的選擇架構會吸引決策者，但仍然會產生符合他們最佳利益的決策。

第5章

預設選項的決策

為什麼沒有更多的人成為器官捐獻者？二十年前，在曼哈頓街道深處的地鐵上，我對這個問題產生了興趣。我正在往上城去紐約長老會醫院的路上。我被診斷出罹患晚期何杰金氏症的第四期，這是一種淋巴系統癌症。現在，多虧兩次幹細胞移植，我已經康復了。

慶幸的是，我可以成為自己的幹細胞捐贈者。幹細胞成熟後，成為構成血液和免疫系統的細胞。在治療何杰金氏症時，擁有這些幹細胞非常重要。在療程開始時，強烈的化療藥物會滴入你的身體系統。如果幸運，這些藥物就可以殺死癌細胞。但附帶損害是，這些藥物也會破壞你的骨髓和免疫系統。所以醫師會在進行化療前，從何杰金氏症患者身上採集幹細胞。在化療進行後，這些幹細胞會注入你的手臂，創造一個新的免疫系統。這些細胞會循環幾天，然後像候鳥一樣，它們會找到回家的路，進入你骨頭的空縫裡，並複製你的骨髓。

搭地鐵去找醫師預約幹細胞採集的路上，我做了一件從沒做過的事：在地鐵上和一個陌生人說話。一名年輕女子打破沉默，問了我一個問題（她的生活規矩顯然和我截然不同）：「168街是去紐約長老會醫院的停靠站嗎？」我回答是的。因為我就在那裡下車，於是主動提出為她指引正確的方向。

當我們走到平面街道時，我問她在龐大的醫療大樓區中要去哪裡。她提起一棟建築和樓層，我知道那是用來做器官移植的地方。隨著我們的聊天內容更深入，女子解釋說她要去接受捐贈腎臟給她妹妹的評估。

在我稍後採集幹細胞的過程中，有許多思考的時間。這個過程很漫長，在脖子上的大靜脈裡縫上一個拳頭大小的端口之後，你得坐上幾個小時。你的血液流過一個大型機器循環，這個機器將幹細胞與血液中其他物質分離。當血液從身體中抽出並返回時，你就是蓋著毯子躺著。能做的事不多，我緊張得睡不著覺。我的思緒縈繞在那名女子做出爲她妹妹捐贈腎臟的決定上。這種慷慨之舉可以使她的妹妹免於長期頻繁的洗腎治療，很可能可以延長她妹妹的生命。我認爲這對任何人而言都是最艱難的決定。我們生來有兩顆腎是有原因的。即使是爲了所愛的人，放棄一顆腎臟也是一種風險，很需要勇氣。你在做一項艱難的考量，極力要幫助某個人，卻讓自己得承受大手術帶來的焦慮和不適，如果自己沒有太健壯，還可能帶來長期的後遺症。這些人是怎麼做出這種決定的？是什麼影響了他們？

這讓我想起了幾個月前和一些學術界朋友的談話。從這次討論中，我了解到關於器官捐贈的三個嚴酷事實。首先，每天約有二十名美國人因爲無法得到與捐贈者匹配的器官而死亡，等待名單上約有十萬七千人。其次，大多數的人同意捐贈是一件好事，調查顯示同意者約占八五%，他們也認同人們應該捐贈器官。但是，在調查中贊同這個想法和採取挽救生命的行動，兩者之間卻存在重大差距。在當時，只有不到二八%的人表示願意成爲捐贈者。這令人驚訝，因爲成爲捐贈者其實很容易。在美國大多數的州，你只要更新駕照時，在一個選擇框中打勾即可。❶

我了解的第三件事就是，各國同意成爲器官捐贈者的比例大不相同。下圖以視覺方式說明了這件事。

有些人似乎相當膽怯，只有約四%的人同意在死後捐贈器官，比如丹麥人。相較之下，瑞典人顯然非常慷慨，幾乎八六%的人同意成爲捐贈者。在德國，只有一二%的人同意成爲捐贈者，但是附近的奧地利人則幾乎普遍同意成爲捐贈者。

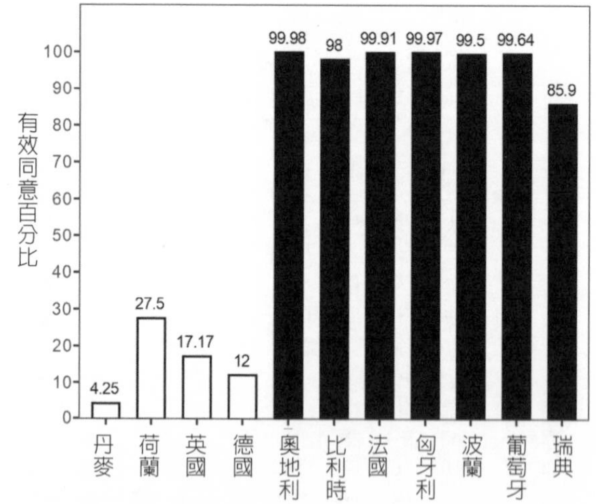

表示成為器官捐贈者的意願：低同意率國家（白條）與高同意率國家（黑條）的對照，資料來自強森與戈德斯坦於 2003 年發表的研究報告。

當我稍後從幹細胞移植手術中恢復時，很好奇是什麼因素無法讓更多的美國人成爲捐贈者，以及爲什麼看似雷同的人，比如丹麥人和瑞典人，或者德國人和奧地利人，會做出如此不同的決定。像我在地鐵上認識的朋友一樣，成爲活體捐贈者，實在勇敢，但同意在死後成爲捐贈者，看起來對他人有所幫助，而且不是那麼困難。

一鍵救命？

在接下來的幾個月裡，我有很多時間可以思考。移植手術後，你要在無菌病房裡待幾星期。這是負壓隔離病房，嚴密控制通風，讓空氣只能流出，以防止感染。有了這些額外的時間，我對這個話題的沉迷讓它變成了一項研究專案。在那段時間裡，我開始草擬一系列研究來解釋右圖中的差異，並可能有助於增加器官捐贈率。

不久之後，當時才剛成爲哥倫比亞大學博士後研究學者的戈德斯坦和我，便開始邀請人們寫下在決定是否成爲捐贈者時，腦中在想些什麼。雖然成爲活體捐贈者比較引人注目，但我們聚焦於一個更多人適用的決定：在死後成爲器官捐贈者。他們所說的話既有趣又衝突：「這會如何幫助到接受捐贈者的生活？」「這符合我的宗教信仰嗎？」人們也對器官移植時會發生的事感到不安。看起來似乎是，透過詢問，我們讓大家組合了自己的偏好，但對大多數的人來說，這個結果卻是不愉快的。這個詢問要求他們思考自己的死亡，而這是他們寧可避免的情景和決定。

這或許解釋了爲什麼人們迴避這個決定，卻不能解釋各國捐贈率的差異。是什麼導致了這些差異？不同國家的人對捐贈有不同的看法嗎？爲什麼呢？

我經常提起這項研究，並展示這張圖。這張圖已經有了自己的生命，被稱爲社會科學領域中最著名的圖之一。❷展示這張圖給大家看的時候，我會要求他們解釋各國之間的差異。大多數人都有他們猜測的想法。他們談到了各國宗教的差異：奧地利比德國更信奉天主教。也有人推測是各國之間對醫學和科學的態度不同，或者有些國家的社區意識更強。

事實上，眞相出奇的簡單：大致上取決於如果人們不做出決定會發生什麼事，這種情況被稱爲**「無行動預設選項」**，或者就叫做**預設選項**。圖左側的國家會要求你選擇成爲器官捐贈者，而右側的國家則要求你選擇不要成爲捐贈者。如果你不主動做選擇，那麼在預設情況下，你在德國就是非捐贈者，而在奧地利就是捐贈者。

戈德斯坦和我想了解這一點。我們首先在網頁上對一個樣本群的美國人提供選擇，詢問他們是否願意成爲捐贈者。其中一組，也就是選擇加入組（opt-in，譯按：指預設選項是不加入，要改變預設選項才是加入），被告知他們剛剛搬到一個預設選項爲不要成爲器官捐贈者的新州，但他們有機會透過按下滑鼠鍵來更改這個狀態。而第二組，也就是選擇退出組（opt-out，譯按：指預設選項是加入，要改變預設選項才是不加入），看到了相同的情況，不同之處在於預設選項是要成爲器官捐贈者。但他們可以透過點擊滑鼠鍵，表達不想成爲捐贈者。第三組則只被要求要做選擇，他們要勾選其中一個框，才能前往下一頁。這個沒有任何預先勾選好的中立問題，是一個**強制選擇條件**，這很重要，因爲它顯示了人們在被迫選擇時會怎麼做。

預設選項的影響非常強，當必須選擇加入時，只有四二%的人同意捐贈，但在必須選擇退出時，卻有八二%的人同意捐贈。最有趣的結果來自那些被迫要做選擇的人：有七九%的人表示，他們會成爲捐贈者，與選擇退出組的捐贈者占比幾乎相同。被要求選擇退出的群組，與被迫必須做出選擇的群體之間唯一的區別就是：我們強迫處於強制選擇條件下的受訪者必須勾選一個選項，才能繼續前往網站其他頁面。結果顯示，如果被迫做選擇，大多數參與者都願意成爲捐贈者。要不然，給一個預設選項，大多數人都會直接接受，不論這個預設選項是什麼。

這看起來讓人印象深刻，但在現實生活中，又是怎麼一回事呢？我們研究了許多國家（主要是歐洲）十年來的捐贈情況。在使用統計技術下，我們可以控制國家之間的差異，例如：器官移植基礎設施的品質、教育水準和宗教等。並不是所有的關係都很明顯。舉例來說，羅馬天主教徒更有可能捐贈器官，這點誰會想得到？然而，重點就是，如果改變預設選項，也就是不做選擇時會發生的事，似乎就可以增加捐贈者的數量。每名捐贈者都可以提供多個拯救生命的器官，比如心臟、腎臟和眼角膜等，所以每名捐贈者可以幫助許多人。

如果捐贈器官能夠拯救和改善生命，那麼各國花費大量金錢和精力來鼓勵這些行爲，也就不足爲奇了。一九九八年，荷蘭向每一個家庭發送一封信，總數達一千二百萬封，鼓勵大家成爲捐獻者。同時還在電視、廣播和平面印刷品上展開大規模的教育推廣活動。如果你檢視圖中荷蘭的數值，看起來這些努力似乎有所幫助，但其實助力不大。在選擇加入的國家中，它的同意率最高，但與預設選項的影響相比，這個效益還是很小。舉例來說，在採行選擇退出的鄰國比利時，九八％的人口都是潛在捐獻者，而荷蘭則爲二八％。

從那時開始，幾名不同的研究人員使用不同的資料和模型，比較了選擇加入和選擇退出的國家。根據一些經濟學家的觀點，這個簡單的改變可以基本上「大幅緩解」器官短缺，並完全消除像心臟這種重要器官的短缺。❸ 其他研究則推斷，選擇退出的國家實際捐贈者數量新增了二五％至三〇％，而且腎臟和肝臟移植的總量也有新增，甚至納入活體捐贈者的捐贈後，整體也呈現增加情況。❹近來針對捐贈決策中的預設選項作用，做了一項回顧，統整出許多後續研究的資料，並做出論述。它的結論是，在「預設同意」（也就是選擇退出）政策下，贊成比率、捐贈率和移植比率，都高於在所謂明確同意政策下的比率。但這篇論述認爲，器官捐贈這個決定還涉及其他重要因素，戈德斯坦和我都同意這個說法。❺

從我那次搭乘地鐵之後的二十年間，幾個國家的器官捐贈政策都改變了。新加坡在二〇〇四年修改法律，允許大部分公民採用選擇退出，並在二〇〇九年將該政策擴及到所有公民和永久居民。阿根廷在二〇〇五年、智利在二〇一〇年，威爾斯在二〇一五年分別將政策改爲選擇退出方式。最後，在二〇一七年初，法國也改爲選擇退出制度。英格蘭、荷蘭和加拿大新斯科舍省都從二〇二〇年起改變預設選項，蘇格蘭則於二〇二一年加入。❻愛爾蘭和其他地方，則正在努力推動選擇退出制度。

不過，只是鼓吹改變預設選項，而不做其他的事，也是不對的。首先，我們很難說改變預設選項造成了捐贈率的變化。我們將論文以問題形式命名爲〈預設選項能拯救生命嗎？〉，提出問題沒有完全解決有幾個原因。當一個國家採行一項新政策時，這個變化會得到大量媒體報導。它通常也會刊登額外的廣告。可以理解的是，沒有人能夠進行一項實驗，讓人們被隨機分配爲選擇加入或選擇退出，並觀察捐贈率會發生什麼變化。

其次，成爲器官捐贈者的過程有很多步驟，爲了改善捐贈情況，除了自動在不同選項上打勾以外，還有許多事可以做。這件事確實能增加被歸類爲捐贈者的人數，但不能保證這些人就會成爲捐贈者。當可能捐贈者去世時，在進行任何器官移植前，通常都會徵求其近親的許可。這當然就是另一個選擇架構可以產生影響之處。❼西班牙在鼓勵捐贈方面做得特別成功，捐贈者從一九八九年的每百萬人中有十四人，增加到二〇一四年的每百萬人中有三十四人，增加了一四三%。雖然西班牙通常被認爲是一個選擇退出制度的國家，但負責推動該計畫的人並不抱持這個觀點。他們認爲計畫的成功在於確認家人也同意捐贈，並找出潛在的捐贈者。西班牙也做得相當成功，只有一六%的家庭不同意捐贈。該國有移植協調員，通常由醫師擔任，在提出請求方面就要接受專門的訓練。許多醫院都設有專用房間，讓家人和協調員進行那種困難的談話。這種「西班牙模式」已被其他國家採用，首先是在幾個拉丁美洲國家，後來澳洲和義大利也採用了。❽

這個選擇對家人提出的方式，就是一種選擇架構。對家人提出的問題可以設定成明確同意或推定同意。設計目的爲增加同意的「推定方法」（presumptive approach）就是一個例子。它聚焦在捐贈爲接受者帶來的好處與挽救生命的機會，並假設家人對捐贈知之甚少。薛爾頓．辛克（Sheldon Zink）和史黛西．渥特莉柏（Stacey Wertlieb）在雙月刊《重症照顧護理師》（*Critical Care Nurse*）中撰文指出：「透過聚焦於捐贈的好處，請求者將談話的基調從不適和懷疑，轉移到同情和可能性。……讓家人理解捐贈是一種極好的機會。」❾它也讓我發現，這是一種幫助人們在困難時刻整合偏好的絕佳方式，儘管它帶點「請君入甕」的意味。

我經常被問到，爲什麼美國沒有認眞考慮改變目前的選擇加入政策。首先，美國這個選擇加入政策的國家，捐贈率已經很高，而且還在持續增加。❿這個成就的部分原因可能是，改善了請求的說法、應用了諸如推定同意等技術。第二個原因則是，美國人相信個人的選擇。

不僅九〇%的人基本上贊成捐贈，還有五五%的人特別支持選擇退出制度。此外，最近的一項模擬分析顯示，即使無法完全滿足捐贈的需求，改變美國的政策也可以延長許多人的生命。⓫僅僅翻轉預設選項並不是唯一的解決方案，但它可能是我們處理因拒絕死亡後捐贈器官問題的部分方案。很可能的是，詢問家人的選擇架構甚至更爲重要。

替代方案

對於器官捐獻不足的問題，有許多看法。有些觀察家，比如芝加哥大學的蓋瑞·貝可（Gary Becker）和理察·波斯納（Richard Posner）就認為，未能成功鼓勵捐獻是因為缺乏激勵措施。他們的邏輯是：器官對潛在的捐贈者是有價值的。在活體捐贈者身上，這是最容易看到的，像是腎臟捐贈。捐贈者認為，他們應該因為接受手術、手術併發症的短期風險，以及沒有第二顆腎臟的長期風險而得到補償。對這個立場的支持者而言，也顯示了應該有一個合法的器官市場。如果沒有補償機制，就會缺乏自願捐贈者，也不會有那麼多的移植手術。禁止器官買賣的一個後果就是出現黑市，許多腎臟被活體捐贈者非法出售，而且通常是來自最貧窮的國家。只有伊朗允許合法的器官買賣市場。器官販賣是一個價值十億美元的產業，一顆腎臟目前的市價已經接近六萬二千美元。⓬

支持激勵措施觀點的基礎信念是，人們知道自己器官的價值。儘管有些人確實因為自己是利他主義者而捐贈器官，但如果得到補償，會有更多人願意捐贈。甚至在某人去世時發生的捐贈，倡導者同樣認為，人們會想把錢留給家人，所以只有他們的繼承人獲得補償，才會捐贈。因此有了補償機制後，捐贈數就會增加。如果有足夠的激勵，他們

就會參與交易。⓭

但如果經濟學家錯了，我們其實並不知道心臟、腎臟或肺臟的價值，那該怎麼辦？許多人並沒有主動考慮過器官捐贈，在面對這個決定時，就必須組合自己的偏好。舉例來說，他們並沒有估計過自己的一顆腎臟可以值多少錢。如果我不想考慮捐贈，可能就接受預設選項了。又或者如果被迫在申請駕照時回答一個問題，我就必須當場決定什麼是合理的答案。這個問題被提出的方式就可能會影響回答的組成方式。也許得到更好結果的路徑，不是付錢給別人去買器官，而是幫助他們思考這個問題。

塞勒和桑思坦提出了一個他們稱為**「提示選擇」**的說法，也就是在一個沒有威脅的環境中進行詢問，讓潛在捐贈者可以更仔細地考慮選項，例如：在年度體檢時提問。這可能比目前的做法更好，而這種看法是合理的，美國現行做法是人們通常在監理所換發駕駛執照時，就要決定是否成為器官捐獻者。⓮

以色列就採取了一種可以喚起人們公平感的不同做法。它問大家：為什麼不願意成為器官捐贈者的人，卻可以成為受贈者？在這個制度下，捐贈器官的分配權，將優先分派給願意成為捐贈者的人。

雖然這些替代方案很重要，但不是比改變預設選項這個方法昂貴許多，就是需要更多的努力才能達成。在醫院設置培訓過的人員來協助促成器官捐贈請求，需要投入資金。請醫師就器官捐贈問題與你進行有意義的對話，會占用他們與你、其他患者進行其他重要對話的時間。合法的器官買賣市場需要支付機制和基礎設施，才能讓買家和賣家配對成功。

爲器官捐贈精心設計的選擇架構，目標不是要讓器官捐贈最大化，而是如我們在第4章中所討論的，讓人們進入正確的盒子。如果選擇退出方案能做到這點，固然很好，只是但願選擇者最後都被正確分類。目前，很多人都還在錯誤的盒子裡，他們願意成爲器官捐贈者，但目前還不是。

美國衛生及公共服務部在最近進行的一項調查報告中指出，七〇%的人願意成爲器官捐贈者，但只有五〇%的人順利完成登記。這意味著，我們提問這些選項的方式，讓二〇%的人被錯誤歸類了。調查中的其他問題證實了這一點：當被問到這個問題時，有一半沒有登記的人表示他們想成爲捐贈者。這表示目前的選擇架構有一個代價：許多有意願的捐贈者，不被認爲是捐贈者。他們被放進錯誤的盒子裡了。更正確的選擇架構可以挽救生命。下頁表還說明了另外一件事情：在選擇加入方案中犯下了另一種錯誤，也就是把不想成爲捐贈者的人歸類爲捐贈者，是有機會但非常不可能發生的事。說自己想成爲捐贈者但實際上卻不想的人，應該非常罕見。

預設選項錯誤分類：
因為使用錯誤的預設選項而造成的生命損失

意圖（在調查中詢問時）	實際狀態（由移植系統加以治療）	
	登記為捐贈者	未登記為捐贈者
我想成為捐贈者（70%）	正確分類（50%）	錯誤分類（20%）（失去生命，未達成願望）
我不想成為捐贈者（30%）	錯誤分類（接近0%？）（願望未實現和家人很煎熬）	正確分類（30%）

這裡列出的每一個錯誤都有代價。如果我想成爲捐贈者，但在死去時卻未被歸類爲捐贈者，那麼代價就是我的願望沒有實現，而且有其他的人命損失，或生活品質下降。但是，在選擇退出制度中，我們可能會見到另一種錯誤增加：我可能被歸類爲捐贈者，但我不想成爲捐贈者。在此，我的願望沒有實現，而我的家人可能面臨巨大的煎熬。不同的預設選項或多或少可能會出現某些代價，而正確的預設選項則取決於發生錯誤的代價和頻率。

歸根結柢，正確預設選項究竟是什麼，取決於你如何權衡這張表中每個結果的成本和效益，以及做出相應決策的成本。畢竟，選擇一個預設選項，就能讓你免於思考在死後，自己的身體會發生什麼事。

身爲一名器官移植倖存者，我非常重視該如

何防止在器官等待名單上的那十萬八千人繼續死去。我承認其他人可能比我更重視家人的痛苦和自主權，但在我看來，如果我們可以明確指出，人們可以選擇退出，而且如果可以使這成爲一個受到尊重的簡單過程，我們就有可能挽救更多生命。這樣做會促使那些確定自己不想成爲捐贈者的人進行登記。

至於其他人，包括我的朋友塞勒和桑思坦，則表示不同意。他們認爲，選擇退出制度可能降低人們成爲捐贈者的意願。一個原因是，許多國家沒有一種簡單的方法，來追蹤那些拒絕捐贈器官的人。但不管你對這個重要問題有什麼看法，我都希望這提供了一個思考預設選項的框架。關於什麼是正確預設選項的主張，重點不在於一個是對的，另一個是錯的，而是你如何在不同類型的成本和效益之間做取捨。你我所有人應該能夠同意的一點就是，任何能讓潛在捐贈者進入正確的盒子，同時也尊重家人感受的選擇架構，都是一件好事。

如果我們要促成更正確的結果，而且確實是件生死攸關的事，那麼深入研究設計者挑選的預設選項如何改變決策者的選擇，這一點就很重要。

預設選項如何發揮作用

研究顯示，走路對你有極大的好處，能延長壽命，以及增強認知功能。但走路是如何產生這些好處呢？這並沒有一個簡單的答案，而是有很多種方式。走路可以促進健康，因爲它對你的身體有不同的影響。以社會學家的語言來說，它透過三個不同的方式發揮作用。首先，因爲用到肌肉，走路會強化你的腿部肌群。其次，像任何運動一樣，它會燃燒卡路里，並減輕體重。最後，這項運動會鍛鍊你的心血管系統，改善心臟功能。走路非常有效，因爲它同時做了這三件事。原則上，你可以將這三個方法分開。舉例來說，只是減少飲食量，會改變身體堆積的卡路里，但你就不會得到強化心血管和肌肉的好處。走路的強大力量來自於這些途徑共同運作的結果。

預設選項也很相似，它們不僅以一種，而是透過三種方式產生結果，每一個途徑都有助於改變選擇。和走路一樣，當三個途徑同時運作時，造成的效果最強大。

其中一個方式對任何人都很明顯：預設選項讓選擇看起來更容易。就像你覺得快步走會加快心跳速率，因爲你更快做選擇，所以就覺得預設選項讓選擇變得更容易。

但這不是預設選項的全部功能。了解預設選項還需要理解另外兩個途徑：背書

（endorsement）和稟賦（endowment）。

這些方式使用了我們在第 2 章和第 3 章討論過的原理。改變做決定的難易程度，會改變選擇者的合理路徑。預設選項會導致大家不做決策，於是直接選擇預設選項這個最簡單的合理路徑。背書和稟賦會改變偏好的組合方式。知道預設選項是由你所信任的來源選擇或背書的，或是由你不信任的人所設定的，可能會讓自己思考不同的事情。如果自認已經有了預設選項，也就是它已經被賦予給你了，你的偏好也可能會有不同的組合方式。爲了讓它們更容易記住，你可以將輕鬆（ease）、背書和稟賦等效果，稱爲 3 E。讓我們從輕鬆開始，看看在最初的 iPhone 崛起時所使用的預設選項，如何推波助瀾打造出一個網際網路的超級明星產品。

輕鬆感

喬思婷・伊扎里克（Justine Ezarik）在一個叫做風景山的小鎮長大，這是位於匹茲堡南方六十四公里的一個貧窮小鎮。她的母親是一名家庭保健助理，父親則是一名煤礦工人。在成長過程中，伊扎里克對電腦和科技很著迷。她年輕時就搬到匹茲堡，在那裡擔任插畫家和平面設計者。

二〇〇七年八月十一日，星期六，一個預設選項讓她一躍成爲網際網路明星。那個星期，她收到了AT&T針對新推出的iPhone而寄給她的第一份帳單。但是這份帳單有些非常不尋常的地方，讓她決定在網上發布一段影片。

這份帳單厚達三百頁，而且雙面印刷，裝在一個光是運費就要七．一〇美元的盒子裡。這麼龐大的帳單上，報告了哪些重要細節呢？伊扎里克是一個重度簡訊發送者，這三百頁帳單的大部分內容都是她發出的每條簡訊、網路搜尋紀錄和打過的電話號碼。由於她使用的是吃到飽方案，所以帳單上的每一行結尾都列出該筆交易的成本爲〇．〇〇美元。伊扎里克認爲，AT&T和蘋果公司花費這麼多精力，來記錄這麼多沒有意義的內容，實在太有趣了。她在當地的咖啡店拍攝了一段影片，在影片中她以快動作翻閱了那三百頁的帳單，伴隨著第一台iPhone輕快悅耳的鈴聲。就這樣，一名YouTube明星誕生了。伊扎里克在YouTube上變成了iJustine，而這段影片在幾週內的觀看次數超過了三百萬次。iJustine繼續走紅，成爲最受歡迎的一名網際網路「生活主播」，在多個YouTube頻道上擁有六百八十萬名訂閱戶，她的影片總瀏覽次數達到將近五億次，她還在影集《法網遊龍：特案組》《犯罪心理》和《吸血鬼日記》中客串演出，後來還出版回憶錄，登上《紐約時報》暢銷書排行榜。但她不知道的是，自己這個職業生涯的幕後推力是AT&T某個不知名的經理或軟體工程師所挑選的不良選擇架構。

這份帳單讓人印象深刻而且太過詳細，卻不是一個隨機的意外。伊扎里克本來可以選擇**不要**收到這份龐大的帳單，所以實際上，是她選擇了接受這份帳單。但我懷疑，實際的情況是，她在一開始時，並不知道自己做出了選擇。當她在網路上啓動新手機時，網頁向伊扎里克提供了三種計費選項：第一個選項是預設選項，就是獲得詳細的書面帳單。第二個選項是彙整帳單，只詳細說明她應付的總額。第三個選項則是電子帳單。在興奮地急著使用新手機時，伊扎里克（以及據我所知的幾乎所有人）並沒有閱讀或考慮另外兩個選項。她就直接接受了預設選項。大多數新的iPhone用戶都「選擇」了收到這些鉅細靡遺但毫無有效資訊的書面帳單。它們可能不會全部是三百頁這麼厚，但人們在第一個週末購買且啓動的十四萬五千支iPhone，大部分都「選擇」了冗長且逐項列出的帳單。⓯這次龐大的列印輸出數量還登上了《電腦世界》（*Computerworld*）選出的「科技業十大尷尬時刻」名單，並引來全國媒體的報導。⓰

AT&T內部有人是糟糕的設計者。他們選擇了錯誤的預設選項。這個選擇對客戶不利，因爲他們並不想要大量而沒有提供資訊的紙張；對環境也不利，因爲造成樹木不必要的死亡；對AT&T更是非常不利。這是一個代價高昂的錯誤，讓他們看起來非常愚蠢。這次重要的新產品發布活動，是AT&T重塑品牌的核心重點。它努力成爲

iPhone獨家供應商，才能突顯自己科技領導者的地位，但相反的，它產生了大量沒用的書面帳單，讓它看起來根本就不是科技領頭羊。

帳單送達後的那個星期三，伊扎里克和其他選擇預設選項的人，收到了來自AT&T的簡訊：

我們正在簡化您的書面帳單，刪除逐項條列的細節內容。如果仍要檢視所有詳細資訊，請登入att.com/mywireless。您仍然需要一份完整的書面帳單嗎？請撥611。

AT&T隨後開始對列印詳細帳單收取一．九九美元的費用，這份帳單和在選擇預設選項後寄給伊扎里克的帳單相同，但當時還是免費的。

預設選項運作的一種方式是提供更簡單的合理路徑，在這個例子中，就是要考慮它給人的感覺如何，以及需要多長的時間。和伊扎里克一樣，我也在同一個週末買了一支iPhone，並選擇了一條合理路徑，就是那條幾乎不需任何努力的路徑。我們都點擊了一個寫著「接受並繼續」的網站按鈕，並決定不去閱讀蘋果公司冗長又詳細的帳單政策披露的文字。我們都不知道自己同意了在那個月收到一箱帳單。這個路徑的選擇，是被一開始對**流暢性**的判斷所推動，這是對這個決定感覺有多容易的主觀判斷。

當風險較低時，流暢的合理路徑有時是合理的，但一個簡單的決定，有可能不是一個正確的決定。僅僅因爲一個選擇是流暢的，並不代表它一定會引出你想要的結果，尤其是在設計者可能不懷好意時。

二〇一五年，衛星電視節目供應商 DirectTV 被美國聯邦貿易委員會指控濫用預設選項設定。如果註冊使用 DirectTV 的服務，你就可以免費觀看 HBO 和 Showtime 等付費頻道三個月。但聯邦貿易委員會認爲，該公司對消費者隱藏了一個預設選項，就是如果在三個月後沒有主動取消，消費者就要開始爲訂閱這些頻道付費。這就是我們在討論器官捐贈時所提到的推定同意。律師使用另一個名詞，將選擇退出稱爲**「消極選項」**。由於在最初決定中接受了促銷方案，買家也就接受了預設選項，只是這個預設選項在三個月後對他們來說可能代價高昂。雖然該訴訟是聯邦貿易委員會最後放棄上訴的一項複雜訴訟的一部分內容，但聯邦貿易委員會現在有一項消極選項規定（Negative Option Rule）來處理類似的問題。

還有一個更明顯使用暗黑模式、利用輕鬆效果但意圖不良的選擇架構的例子，就是由某公司經營，提供發薪日貸款的網站。在提供了申請貸款所需的所有資訊後，消費者被帶往一個提供特別優惠的頁面（見第 146 頁）。快速瀏覽後就會將你引導到明顯的下一個按鈕，上面寫著：「完成我與發薪日貸款供應商的配對！」按鈕上面還有四個特別優惠。如果你檢視第一個方框，就會注意到它預先選擇了「否」，但這很難看到，因為這些字太小了。幾乎沒有人注意，在點擊了螢幕底部那個明顯的按鈕，也就是完成交易的流暢路徑時，他們就是同意了右上角欄中的報價，這個報價也很難閱讀，卻已經預先勾選了「是」。儘管標題寫著「獲得二千五百美元的Visa卡」，但你同意的是取得一張沒有初始價值的簽帳金融卡，而消費者要花費五十九．九五美元去購買它。（這裡說的二千五百美元，是指消費者可以轉帳到卡片上的最大額度！）這張圖片來自美國聯邦貿易委員會提交的一份法庭訴訟案。委員會最後贏得了對這家公司的訴訟，並對接受輕鬆捷徑的消費者返還了一百九十萬美元。可惜的是，結局不像看起來那麼令人高興，當賠償金均分給十一萬名消費者後，每個人只拿回不到十五美元。

即使沒有預先勾選任何內容，輕鬆感也可以讓某個路徑發揮像預設選項一樣的作用。我們在第1章已經見識過這一點，就是計程車提供了建議小費金額的例子。但當一名懷著惡意的設計者讓某個選項更容易被找到時，這種建議也可能變成暗黑模式。

在網際網路上，你隨處都能看到這種「幾乎預設」的例子。在大多數情況下，當我試著不去訂閱某個垃圾郵件時，就會被帶到一個頁面，在那裡，退訂按鈕看起來很小，而且很不顯眼。而且，會有一個大的按鈕問我，是否想收到少一些電子郵件。我最近的最愛網頁就有退訂連結，畢竟這是法律規定要提供的，但它的背景卻是黑色的，還用深

在你取得貸款前，請檢視下方的限時優惠！

改善你的信用評分

○Yes ◉No

我希望C信用公司修改我的信用報告。

我接受這個優惠方案，我授權學院信用公司（Academy Credit）使用我稍早提供的相同資訊。我授權學院信用公司從我的銀行帳戶扣除一筆97美元的信用報告處理與開辦費。學院信用公司將繼續為我服務，並每月收取49.95美元，直至取消服務為止。我同意自開辦費扣除開始，學院信用公司將徵調我的信用報告，並開始就其中不正確、謬誤、不即時與未查證之內容提起爭議修正申請。我同時聲明我已閱讀過揭露聲明與取消服務通知，並提供本人的數位簽章與有限授權給學院信用公司，以完善信用報告審核及查證服務。

得到2,500美元的Visa卡

◉Yes ○ No

每個人都可核准獲得2,500美元額度的VisaA®簽帳卡－無須信用審核。

擁有隱私保護機制的VisaA®簽帳卡，是你保密網路購物的唯一方式。只要在卡內充值，就可以匿名消費。**無須**信用審核，**不會**連結至個人信用資訊，**不會**郵寄帳單。**立即核准**！如果你想保護隱私，這是最佳方案。只需在上方「是」的選項打勾，就會收到你的VisaA®預付卡，並終生免費取得永久隱私信用卡（EverPrivate Card）隱私工具，來保護你的身分不被盜用。**你授權永久隱私信用卡**自銀行帳戶扣除一筆54.95美元的加入費。詳見條款與隱私資訊。

得到一台免費的彩色印表機

○Yes ◉No

你想不想得到一台新電腦，附帶一組免費的無線鍵盤滑鼠組，或者一台全新的iPod？

我的電腦俱樂部（MyComputerClub）讓會員購買優質電腦，同時重建他們的信用。今天就申請取得21天免費試用期。如果你決定保留會員資格，89美元的年費將自動分成兩筆，每個月44.5美元，在你免費的會員期滿後開始扣款。請點擊這裡，了解詳細條款與條件。

獲得買新車的現金

○Yes ◉No

我想得到免費的車貸報價。

無論你需要一輛二手車或新車，都可以得到迅速且免費的車貸報價。無論你的信用程度如何，都歡迎申請。點擊下面的按鍵，即表示你同意汽車大道（CarsBlvd）的條款與隱私資訊。你同時也授權我們的貸款夥伴可以查核你的信用報告，用來評估我們可以提供給你的融資方案。

完成我與付薪日貸款供應商的配對！

欺騙性的預設。請注意只有右上角的選項勾選了「是」。

灰色字體呈現。聯邦法律要求商業廣告電子郵件提供選擇退出選項，這項法令就是《禁止垃圾郵件法案》（*CAN Spam Act*），其中明白指出「創造性地使用字級大小、顏色和位置可以提高清晰度」。可惜的是，法案中所說的創造性，這次用錯了方向。

這些都不是預設選項。設計者並沒有爲選擇者預選一個選項。懷著惡意的設計者是利用輕鬆感來達成目的。顏色和大小使人更容易按下特定按鍵，或難以看到「取消訂閱」的連結。這些是利用輕鬆感刻意將你引入歧途的暗黑模式。

接受這些預設選項的後果，可大可小。但即使風險很大，更改預設選項也可能產生驚人的重大差異，特別是在更改預設選項所需付出的努力程度很小的時候。人們最重要的財務選擇之一，就是爲退休儲蓄的金額。二〇〇六年，美國國會通過了一項法律，允許雇主改變對退休儲蓄金的預設選項。傳統上，員工必須選擇加入，才能開始儲蓄退休金。根據預設選項的情況，他們並沒有從薪資裡扣除任何儲蓄金額。

儘管會帶來很嚴重的經濟後果，許多人就是沒有儲蓄。在國會通過這項法律後，許多雇主將員工退休計畫中代扣儲蓄的預設選項，從傳統的代扣〇%，更改爲三%。此外，許多雇主還更改預設選項，讓員工在每年年底提高薪資中代扣的退休基金儲蓄率。這從根本上改變了人們的行爲。二〇一一年，根據預測，這個預設選項的變化，造成儲蓄額新增超過七十億美元。[17] 預設選項的一個小變化，卻造成儲蓄金額大幅增加。爲什麼呢？容我重申，考量退休儲蓄對你我大多數人而言，感覺既不有趣，也不流暢。結果就是，我們逃避一小時左右痛苦而不悅的思考，但這將造成價値數萬美元的長期後果。

預設選項的部分力量來自輕鬆感在決策過程中扮演的重要角色。有時候，決定會讓人感到非常痛苦，比方說，我們決定是否要成爲器官捐贈者時。誰願意去思考在自己死後，器官會發生什麼事？當你要在考慮自己的死亡，或完全跳過這個決定之間做選擇時，可能就會挑不做選擇這個合理路徑。感覺上，思考該勾選哪個方框，要費的心力是無法克服的。

但輕鬆感並不是預設選項發揮作用的唯一方法。爲了更了解這一點，我們需要討論另一個世界上最受歡迎的話題，那就是汽車保險。

背書

如果選擇架構就像一場對話，那麼我們可能要考慮設計者的意圖，尤其是在他們建議某個預設選項的時候。設計者有可能將他們認爲最適合大多數人的選擇設定爲預設選項。而不那麼謹愼的設計者，則可能將對他們最有利的選項設定爲預設選項，就像我們在DirectTV例子中看到的那樣。

如先前所述，賓州和紐澤西州於一九九三年起允許公司銷售兩種不同類型的汽車保險。在這兩個州，保險購買者現在可以選擇一種比較昂貴的保險，這張保單除了醫療費用外，還會支付因爲交通事故而造成的病痛和相關費用。另一種保單比較便宜，但只支付醫療費用。兩者的保費差異不小。我當時住在賓州，全額保險的費用比有限責任保險每年多出約三百美元。[18]

我是賈桂琳·梅薩山羅斯（Jacqueline Meszaros）、霍華德·昆路德（Howard Kunreuther）和傑克·賀西（Jack Hershey）等團隊的一員，對預設選項進行了首批研究。[19]我們要求人們在兩個保單之間做選擇，而我們只是改變了預設選項推薦的保單。我們想研究實際購買過汽車保險的人，所以在醫院的餐廳裡攔住人們進行研究，而不是去找賓州大學的學生。其中我們提供半數的人全額汽車保險當做預設選項，但他們可以更改爲更便宜但比較有限的保單；而其他人的預設選項則爲較便宜的保單。預設選項造成了保單選擇的巨大差異。當全險是預設選項時，即使它價格更貴，仍有五三%的人會選它。但當另一種保單是預設選項時，就只有二三%的人選擇了全險。

我們對預設選項在現實世界中能否產生這種影響很感興趣。我們很幸運，這兩個州要求保險公司同時提供這兩種保單，但有一個重要區別，那就是預設選項。在賓州，昂貴的保單是預設選項，而在紐澤西州，預設選項則是較便宜的保單。這和我們的實驗設定一樣，只是這一次，眞正的決策會讓人眞正的花錢。結果影響甚至更大。紐澤西州只有二〇%的人選擇了全額保險，但賓州卻有七五%的人選擇全險。十年後，我和同事戈德斯坦估計，由於更昂貴的這份保單在賓州是預設選項，光是這一點，就讓賓州出售了二十多億美元的額外保險。顯然，輕鬆感在這個例子發揮了作用。要更改預設的選擇，你必須閱讀和郵寄一份以常見保險談話內容所撰寫的表格（而這並不容易理解）。但是與參與我們研究的人談話後顯示，人們還有另一個選擇預設選項的可能原因，那就是人們認爲，州政府已經選擇了最好的選項做爲預設選項。換句話說，他們認爲州政府的保險機構替這個選項**背書**了。

當人們認爲，設計者暗示或明示地爲預設選項背書時，預設選項就可能改變最後的選擇。他們使用預設選項暗示的背書意思來做出決定，而不是獨立思考什麼才是正確的決定。[20] 人們認爲預設選項是一種建議，是選擇建築師認爲他們應該選擇的東西。此處的合理路徑就是接受建議，當選擇者看到預設選項時，可能做出結論，認爲設計者預先挑選了他們認爲最好的選項。即使選項只是以流暢的方式呈現，也可能造成這樣的結論。

當德國鐵路公司（Deutsche Bahn）這家國家鐵路公司改變乘客是否保留訂位的預設選項時，乘客可能也有類似的想法。當你在德國鐵路公司買火車票時，就像大多數鐵路車票一樣，車票保證你可以上火車，但不保證能有特定的座位。你也可以再花約二歐元，在這張火車票上另外要求保留座位。德國鐵路公司就是改變網站，讓購買保留座成爲預設選項，除非客戶取消預設打勾的選項。在這個改變之前，售出的火車票有九%另外購買了預訂座位。但在改變之後，有四七%的購票包括了預訂座位，這讓鐵路公司的年收入增加了約四千萬歐元。鐵路公司告訴我們，他們的客戶調查顯示，乘客比較喜歡新的預設選項，許多客戶還認爲，鐵路公司做出這個改變是要確保客戶更舒適。

最後一個例子：請記住，美國大多數公司將薪資代扣退休儲蓄的預設選項定爲三%。許多人認爲這是公司認爲正確的比率，但在現實上來說，對大多數的人而言，這個比率太低了。這是一個結果變糟糕的背書。

預設選項所暗示的背書效果，與輕鬆感帶來的效果不同。人們是否相信某個選項獲得背書，取決於是誰設定了預設選項。如果前述例子中的預設選項是由保險公司所設定，那麼對保險預設選項的反應可能會截然不同。懷疑保險公司動機的人，很可能就會更仔細地觀察情況。人們信任德國國家鐵路，但如果人們不那麼信任航空公司的話，同樣的情況可能就不會發生在飛航保險上。如果預設選項是由受到信任的人所設定的，背書效果很可能就會說服選擇者不再進一步細看。而那些懷疑設計者的人，可能就會更仔細考量他們的選擇。

稟賦

發電是美國的第二大溫室氣體來源。它占所有二氧化碳排放量的四分之一以上。透過使用可再生電力和採用更節能的產品，可以減少這些排放量。人們經常說想減少能源消耗，但並沒有採取措施。舉例來說，英國只有三％的消費者是從可再生能源中獲得電力。然而，大多數國家的人都表示，可再生能源即使較傳統電價小幅增加，也願意使用。在使用綠色能源的意願和實際行動之間，存在很大的差距。然而，如果你把能源的預設選項改爲使用可再生能源，結果就是，消費者會選擇並持續使用綠色能源。㉑

由菲力斯．依貝凌（Felix Ebeling）和薩巴斯欽．洛茲（Sebastian Lotz）對德國電力買家所做的實地研究，就是一個很好的例子。研究人員將四萬一千多名電力客戶引導到兩個網站中的一個，兩個網站其他地方都相同，除了其中一個網站的預設選項是提供一〇〇％永續電力，不過是價格比較昂貴的綠能電力供應商。另一個網站的預設選項，則是價格較低且非永續的供應商，業界稱此爲「灰色電力」（gray electricity）。人們現在是用實際的成本做出眞正的決定，而效果是很大的。在採購電力的人當中，當預設選項爲綠能電力時，有六九．一％的人選擇了綠能電力，但當預設選項爲灰色電力時，只有七・二%的人選擇了綠能電力。依貝凌和洛茲希望確認，人們不只是誤選了預先勾選好的選項，所以他們的研究還顯示了大多數的人（超過八五%）了解自己選擇了哪一種能源。他們似乎並不是被「欺騙」而選擇了預設選項。[22]

這些關於要購買哪種電力的決定是持久的。即使已經受到預設選項的強烈影響，但幾乎每個人都堅守著自己的選擇。此外，他們似乎也對自己的選擇感到滿意。

這個研究結果是可以接受的嗎？露西亞・瑞希（Lucia Reisch）和桑思坦進行了一項全球調查，想了解人們是否支持將綠色能源設定爲預設選項。他們發現，大多數國家的人都贊成將綠色能源視爲預設選項，支持率約在五〇%到七五%之間。在美國，即使大多數共和黨人也支持將綠色能源設爲預設選項。

在這個例子中，預設選項是如何發揮作用的？輕鬆感發揮的作用有限，因爲你只需要點擊網站上的按鈕，就能變更你的選項，而且費率也很清楚地顯示出來。背書可能有其效果，但若是並非所有人都信任他們的電力供應商呢？這是預設選項奏效的第三種方式的一個例子，它牽涉到選擇者如何對電源供應商組合他們的偏好。

回想一下我們討論組合偏好、抑制和提問理論時的狀況。前文也介紹了當詢問人們能活多久時，會導致他們說出與自問何時會死不同的年齡。他們會這麼做，是因爲在每一個框架中思考了不同的事。在被問到能活多久時，他們首先會想到自己可能活得久的理由，稍後才會想到可能活不久的理由。因爲想起可能活得更久的原因，會抑制他們想起可能活不久的原因，所以人們在被問到能活多久時，提出的估計年齡會比被問到什麼時候可能會死的年齡更大。

預設選項的作用也很類似。我們會先考慮預設選項，這樣做自然就會抑制第二個想到的選項。當我們讓人們的預設選項選擇綠色且可永續的能源選項時，他們會首先考慮爲什麼會選擇這個選項，如此就抑制了可能選擇灰色能源的理由。他們會想到來自風力渦輪機和太陽能電池產生的電力，以及響應全球氣候罷課活動的青少年，和他們子孫輩的未來，這些想法抑制了關於非綠能發電成本優勢的記憶。他們可能還會想到核能和煤電的缺點。當開始思考自己爲什麼可能會想要灰色能源時，我甚至可能想不起它的重大優勢：較低的成本。如果灰色能源是預設選項，那我可能會首先想到增加的費用、緊絀的預算，以及可以把錢先花在其他哪些方面。後來就會很難想起綠色能源的優點，而像風車這樣的畫面則可能根本不會想到。

艾薩克·丁納（Isaac Dinner）、戈德斯坦、呂凱亞（Kaiya Lui，音譯）和我在一項研究中展示了這一點，我們要求人們在兩種不同燈泡之間進行選擇，分別是普通的白熾燈泡和更節能的省電燈泡。每種燈泡都有其優缺點，白熾燈泡買價較便宜，但使用成本較昂貴。因爲它們將電能轉換爲光的效率較低，所以運作成本較高，而且你會需要較快更換新燈泡，因爲它們會在更短的時間內耗盡。另一方面，雖然省電燈泡長期看起來更便宜，但早期此類燈泡看起來很可笑，而且經常使用不常見的冷光，還有其他缺點。我們創造了一個讓輕鬆感和背書幾乎不產生影響的情境，然後詢問人們當預設選項改變時，大家對這兩種產品的看法是否有所不同。㉓人們被告知他們聘請了承包商進行家庭裝修，而承包商向他們提供一個帶有預設選項的選擇。我們明確指出，承包商並不在乎你最後用的是哪種燈泡，而且非常樂於變更燈泡。他們看到這樣的指示：

你信任的承包商剛剛完成了你房子的裝修，現在需要安裝一些燈泡。他表示，工作人員**以十八美元的價格，安裝了六個全新的節能燈泡，但當他明天過來時，他很樂意改成白熾燈泡，而這將為你節省十二美元。**

其他受訪者也要做相同的選擇，但我們改變了預設選項：

你信任的承包商剛剛完成了你房子的裝修，現在需要安裝一些燈泡。他表示，工作人員**以六美元的價格，安裝了六個全新的白熾燈泡，但當他明天過來時，他很樂意改成節能燈泡，而這將讓你再支出十二美元。**

在這兩組說明中，你同樣都有一組選項，但你必須決定採取一種行動，我們以粗體字顯示，請決定你是否想從一種燈泡，改變成另一種。你會在這兩個框架中做出同樣的選擇嗎？儘管這兩組的選項都相同，但當省電燈泡是預設選項時，被選中的機率（四四％）是非預設選項（二二％）時的兩倍。我們改變的只是預設選項。由於這個設計的情境不需要選擇者花費任何精力，而且選擇建築師也沒有偏好，因此我們非常確定預設選項產生的重大影響，既不是來自輕鬆感，也不是來自背書。

我們詢問人們做出選擇時在想什麼，當面對兩種預設選項的情境下，大家想到的是不同的事。調查結果符合提問理論。當省電燈泡是預設選項時，人們更容易想到購買省電燈泡可以節省電費，以及省電燈泡的壽命會比白熾燈泡長得多。但如果白熾燈泡是預設選項時，人們則更容易想到省電燈泡比較貴、會發出冷光，以及具有不吸引人的彎曲形狀。人們思考的這些差異，預告了他們的選擇，在本項研究中也解釋了預設選項如何改變選擇。[24]

許多人認爲，預設選項是改變人們環保行爲很重要的一部分。[25] 舉例來說，在羅格斯大學的一項研究中，研究人員將印表機的列印預設選項從單面改爲雙面，讓紙張使用量減少了四四％，每年共節省了五千五百萬張紙。[26]

改變如何組合偏好這件事，也發生在一項著名的行爲經濟學例子中，稱爲**「稟賦效應」（endowment effect）**。每個學期，我都會在行爲經濟學的第一堂課上做這個示範。我感覺自己有點像魔術師，這個把戲永遠不會失敗，結果也總是讓學生感到驚訝。

你走進一個房間，隨機給房裡一半的人一個杯子，並清楚表明你是隨機選擇誰會拿到杯子。由於你是隨機決定給誰杯子，因此對於正巧拿到杯子的人，和沒有拿到杯子的人而言，這個杯子的價值應該是相同的。

接下來把戲開始上場：你詢問沒有拿到杯子的人願意花多少錢來買一個，再問拿到杯子的人願意以多少錢賣出。由於這是隨機分配，因此平均價格應該非常接近。

但現實情況卻截然不同：隨機拿到杯子的人，實際上比沒有拿到杯子的人，對杯子的平均估值高出一倍。一個七美元的杯子，對隨機拿到的人而言價值十美元，但對沒有拿到的人而言價值只有五美元。這就是稟賦效應的作用，目前已經擁有某件物品的人，似乎會賦予它額外的價值。在丹尼爾．康納曼和塞勒這兩名諾貝爾得獎者，以及他們的合著者傑克．克尼區（Jack Knetsch）的著作中就說明了這一點。

重申一次，差異是由於我們如何組合偏好而產生的。我們無法輕易知道一個杯子到底值多少錢，所以必須估算或組合自己想到的價值。傑洛德．郝柏（Gerald Häubl）、阿娜特．基南（Anat Kienen）和我重做了這個經典實驗，但這次我們要求人們在電腦上輸入自己在想什麼，並回報自然發生的想法。拿到杯子的人首先想到了杯子的許多奇妙特徵，後來才想到可以用出售杯子的錢做什麼事情。另一方面，沒有拿到杯子的人首先考慮的，就是可以用這筆錢做什麼。一個沒有拿到杯子而在早上十一點半參加這項研究的人，跟我們描述了很多關於他可以用這些錢買的午餐內容。直到後來，他們才開始思考這個杯子，而由於抑制的效果，他們並沒有花很久時間去思考這個杯子。

在這些研究中，郝柏、基南和我確信偏好結構的差異，造成了對杯子價值估計的差異。我們使用參與者輸入的正面或負面想法的數量，來預測他們願意爲杯子支付的價格。每個正面的想法都會使他們願意付出的價格增加三十七美分。我們還要求他們考慮與一般相反的情況，藉此消除稟賦效應。舉例來說，當我們要求收到杯子的人先列出自己會用出售杯子所獲得的錢做哪些事情，然後再要求他們列出自己會用杯子做什麼事情時，杯子在他們心中的價值就會降低，進而消除稟賦效應。[27]

預設選項一定有效嗎？

預設選項看起來是一個三重威脅，有效是因爲它們使選擇變容易，暗示著背書，並賦予選擇者對預設選項的所有權。前文已看到一些產生重大影響的例子，比如增加了捐贈器官或使用綠色電力的人數。這帶出一個重要問題：預設選項總是這麼好用嗎？

問這個問題有兩個理由。首先，要讓設計者改變預設選項並不容易。在問到更改預設選項時，我不只一次被告知：「我們一直都是這樣做的。爲什麼要改？」設計者可能需要花費大量的政治資本，才能讓預設選項變更獲得通過，而且會想確保他們所投入的金錢、時間和精力是值得的。設計者需要知道，預設選項改變行爲的幅度會有多大。改變預設選項會讓選擇這個選項的人數增加一倍，還是只增加一或二%的使用率？

其次，我們在第1章中談到了再現性革命。想要檢視效果是否眞實，我們需要檢視許多研究，以確認其結果是否可以再現。人們很自然會討論重大的成功例子，但這可能只是僥倖。

值得慶幸的是，自從我們於一九九〇年代開始研究預設選項以來，已經有了許多關於預設選項的研究，以及彙整它們的新方法。現在哈佛大學任教的喬恩．雅次莫維茲（Jon Jachimowicz）、現於賓州大學華頓商學院攻讀研究所的夏儂．鄧肯（Shannon Duncan）、在普林斯頓大學任教（而且如你所知，是我的太太）的韋伯與我，我們親自打造了所有使用到預設選項的研究，包括已發表和未發表的，好讓我們看出預設選項在不同環境下的效果如何。

我們使用整合分析（meta-analysis）這種統計工具，來總結對某個主題的了解。整合分析經常用於醫學領域，讓醫師可以快速總結數十項，甚至有時達數百項的研究。透過這種方式，他們可以看出一項干預措施（比如新藥或新手術流程）的平均效果如何。在過去十年中，整合分析在心理學和政策方面變得越來越重要。和在醫學中一樣，它可以幫助我們了解，改變行爲的嘗試會有怎樣的效果。

下頁圖是森林圖（forest plot）。會稱爲森林圖是因爲有些形狀看起來像樹，但我更願意認爲它之所以得名，是因爲它可以讓你看到森林，而不只是樹木。爲了簡單起見，我從五十八項分析中抽取了其中十二項畫在圖裡。點的位置顯示預設選項在每項研究中的影響有多大。舉例來說，依貝凌和洛茲的研究顯示，預設選項導致綠色能源的選擇增加了六二%。點的大小代表參與研究的人數，而「斑點」則代表我們對結果的預期變化。隨著樣本量變大（更大的點），斑點就會變小，小到在某些研究中消失。㉘

這個圖的精妙之處在於，它爲你提供了涉及數千名受訪者的許多研究的廣泛概述。

使用森林圖，你可以一目瞭然看見數十個研究結果。看著這張圖，你可以立即發現幾件事：

- 在我畫的圖裡的研究結果，預設選項效果從來不會適得其反。選擇者似乎不會拒絕預設選項而選擇相反的選項。你可以看出這一點，因為沒有任何代表實驗結果的點低於水平線，而低於水平線就表示並不偏好預設選項。

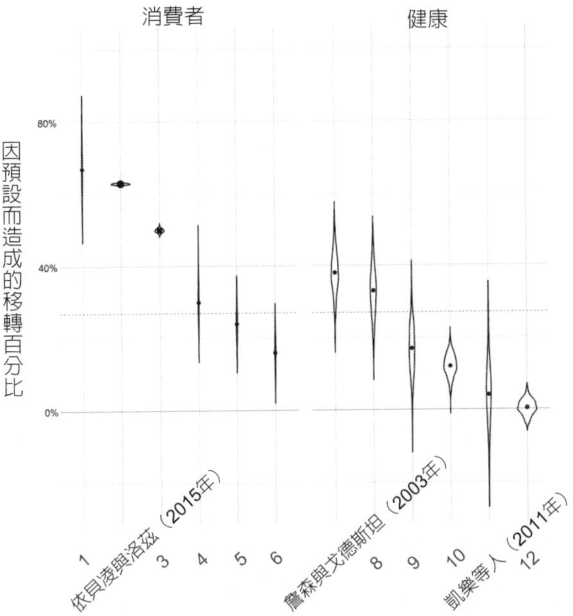

分析的研究報告

更改預設而導致的選擇差異

- 在大多數實驗中，差異在統計上是顯著的，而且相當大，因爲這些點都遠高於水平實線。預設選項確實改變了人民的選擇。
- 我們可以嘗試檢視經研究規模加權的平均效果。那就是水平虛線。平均而言，預設選項似乎是一種強有力的干預：這些簡單的改變，比方說，更換HTML程式碼中代表某個選擇的一個參數，就可以讓該選項被選擇的頻率增加二七％，即使包含了沒有顯示效果的加權研究。[29]
- 有三項研究結果看起來並不突出。比如第九項研究是一個非常小的研究，它的分布與零線重疊。我們不能說它在統計上不同於零。換言之，在某些情況下，預設選項確實無法產生統計上顯著的變化。

對設計者而言，這是非常重要的。平均而言，更改預設選項會導致選擇結果發生很大的變化，但效果大小則會有所不同。在應用選擇架構時，重要的是我們對可以完成哪些事情，要有符合現實的期望。我在先前提到綠色能源相關的神奇結果（第二項研究，圖中依貝淩和洛茲的那項研究）。這是一項了不起的研究，而且具有重大的統計意義，有四萬一千名公用電力事業客戶參與。然而，它的效果一點也不獨特，預設選項導致綠色電力購買人數新增了五〇％，大約是我們在研究中看到的平均值的兩倍。在這個例子中，我們可能會問預設選項的力量爲何如此強大？部分原因是因爲這是一個消費者的選擇，而且沒那麼頻繁發生，然後一旦做成決定後就很難改變（也就是不流暢）。了解這一點讓設計者更容易推算選擇者應該看到什麼效果，以及該如何增加預設選項的強度。如果你只讀過一篇關於預設選項的研究，你就可能不知道影響效果的大小差距，並且可能會將這個單次研究結果過度概括到你的情況。

關於這張圖，還有一件事值得一提。左邊的六項研究都是關於消費者決策的情況，右邊的六項研究則是健康決策。如你所見，預設選項對消費者決策的影響，比對健康決策的影響更大。這一點很重要。如果你是一名考慮使用預設選項的設計者，你就會期待在消費者應用程式中，收到比在健康應用程式中更大的效果。換句話說，在所有其他條件相同的情況下，對於像綠色能源研究這種研究結果，我們預期比像器官捐贈這樣的健康研究結果，會產生更大的預設效果。30

整合分析可以幫助我們理解，爲什麼預設選項的效果在某些情形下比在其他情況下更強大。我們的整合分析主要是爲觀察每項研究是否改變了選項的輕鬆感、背書或稟賦等層面。我們發現一般來說，當預設選項改變了前述所有三種效應時，效果最強，當預設選項只改變了其中一種或兩種效應時，效果較弱。

選擇正確的預設選項

假設你要買一輛車，一輛非常棒的車，並且正在登入某家德國知名汽車製造商的網站。由於保密協議禁止我透露公司的名稱，我們就姑且稱其爲德國大型汽車製造商，簡稱GLAM。

當登入GLAM網站時，你可以使用汽車業稱爲「配置器」（configurator）的功能來打造自己的汽車。你可以選擇汽車的所有選項，包括引擎（有十六種不同類型可供選擇）、車身油漆、內裝、油箱大小，甚至細到換檔握把的木材類型（可選擇胡桃木、樺木或楓木）。你要做出五十多種不同的決定！

GLAM應該如何設定配置器的預設選項呢？這些預設選項重要嗎？GLAM的人聽說了我們在器官捐贈方面的工作成果，於是想請我們看看能否適用於汽車。很可能在購買汽車時，預設選項不會發揮重要作用；有些管理者認爲，預設選項不會造成什麼差異。畢竟這是一筆昂貴的購買行爲，而大多數的德國汽車購買者都會花大量時間考慮自己的選擇。更何況，購買汽車不僅涉及一個選擇，而是多個選擇。當消費者要做出超過五十個決定時，預設選項可能不會產生影響。

他們想要確認預設選項會造成影響，只有這樣，他們才願意處理「**正確的**預設選項該是什麼」這個問題。我沒有參加會議，但我能想像某些穿著深色Hugo Boss西裝的行銷部門主管，投來懷疑的目光。

GLAM可以選擇的預設選項設定有哪些？我們想到了至少三種可能方案：

- 預設選項可以一直推薦最便宜的選項。
- 預設選項可以一直推薦對GLAM最有利的選項，如果預設選項能夠影響選擇，GLAM就能透過更改網站上的HTML程式碼，來大幅提高獲利能力。
- 如果沒有明確的預設選項時，也可以將它設爲最受歡迎的選項。

你可能很容易會以爲，GLAM一定會選擇最有利的預設選項，但這不一定符合他們的長期利益。他們希望客戶有忠誠度並回頭繼續購買其他車輛，如果預設選項提供消費者錯誤的選擇，比如引擎、車身太大或顏色錯誤，那麼GLAM有可能失去一個長期客戶。

很有意思的是，GLAM一直將預設選項設定爲最低成本選項。看起來GLAM好像已經深思熟慮過，但事實並非如此。我們詢問資深主管有關將最便宜的選項設爲預設選項的決定，但沒有人承認做過這樣的選擇。事實上，有人說是一些低階程式設計師選擇了以最低價格當做預設選項。顯然這不是由公司高層所做出來的決定。這讓我們感到驚訝，因爲我們**認為**預設選項很重要，但不了解選擇架構的主管卻認爲，預設選項不會產生太大的效果。這種「忽視預設選項」的態度可能會讓公司損失大筆收入，並讓消費者情況更糟，卻提供我們一個改善公司利潤和客戶體驗結果的機會。

消費者買到較便宜的產品，情況怎麼會變成更糟呢？乍看之下，至少從客戶的角度看起來，將預設選項設定成讓客戶看見最便宜的選項，似乎是個好主意。如果預設選項可以影響選擇，那麼人們最後會買到一輛較便宜的車。但並不是每個顧客都想要買最便宜的車。不同的人想要和需要不同的東西。最便宜的引擎是最省油的。如果選擇者關心油耗和碳排放，這就會是個很好的預設選項。但它卻沒能滿足那些想要由更大引擎提供更快速度的人。他們最後可能買下一輛馬力不足的汽車，這在有時候沒有限速的德國高速公路上，可能會構成安全隱患，因爲在這些路段上，汽車是以超過每小時一百八十公里的速度行駛。較大的引擎也可能對車後拖著露營車或船的人比較方便。我們再來考慮其他最便宜的選擇可能不是最佳選擇的場景，低成本也意味著最少的安全氣囊保護、沒有兒童安全座椅，也沒有急救箱。廉價的預設選項可能降低汽車的安全性。如果預設選項會影響選擇，那麼將最便宜的選項設定爲預設，就會是一個問題。

爲了確認預設選項是否會產生影響，GLAM邀請我們進行一系列研究。可以對眞實的客戶進行實驗，是研究人員的夢想。對GLAM而言，將預設選項置入配置器中非常重要，尤其是在德國。與美國不同的是，在德國銷售的大多數汽車都是接單製作，而不是批次生產後銷售的。我與包括安德列亞斯·赫曼（Andreas Hermann）與馬克·海特曼（Mark Heitmann）（他們現在分別在瑞士聖加侖大學和德國漢堡大學擔任教授）在內的團隊，一起建造了GLAM配置器的複製版本。我們成爲影響眞實汽車購買者的選擇，幫助他們配置汽車選項的眞正設計者。GLAM的一小部分客戶從原來的官網轉到我們設置的網站複製版，我們挑選了不同的預設選項，測試他們會不會改變選擇。

即使對我們而言，預設選項造成的影響效果都是讓人驚訝的。我只聚焦在每個購買者要做的五十多個選擇中的一個：引擎。根據市場研究，這是大部分的人最重要的選擇。它也對汽車的成本有重大的影響。最貴的引擎比最便宜的引擎貴上一萬八千歐元。消費者會看見GLAM當前配置器裡三個複製版本之一，一個沒有任何預設引擎，一個預設了良性（也就是最流行）的引擎，還有一個則預設了最便宜的引擎（也就是GLAM目前的預設）。把最便宜的引擎設爲預設引擎，會讓它比在沒有預設選項時更受歡迎。僅此一項就將汽車的平均總價降低了四百七十六歐元。相較之下，將最受歡迎的引擎當做預設引擎，會讓它與其他更昂貴的引擎變得更受歡迎，單單是引擎的平均價格就提高了三〇二歐元。當有預設選項時，超過一半的消費者會做不同的選擇。公司管理階層現在確信預設選項有重要性，但他們面臨了另一個問題：什麼才是正確的預設選項？當我們解釋他們需要考慮不同預設選項的成本效益時，他們並不滿意，所以他們問我們是否可以做得更好。[31]

GLAM希望公司網站能夠很流暢，讓客戶能好好投入他們的選擇。它不希望由於GLAM的配置器很麻煩，導致客戶轉而登入競爭對手的配置器。GLAM還告訴我們正確性非常重要，它需要客戶對他們購買的車感到滿意。客戶滿意度對汽車產業很重要。公司甚至會打廣告宣傳滿意度。如果客戶的車比所需要的速度較慢或較不安全，GLAM就有麻煩了。所以GLAM希望讓每個客戶都選擇正確的勾選方框，不僅一次，而是在超過五十個決定中都是如此。當「正確」的選擇框因人而異，就像汽車的選擇也因人而異時，這一點尤其具有挑戰性。爲了克服這些挑戰，我們需要了解預設選項有不同形式。有兩種基本的預設選項類型，一種是對所有人顯示相同預設的**大眾化預設選項**（mass default）；以及對每個用戶改變預設的**個人化預設選項**（personalized default）。

GLAM和許多公司一樣，採用一體適用的大眾化預設選項。這也是預設選項最常使用的方式，每個人都會得到相同的結果，除非他們主動做出選擇。

你該如何設定大眾化預設選項呢？我們向GLAM建議的一個選項就是，在沒有預選選項時，對客戶建議最常被選擇的選項。對於汽車顏色，我們可能將預設選項設定爲最流行的顏色，因爲它最適合大多數客戶。如果我有理由相信，在沒有預選選項時，大多數客戶會選擇普通的方向盤，那麼預設這個選項可能就是個好主意，尤其是如果客戶因爲預設選項，而選擇了與最佳選擇有小幅差異，卻沒有造成什麼傷害時（例如：黑色方向盤與深灰色方向盤的選擇），那就更可以做這樣的預設選項。你可以稱這些爲**良性預設**（benign default），因爲對設計者和選擇者而言，選錯的成本都很小，也因爲這個預設選項是刻意的選擇。

並非所有的大眾化預設選項都是良性的。大多數訂購汽車的人可能不會購買嬰兒座椅附件這個選項，但對那些爲人父母的選擇者而言，這可能是一個代價高昂的錯誤。對於其他許多商品和服務而言，人們有時想要的是非常不同的東西。把最辣的醬汁當做墨西哥玉米餅店菜單上的預設選項，可能會讓一些顧客感到高興，但即使它是最受歡迎的選項，也會讓一些用餐客戶感到不悅。經濟學家和推廣人員使用一個技術術語**「異質偏好」**（heterogeneous preference）來描述這種情況。

這是對大眾化預設選項的挑戰。就器官捐贈而言，改變預設選項可能意味著透過器官移植挽救了一條生命，但也可能意味著在器官移植後，造成一個家庭的痛苦，因爲捐贈者可能沒打算捐贈器官。這是一個困難的成本效益取捨。事實上，這就像會讓我們希望能夠擁有不同選擇的取捨。

幸運的是，確實有取代大眾化預設選項的方法。當選擇在網路上顯示時，可以根據我們對客戶或決策者的已知資訊來改變預設選項。如果我們知道他們過去的行爲、購買情況或人口統計學上的特徵，就可以爲他們提供個人化預設選項。這個預設選項就是我們在沒有預設選項的情況下，針對決策者可能想要的選項做出的最佳猜測。

你可以根據選擇者過去做過的選擇，來爲他們挑選預設選項。這些就是**持續性預設選項（persistent defaults）**，就像星巴克的咖啡師會記得你喜歡加杏仁奶一樣。如果航空公司記得我在以往搭乘航班中選擇的座位和餐食，它就可以持續呈現這種預設選項。網站也可以從我過去的偏好中學習，以產生預設選項。這種預設選項可以很簡單，比如亞馬遜網站在我每次結帳時，都會問我是否要繼續使用我的運送偏好。它們也可以更複雜。比方說，一個線上食品購物服務，在一開始的時候就把你上次的整筆購物內容先放入線上購物車。持續性預設選項已經被廣泛運用了，因爲它們透過記住選擇者分享過的資料，來克服不同偏好的問題。這可以取悅客戶。當我走進我最喜歡的早餐店，員工問我：「要吃像平常一樣的嗎？」這就是一個很好的預設選項。

持續性預設選項是根據用戶過去的選擇而產生，不能用於獨特的重要決策，比如選擇大學或房屋，因爲選擇者在過去很少或根本沒有關於此類選擇的資料。

有時候，設計者對選擇者和他們面臨的決定有相當深入的了解。他們知道的甚至可能比選擇者更多。舉例來說，就算你不知道這些菜色，但廚師也可以建構一份他們認爲你會喜歡的菜單。一個好的私人採購可能會建議你從沒想過要試穿的衣物，更別說買過了。他們使用關於你和像你這類的人的知識來提出建議。這是另一種個人化預設選項，稱爲**「智慧型預設選項」**。這些預設選項認出選擇者有不同需求，並使用良好的預設選項來解決這個問題，也就是透過對客戶的了解，而預先篩選出選項。

許多人討厭考慮退休計畫，所以在許多退休儲蓄計畫中出現某種智慧型預設選項，也就不足爲奇了。許多退休計畫中的預設選項是**生命週期基金（target date fund）**。這些計畫使用你的年齡和財務理論知識，來決定你的退休基金在股票和債券之間的投資配置。假設我告訴退休計畫提供者，我想在六十多歲退休，退休計畫就會推薦我採用與該目標策略一致的基金當做預設選項。財務方面的標準建議，就是在接近退休年齡時，我應該將投資從股票這類風險較高的證券，轉向波動較小的現金類資產。舉例來說，如果在二〇一五年我四十歲的時候，開始爲我的雇主工作，我就可能告訴退休計畫提供者，我想在六十多歲或二十五年後退休。然後它就可能預設選項推薦我一個像Target2040這樣的共同基金，隨著我接近二〇四〇年這個退休年份時，該基金每年都會自動將我的部分資金從股票重新分配到債券。

生命週期基金在美國退休市場獲得極大的成功。有超過七一％的美國401（k）退休金計畫提供這種基金，而超過半數（五二％）的退休投資者仍然持有這些基金。生命週期基金的管理資產超過一兆美元。顯然，智慧型預設選項有可能是大生意。[32]

量化和個人化預設選項，在設計者的工具箱中都有一席之地。根據設計者對選擇者的了解，會適用於不同的情況。如果你對選擇者一無所知，大眾化預設選項會是你唯一的選擇。但你仍然必須決定正確的預選項設該是什麼。

個人化預設選項的優點是，有助於讓一體適用的大眾化預設選項對消費者可能造成的傷害降到最小。它們讓更多人進入正確的盒子裡、做出更正確的決策，並提供一個流暢的合理路徑。

有兩個關鍵要點適用於所有預設選項選擇：

- 如果必須使用大眾化預設選項，請嘗試找出能讓效益最大化的預設選項，方法是幫助大多數消費者找到適合自己的正確選項，同時也讓可能因此做出錯誤選擇的人受到的傷害降至最低。此類的成本效益分析，往往涉及困難的取捨。如果你忽視它們，這些艱難的取捨並不會消失。就像預設選項本身一樣，即使你不承認，它們也一定會存在。

- 如果你可以根據已經知道的客戶資訊來客製預設選項，就可以改善結果，並讓更多人做出適合他們的選擇。當人們有穩定的偏好時，持續性預設選項就可以根據過去的行爲而推算出來。而當我們大概知道人們應該或可能選擇什麼時，智慧型預設選項就可以改進人們的決策。在這兩種情況下，個人化預設都至少與大眾化預設選項的表現一樣好，而且通常會更好。

最後我想指出的是，雖然智慧型預設選項可以改善客戶和公司的結果，但公司可能只會選擇能夠讓利潤最大化或達成自己目標的預設選項。[33] 這會引發產品認知和道德問題，我會在後文討論，但我懷疑這最多也只會在短期內對公司有利。有策略又符合道德來管理預設選項的公司，就可以預期將會得到客戶忠誠和信任的回報。

把預設選項設定正確可能是一大恩賜。二〇二〇年三月初，就在美國疫情大流行的初期，Zoom 從一家不知名的視訊會議平台，變成了學校、公司、家庭、支持團體，甚至是鄰居打聽消息的生命線。那年晚春時期，當 Zoom 首次向大眾出售其股票時，立刻成爲在低迷市場中罕見的成功掛牌上市股票，估值達到九十億美元。大眾對這家公司的迷戀已經強烈到讓一家名稱聽來相似，但實際規模小得多的公司 Zoom Technologies 的股票價格也上漲了一〇〇%，該公司市值約爲一千四百萬美元。毫無疑問，這家規模較小的公司的股票之所以上漲，是拜了其交易代碼爲ZOOM之賜。

然而，隨著用戶開始擔心安全性，對Zoom的熱情也迅速衰減。大眾最擔心的就是「Zoom轟炸」（Zoom bombing），也就是不速之客會參加預定的會議或課程，並劫持線上會議的連線，播放不受歡迎的內容，例如：淫穢、威脅、種族誹謗和色情等內容。聯邦調查局的波士頓辦公室對此表示關切，紐約州檢察總長還寫了一封信，詢問該公司正在採取哪些措施，以防止這種情況發生。Zoom在提高安全性的壓力下，敦促人們不要發送個人ＩＤ，而是使用帶有密碼的特定會議連結。這些建議收效甚微，但令人驚訝的是，預設選項的一些小變化卻發揮了作用。這些變化與幾週後才出現的新加密措施無關，而是根據建議修改了預設選項。會議密碼、使用隨機產生的會議名稱，以及使用等候室等，這些都是以前就可以使用的功能，現在成爲了預設選項。之後，Zoom轟炸的回報案件大幅減少，關於這些預設選項實施的負面回報也很少。《谷歌趨勢》（*Google Trends*）報告指出，「Zoom轟炸」的搜尋次數在四月二日，也就是預設改變前達到顛峰，到了四月二十七日，這個名詞的搜尋量下降了九五%。顯然，在疫情肆虐的新世界中，新的預設選項爲大多數人提供了更好的服務，Zoom也是如此。[34]

預設選項與民主

幾年前，紐約大學的布倫南公義中心（Brennan Center for Justice）與我聯絡，該組織正在宣導自動選民登記系統。這是一個資訊系統，除非選民在與州政府互動，像是在登記汽車或取得駕駛執照時，明確表達選擇退出，否則就自動登記要投票。這個資訊接著就以電子方式與選舉辦公室共享，然後這些選民就完成投票登記了。

我希望在讀完這一章後，你能預測到一些影響。預設選項效應的三個管道：輕鬆感、背書和稟賦，在這個例子中將如何運作？因爲它讓登記變得更輕鬆，而且因爲你被賦予成爲登記選民的機會，自動登記應該可以增加登記選民的數量。對於那些信任政府的人而言，這也是一種背書，所以應該會有助於促進登記。對於那些不信任政府的人，此舉可能會產生反效果。但是你能學到的一課就是，我們希望自動登記能產生很大的影響。而它也確實做到了。奧瑞岡州是最早採用自動登記的州之一，你以前可以在監理所登記投票，但你必須選擇加入。在轉換成自動登記之前四年，每個月大約有四千人在那裡完成投票登記。在自動登記生效後，這個數字幾乎增加了四倍，每個月有超過一萬五千人登記。我們不知道這些人最後是否眞的去投了票，或者他們之中的一些人是否本來也會以其他方式完成登記，但自動登記的影響似乎很大。

我也希望這一章能幫助你思考，自動選民登記是不是正確的預設選項。如果像在第4章和本章稍早談到器官捐贈時那樣考慮成本和效益，那我們似乎在處理一個不同的情況。如果一個不想成爲捐贈者的人，卻被錯誤歸類爲捐贈者，他們的家人可能會因此承擔巨大代價，而個人的自主權也沒有獲得尊重。但無論是器官捐贈，還是投票登記，都有許多人想要成爲捐贈者或選民，只是他們沒有時間去做。自動投票登記的關鍵不同在於，即使錯誤地爲不想登記的人完成登記，似乎也沒有不良後果。沒有人被迫投票，你也可以拒絕被登記，因爲這個預設選項很容易更改。事實上，自動登記的支持者認爲，這有安全性方面的優點。與舊的紙上作業系統相比，電子系統使紀錄更及時，也更容易檢測到重複紀錄與變更地址。

人們可能不會就「正確的預設選項是什麼」這件事達成共識，但是正如本章多個例子顯示，他們應該會同意預設選項能造成改變。截至二〇二〇年十二月爲止，包括阿拉斯加州、西維吉尼亞州和喬治亞州在內的二十一個州，已經決議登記投票是正確的預設選項。35

第6章

有多少選擇？

數個世代以來，申請美國大學的學生都是先跑去信箱收信之後，才會發現是否被自己喜歡的學校錄取。壞消息通常來自一個裝有單頁拒絕信的薄信封：「我們對你的申請印象深刻，但很遺憾地通知你……」而一個厚信封則表示被錄取，信封裡頭包含了如何選擇宿舍、如何註冊，以及接下來該如何做出其他令人興奮的決定的相關資訊。

紐約市的八年級學生同樣也要申請高中，但對他們來說，厚信封則代表著壞消息。他們的拒絕信封很厚，因爲裡面有關於該如何申請紐約市其他學校剩餘名額的說明。

瑞德克里夫·薩德勒（Radcliffe Saddler）是一名十三歲的優等生，平均成績爲九四％（譯按：指成績優於九四％的同齡學生），而且是他中學畢業典禮上的致詞代表。❶ 薩德勒的父母在他六歲時從牙買加金斯敦市移民到美國，部分原因就是爲了讓薩德勒和他的兄弟姐妹接受更好與更便宜的教育。到了上高中的年紀，紐約市公立學校系統要求學生對他們想就讀的學校做排名。薩德勒申請了九所非常好的高中，但是與紐約市一〇％的高中生一樣，他沒有被自己選擇的任何一所學校錄取。

薩德勒感到非常失望。在轉搭兩趟市公車回家的那四十五分鐘車程裡，他壓抑住了自己的情緒，最後到家回到自己的房間時才哭了出來。幾天後他這麼說：「我覺得自己不夠努力。看著別人被學校錄取，我覺得自己好像做錯了什麼事。」

爲什麼薩德勒沒有進入比較好的學校呢？也許這與系統的設計者如何展示他的選項

有關。過去二十年來，讓學生競爭進入自己選擇的高中，已經變得很普遍。美國許多都市，包括丹佛、明尼亞波里斯、新奧爾良、紐約和土桑等，都爲學生和家長提供了選項清單，也就是要求每個家庭選擇他們喜歡的學校。在全國最大的五十個學區中，約有一半爲學生提供某種程度的高中選擇清單。

雖然這種學校選擇是有爭議的，但我不打算談論這個問題的政治性。反而要專注於另一個非常重要的層面，那就是父母和孩子該如何選擇學校。父母比學校系統更了解自己孩子的技能、偏好和價值觀。他們知道自己的孩子是否喜歡小班教學、熱衷學習語言、想成爲一名醫療技術人員，或者打算進入世界一流的大學。如果中學體系的行政人員也知道這一切，他們或許就可以爲孩子建議更合適的學校。但他們不能，而且手邊的工作也已經很繁重。被指派與薩德勒一起處理高中申請事宜的顧問，還要輔導三百五十名學生。考慮到家人會與孩子一起做出這個選擇，我們是否可以開發一個系統，來幫助他們取得更好的結果？好的結果就是一所符合學生需求、興趣和能力，以及其他嗜好的學校。對於不同的學生而言，這個適合的學校都是不一樣的，因爲他們有不同的興趣，例如：體育和藝術科目，或者他們對其他特點的感覺不同，比如去學校要花的時間，或者學生的組成等。

要求學生申請高中的學區該如何設計一種選擇架構，才能最有效地爲家庭提供可供他們選擇的選項?我參與了一項研究專案，目的是找到向家長和孩子展示學校相關資訊的理想方法，我很快就察覺，用來展示學校資訊的選擇架構，可能決定一個人的未來。選擇相當受到資訊呈現方式的影響，而這在很大程度上決定了學生的未來。

在設計選項中，學校選擇這個議題突顯了一個最基本的問題：我們應該提供多少選項?有些學區可能只有一兩所高中，但在大城市裡就有幾十所，甚至數百所高中可供選擇。我們是否應該呈現整個清單，不管它有多龐大?如果設計者決定限制選擇的數量，又該如何減量?在設計過程中做出的任何決定，都會對學生的選擇造成重大影響，最後影響他們會去就讀的高中。畢竟，如果選擇名單沒有列入的學校，就不太可能被選中。

紐約市是最早將學校選擇用於公立高中系統的地方之一。在二〇〇三年，它聯絡上了哈佛大學經濟學家與日後的諾貝爾獎得主艾爾文．羅斯（Al Roth）。他與阿提拉．阿布度卡德洛格魯（Atila Abdulkadiro lu）和帕拉格．帕塔克（Parag Pathak）一起設計了一套系統，目的是要促成家庭和學校做出正確的選擇，才能讓孩子進入更好的學校。理論上，這也會對表現不佳的學校施加壓力，要求改進。

羅斯並不是象牙塔裡的理論家。事實上，他自己就接受了紐約市公立學校系統的洗禮，他是厄尼斯特（Ernest）和莉莉安（Lillian）的兒子，父母都是公立高中教師，他們在紐約市皇后區教導工人階級的婦女打字和速記，訓練她們成爲祕書。羅斯曾就讀於馬丁范布倫高中，但從未畢業，他跳過了最後幾門課程，就進入了哥倫比亞大學攻讀學士學位。諷刺的是，這使他成爲拉低馬丁范布倫高中畢業率的學生。

多年後，在獲得博士學位後，他成爲市場設計領域的全球領先專家；經濟學家用市場設計這個詞來描述市場中的參與者，就像學校和學生一樣，必須弄清楚如何取得最佳配對。❷ 舉例來說，羅斯利用市場設計的經濟原則重新設計了全國系統，該系統每年用於將四萬多名醫學生，與幾乎所有專科的住院醫師席次進行配對。當羅斯接到電話，詢問他是否願意將配對市場的概念應用在紐約市高中招生系統時，這個用途簡直再適合不過了。學校想要招募最合適的學生，而家長則想要最好的學校。

這個系統背後的理論很複雜，但基本想法就是，家庭會依照偏好排列學校，而學校則對潛在學生進行排序。有一個演算法應用了這些資訊，來將學生和學校配對，同時對雙方提出最好的結果。在羅斯和他的同事設計的配對系統中，關鍵就是讓家庭誠實地表達他們的偏好。表格上的說明要求家庭對最多十二所可能的高中進行排名，表格中明確指出：「依照你眞實的偏好順序列出高中的選擇，這一點很重要。」

嗯，這能有多難？

首先，要考慮有多少選項。在二〇一九年，紐約市總共有七百六十九所公立高中，分布在四百三十七座建築物中。而紐約市向每位潛在的高中生展示了多少所學校呢？總共七百六十九所。

設計者針對每所高中又提供了多少資訊呢？相當多。在厚達六百二十八頁的《紐約高中目錄》中，每所學校都描述了十七個特定屬性，這本書還廣發給每一個初中畢業生。它的名字很貼切。因爲這本書長達三十八萬字，重約一．四公斤，很像一本舊式電話簿，而且也同樣很難攜帶。爲了反映就學人口的多樣性，它還使用了十種語言，從法語和西班牙語到孟加拉語、韓語、烏爾都語和海地克里奧爾語。不難想像一個八年級的學生，可能不願意在他們的背包裡增加這個重量，於是乾脆讓它躺在學校個人儲物櫃的底部，永不見天日。

此外，高中的素質也參差不齊，因此風險很大，在最好的高中裡，幾乎所有人都能畢業，但在最差的高中裡，只有大約四〇%的人可以獲得高中畢業證書。這個系統儘管看起來笨拙，但已經做了一些改進。選擇，加上關閉經營失敗的學校的積極計畫，提高了紐約市的高中畢業率和其他衡量成功的指標。但這些改善並不全面。在那些處境最不利的孩子身上表現出的進步最少，而且紐約市的高中也明顯缺乏多樣性。❸

對於薩德勒的父母而言，擁有這麼多選項似乎讓人不知所措。據他的母親克勞迪特．薩德勒（Claudette Saddler）表示，這個過程「就像一個大迷宮，而你就像隻小動物，在裡頭四處走動……我很想問：『拜託，有誰可以幫幫我！』我還以爲這對父母來說會比較簡單。」

為什麼薩德勒無法進入他選擇的高中？我們已經知道，在其他領域，更多選擇可能導致較差的決策。在第2章中，我們看到了一個被線上約會應用程式呈現的選項淹沒的人，一開始可能篩選富吸引力的照片，才能將潛在的約會對象減少到更可以應付的人數，但結果往往可能錯過最佳匹配對象的狀況。當家庭開始選擇學校時，也會出現類似的問題。有些家長回報，他們會根據畢業率進行篩選。這本目錄在薩德勒要做決定的那一年，首度列出了這個資訊。乍看之下，這似乎是明智的，進入一所畢業率高的高中，會增加你獲得文憑的機會。但如果很多人都用畢業率來做選擇，他們就會申請為數不多的同一批學校。畢業率達一〇〇%的巴魯克校區高中，在二〇一一年收到了七千六百零六份入學申請，但只有一百二十個名額，錄取率為一．六%。相較之下，哈佛大學當年接受了六．二%申請入學的人。除了極為優秀的學生之外，其他人的錄取入學機率幾乎為零，哪怕是像薩德勒這樣非常優秀的學生也是一樣。學校的選擇就像約會程式一樣，更多的選項可能妨礙了對這些選項的深入理解。

在羅斯和他的同事設計的系統中，是假設選擇者可根據整體偏好，對學校進行排名。因此對於所有可供排名的學校中，選擇者應該可以回報他們的「真實偏好」。但在紐約市的例子中，這個系統要求選擇者從書裡所列的七百六十九所學校中，挑選出最好的十二所學校，再仔細考慮這十二所學校的相對優點。他們需要能區分出排名第十、第十一和第十二最好的學校。考慮到紐約市有七百六十九個選項，這似乎不太可能做到。

組合偏好也可能發揮了作用，父母可能無法在十七項非常不同的屬性之間做出取捨，例如：畢業率和地鐵通勤時間。許多家庭可能很難決定，他們十四歲的女兒是否應該在地鐵上多花二十分鐘，來換取畢業機會提高一〇%。整體而言，羅斯和他的同事設計的系統假設，每個家庭會比實際上更能系統化地思考問題。

如果七百六十九個選擇太多了，那我們該如何找出正確的數字？現在的這本目錄，會引導選擇者選擇可能導致不良結果的合理路徑。但該如何改進呢？爲了知道這一點，我們需要檢視增加選項數量時會發生的兩件事。

設立選擇組

已經有很多關於**選擇過載**的文章，或者像某些領域將其稱爲「選擇的暴政」（the tyranny of choice）。❹ 根據這種觀點，太多選擇是不好的，會讓人對自己的選擇缺乏信心，並延後做出決定的時間。我們即將看到，雖然這個想法受眾人信服，但提供正確數量選項的邏輯更複雜，資料也顯示，「選項越少越好」，並非正解。舉例來說，分別接受德國卡爾斯魯理工學院、瑞士巴塞爾大學和印第安納大學邀約的研究人員班傑明・謝貝恆（Benjamin Scheibehenne）、瑞納・格瑞非納德（Rainer Greifeneder）和彼得・陶德（Peter Todd）進行了研究，讓柏林人從五或三十家餐廳中做選擇。雖然人們認爲，在較大的選擇組中較難做出選擇，但他們做出選擇的頻率仍然一樣。❺

這裡我們可以清楚看到，以整合分析方式統合很多研究結果會有用。關於選項數量研究及其對人們關於選擇感覺的影響，有兩個主要的整合分析。第一個分析結果顯示，改變選項的數量並不會影響人們對選擇的感覺；第二個分析結果則顯示，增加選項的效果非常複雜。❻所謂複雜，指的是增加選項有時會造成損害，但也可能有幫助。心理學家貝瑞・史瓦茲（Barry Schwartz）在同名著作《選擇的弔詭》（*The Paradox of Choice*）中將這個名詞變得廣爲流傳，他在書中如此反思：

> 在學術文獻中，有幾篇發表的論文質疑選擇問題的普遍性。有些研究顯示了效果……有些研究卻顯示了相反的效果：人們喜歡更多的選擇，而且最後做出更好的選擇，也感覺更好。如果你把這些研究全部放在一起，尋找一個平均效果，那個平均效果就是沒有效果。但這並不是因爲這些研究沒有效果。幾乎每項研究都有影響效果，只是

有時候選擇會讓人痲痹，有時卻讓人感到解脫。[7]

從知識上來看，這是有趣又誠實的，但對設計者而言卻是件難事，不是嗎？我們該如何決定正確選項的數量？爲了回答這個問題，我們要知道，當增加選項的數量時，會發生兩件不同的事情。

在第 4 章中，我討論了流暢性和正確性，這是選擇架構的兩個目標。增加選項會以相反的方向影響這兩個目標。爲了理解這一點，請考慮一下這個例子，假設你是一名選擇建築師，遇到擁有五十所高中的都市，就像紐約市一樣，你必須爲高中入學申請設計一套系統，這套系統對每個孩子都是一樣公平的。因爲不是每個家庭都有網際網路，就必須印在紙上，所以你不能爲每個孩子客製學校清單。那麼，增加選項會如何影響這兩個目標呢？

學校會聚焦於不同的主題。有些是職業性的，有些則強調藝術或電腦等主修領域，還有一些則是很出色的大學預科高中。學校的素質也各不相同，地點也很重要。還有其他關鍵屬性：體育專案、校園外觀、可選修的大學先修課程內容、課後輔導選項、課外活動社團等屬性。舉例來說，《紐約高中目錄》就描述了每所學校「在走廊、洗手間、更衣室和自助餐廳內感到安全」的學生百分比。

即使只有五十所學校，但這些因素要全部呈現，來爲家長和孩子創造一個比較簡單的選擇，也是一個讓人望而生畏的設計問題。首先，讓我們將這兩個相互衝突的目標放進情境裡：

- **流暢性：**我們希望人們對自己面對的資訊感到舒適自在，這樣才能眞正參與決策過程。他們不該像薩德勒的媽媽所感受的那樣：不知所措，徘徊在「一個大迷宮裡，你就像隻小動物，在裡頭四處走動」。提供較少選項可以提高流暢性。提供較多選項則會降低流暢性，並導致人們篩除選項。
- **正確性：**我們希望在考慮到他們的偏好和能力之下，提供最可能讓他們獲得最佳結果的選擇。如果排名正確，薩德勒可能會被一所更適合他需求的學校錄取。他選擇了有良好大學先修課程的學校。他的第一選擇是千禧高中，該校有九七%的畢業生繼續攻讀大學。添加更多學校到我們向學生展示的清單中，會增加他們找到理想配對的可能性。但添加選項也會讓他們考慮更少的因素。舉例來說，薩德勒在申請這些學校時，可能沒有考慮過他的競爭者。以他的例子而言，這代表著他會進入第二輪配對，與還有剩餘名額的學校進行配對，這不是他想要的結果。

讓我們在這個例子中增加選項數量，來檢視這兩個重點發揮的作用。假設我們提供了單一選項，將簡化自己對正確性的看法，並檢視向選擇者**展示**最佳選擇的機率。❽由於我們必須向所有人展示相同的清單，所以不能爲每個學生提供客製化的清單。由於我們對將要看到這個選項的學生一無所知，也無法將學校與學生配對。我們這是在盲選，基本上是從五十所學校中，隨機挑選每所學校。對每個特定的學生而言，這所學校就是最佳選擇的機率是五十分之一。盲目展示一所學校不會是好的結果，因爲這所學校可能不是任何孩子的最佳學校。希望學習語言的孩子可能被推薦一所注重工程的學校，或者希望接受零售業相關訓練的人，可能被推薦一所強調海洋科學的學校。此外，學校系統需要平衡學校之間的需求，這也讓系統的後台工作更複雜。

展示兩所學校給了家庭一個選擇，並讓孩子找到合適學校的機率加倍。它仍然不太可能是最好的結果，但兩所學校中的一所成爲最佳選擇的可能性，是二十五分之一。

隨著我們增加選項的數量，從三個到四個，再到五個，一直到五十所學校全部顯示，也增加了最適合該學生的學校被顯示出來的機率。增加更多選擇也會增加爲家長提供更好選擇的機率，直到我們展示全部五十所學校時，就能確定最適合的學校一定在名單裡。

但正如前文所見，選擇太多可能導致人們完全放棄選擇，或者選擇簡化的合理路徑。我們可能展示五十所學校，但家長與學生或許只檢視少數幾所。有許多關於快速決策的悲慘例子，其中一個例子是，有個孩子直到繳交排名截止日當天早上，才匆忙填寫排名表格，而他的父母根本不知道。這就像在早上去學校的校車上才寫作業，這不太可能有好結果。另一名以英語爲母語的學生，選擇了一所以英語爲第二語言的學校，並將其列爲他的首選，只因爲朋友要去那裡就讀。許多學生只排了一兩所學校，根據羅斯的說法，這是一個明顯的錯誤，但中學裡已忙不過來的指導顧問能幫的忙也只有這麼多。

增加可選擇學校的數量，確實會提高**展示**給家庭最佳學校的機會，但這不代表他們眞的會**看到**。隨著選擇變得越來越複雜，人們會因爲檢視較少的選項，或者因爲檢視每個選項中較少的細節，造成看到比較少的資訊。在提高潛在的正確性，以及減少流暢性和搜尋次數之間，存在著取捨。

然而，當我們在檢視這種取捨時，發現有一個平衡點，在這個點上，正確性的提高會被流暢性的降低抵消。這是我們在限制下能做的最好程度，也就是讓兩個因素達到平衡點。我們可以把這個稱爲展示選項的「甜蜜點」，代表在不讓人面對多到無法招架的選項情況下，我們所能達到的最佳正確性。

如果想展示正確的選項數量，我們就要注意增加選項而達成的潛在正確性，以及這些增加選項對流暢性造成的影響。但對設計者和家庭而言都有好消息。改變流暢性有可能讓檢視選項變得更容易。假設我們使用更好的格式，以及更容易閱讀的字體，這就能改變取捨的過程，讓家庭比較不會停止搜尋適合的學校。這也做到了一件重要的事情：我們可以在選擇中增加更多選項，提高展示最佳選項的機率，因爲他們不會那麼快就停止搜尋。

另一種讓決策更正確的方法，就是提高我們呈現的組合的品質。如果我們能從組合中移除糟糕的學校，那麼即使選擇者只是隨機選擇，平均來說也會得到更好的結果。我們在第 4 章討論了劣勢選項，也就是那些眞正糟糕的選項。這些都是從各個角度來看都更糟糕的替代方案。假設有一所學校不安全、畢業率很低，而且在任何領域都沒有日後在大學裡可抵免的科目，即使沒有任何家庭會主動選擇這所學校，卻仍然需要進行篩除這所學校的動作。而且萬一他們沒注意，就可能會選到它。那麼，我們爲什麼要把那所學校包含在選擇組合內？改善選擇組合的一個方法，顯然就是剔除這個選項。這表示看到最佳學校的可能性增加了，因爲家庭不必浪費時間檢視這種差勁的學校。

這教了我們重要的一課：設計者對增加選項的影響有很大的控制權。提供正確選項數量這件事，沒有簡單規則，但一個好的設計者能透過讓選擇更流暢、呈現正確的選項組合，以及密切注意正確選項組合和過多選項組合之間的甜蜜點等方式來提供幫助。

如何展示更多選擇

二〇一三年十月一日，許多中產階級和較貧窮的美國人一覺醒來後面對了一個新世界，他們現在可以透過一站式的保險交易所來購買醫療保險，其中一些保險獲得了大量補助。關於《患者保護與平價醫療法案》，聽說當時的副總統喬．拜登說了這樣的話：那是「一筆他媽的大交易」。但法案實施頭幾天的樂觀情緒，很快就被一連串明顯的失誤所抵銷。許多交易所都遇到了資訊技術系統崩潰的問題。人們為了登入網站面臨長時間的等待，但網站卻因登入需求過多，而無法回應。

這個情況很糟糕，但還有一個雖然幾乎看不見，卻更大的問題：即使大家可以登入，仍然可能沒有為自己選到正確的保險。這可能是個嚴重的問題：歐巴馬健保法案想幫助的那些生活在貧窮線邊緣的人，最後可能得到錯誤的保險，而把本來可以用在日常用品和上學的錢，浪費在並不符合自己需求的不適當保單上。由於這些保險是有補助的，所以納稅人的錢也被浪費了。

研究人員一直在研究一個普遍的問題，那就是員工在選擇由公司提供、當做部分員工福利的各項醫療保險計畫時表現得如何。大多數的公司都試圖為員工提供一套好的選項組合。畢竟，以長期觀點來看，公司鼓勵員工購買良好的醫療保險，最可能讓員工維持更健康與更有生產力的狀態。

但整體而言，人們不太懂得如何選擇好的醫療保險。由行爲經濟學家薩拉巴・巴格瓦（Saurabh Bhargava）、喬治・魯溫斯坦（George Loewenstein）和賈斯丁・塞德諾（Justin Sydnor）進行的一項研究，檢視了一家認爲應該提供多種選擇給員工且眞實存在的公司。❾有四十八個保單爲用戶提供了同一組醫師、醫院和其他供應商。不同之處只是這些計畫的成本管理方式。有些保單提供較低的付現成本（out-of-pocket cost），這點很好，但這些保單的保費卻更高。因爲有某些保單，一旦把較高的保費合計起來就會發現，你最後付的費用，都會超過你在提供較低自付費用的保單上省下的金額。無論你使用了多少醫療保險，都會爲這些計畫支付更多費用。這些低自付費用的保單就是劣勢選項的本質。如果你選擇了其中一個，你最後就會爲同樣的保險內容付更多錢。選擇這些計畫中的一個，就像在商店貨架上看到兩包相同的肥皂，然後買了比較貴的那個。

保險業界早已人盡皆知的一個事實就是，人們眞的很不喜歡爲醫療保健支付自付費用。畢竟，你每個月已經支付了這麼多保費，卻還得再次掏腰包才能眞正獲得服務。爲了減少在醫師診療室支付的費用，人們似乎願意支付更高的保費，即使整體的保險費用更高也無所謂。

在這三名經濟學家研究的公司的四十八項保險計畫中，有三十五個完全是糟糕的交易。然而，該公司員工中超過一半的人，卻選擇了這種更昂貴的保險，結果每年平均要爲同樣的醫療保險多花三百七十美元。雪上加霜的是，這些錯誤更常見於那些年收入低於四萬美元的工人，還有女性、老年雇員和慢性疾病患者身上。

人們會在新的保險交易所犯類似的錯誤嗎？根據居住的地方，消費者會見到非常不同的選擇組合。有些州提供了小範圍的選項，但像猶他州就提供了超過一百個選擇。這會不會太多了？它是否改變了人們對做出選擇的感覺（也就是選擇的流暢性）？這會不會影響他們是否選擇了正確的保險（也就是他們是否做出了正確的選擇）？醫療保險的選擇有很多層面，讓我們看看你是否能選擇最具成本效益的選項。請看下頁表中的八個選項。

如果我要你去找出最便宜的保單，而暫時忽略保險品質等因素，你可能還是會覺得很難。即使我說了你未來多久會看一次醫師，以及要支付多少自付費用，這個選擇也仍然讓人望而生畏。我已經向包括麥克阿瑟獎得主在內的一群聰明經濟學家和心理學家提出了這份決策表。他們都覺得要做這個決定相當痛苦，在幾分鐘之後，大多數的人都懇求我告訴他們正確的答案。不過這只是購買醫療保險的人所要面臨的選擇中的一個簡單版本。

向選擇者展示的八個醫療保險選項

醫療計畫	每月保費	醫師門診定額手續費	每年自付額
A	$435	$10	$200
B	$376	$28	$735
C	$425	$18	$380
D	$545	$15	$150
E	$600	$5	$100
F	$369	$40	$850
G	$417	$10	$550
H	$392	$20	$680

我擔心選擇架構在保險交易所上能否發揮作用。如果要成功得利，人們就必須能做出正確的選擇。在交易所問世前，我與一群共同作者便研究了類似這樣的決定。[10]人們會覺得選擇保單的過程流暢嗎？又有多正確？爲了理解歐巴馬健保法案可能帶來什麼狀況，我們使用了在第4章說明過的決策模擬器。

我們展示了實際的保單給數百名潛在客戶，以及可能在交易所購買保險的網路參與者。這是我們提供的簡化交易，類似於上表，我們要求他們選擇最具成本效益的保險選項。我們告訴他們去看五次醫師，自付額爲二百美元。在現實生活裡，他們必須估計會用到多少醫療照護，但爲了實驗方便，讓他們知道會用到多少醫療照護，應該會更容易選擇。爲了確保他們會認眞思考，我們提出如果他們能夠從選項中選出最實惠的保單，我們會提供更多錢。如果能選出最具成本效益的保單，他們將獲得十美元。如果選擇了最差的保單，就只能得到最低金額二美元。⓫ 付錢確實讓他們更花費心思思考。他們花了比平常大約多三〇%的時間來做出選擇。

一組參與者從四個選項中選擇，另一組則從八個選項中選擇。後來我們問他們對做出選擇的信心如何。儘管這聽起來很像在詢問正確性，但這是衡量人們對選擇的感受，而不是他們是否眞的選擇了正確的選項。結果是明確的，他們對於要從更多選項中做選擇，感到信心不足。雖然主觀的自信和做出正確選擇，這兩件事出乎意料地毫無相關，但在看到八個保險選項時，他們的選擇的確比較糟糕。

這表示我們的網站應該僅限於展示四個保險，但這是不切實際的。保單和保險購買者在許多重要方面都有所不同，就像各所高中一樣。有些保單提供很好的心理醫療保險，而另一些則爲孩子提供了很好的保險。交易所需要提供足夠的選項，來處理所有差異。但如同我們先前見到的，更多的選擇也可能導致人們放棄選擇、不看所有的選擇，或者採取合理路徑，比如自行篩選，而這可能導致錯誤的選擇。

這對設計者是一個嚴峻的挑戰。醫療保險會阻礙流暢性。一方面，想到你或所愛的人生病，就是會讓人不開心。但另一方面，保單上有許多陌生和困難的術語和概念。就拿英文爲「deductible」的**自付額**來說，這是你必須在保險理賠前，從自己口袋裡支付的金額，儘管你從英文名本身看不出這個意思。有些人還誤解了它，以爲這是因爲買了保險而省下的錢。人們也誤解了**定額手續費**，這是你爲了醫療而自己負擔的費用。重申一次，這些都不一定是直觀上能看懂的標籤。

看起來保險交易所的設計者被卡住了。他們需要提供更多的選擇，但如果這樣做，人們會在心理上放棄選擇過程，而做出更糟糕的選擇。你該如何讓這些選擇更流暢？如果我們能做到這一點，也許就能提供更多選擇，而不讓人抗拒選擇。

要選擇最具成本效益的保險是困難的，因爲沒有單一的價格標籤。有每月保費，但還有自付額、定額手續費和其他項目，例如：合作醫療服務網內和網外成本（in-network and out-of-network costs）。即使你知道自己要用到多少醫療照顧，而且了解這些名詞，要算出一份保單的成本也需要投入大量的工作，而且隨著你添加更多選項，計算的工作量也會增加。

要計算範例表中的成本，選擇者必須：

1. 將每月保費乘以十二。
2. 將定額手續費乘以預期必須去看醫師的次數。
3. 計算出付現成本或每年自付扣除額是否較小；以及
4. 將步驟一至三中的三個數字相加，得出總數。

這是一個很浩大的工程，而且必須做八次，每個保險要做一次。感覺就像在填稅單，不是嗎？

針對流暢性的解決方案是什麼？我們就直接幫他們做好了數學計算。下頁的表和任務與前述那張表相同，但我們添加了顯示成本的第五列。當我們做了這個簡單的改變時，人們發現這個複雜的選擇變得更流暢，而且呈現四個或八個選項之間的差異消失了。即使我們將選項數量增加了一倍，人們也同樣感到自信和正確。

這並不是一個特例。雖然許多增加選項對流暢性造成影響的相關研究經過整合分析，顯示出選擇超載效應其實很小，而當選項越多時，選擇就越不流暢，但這種效應相對較小（事實上，在一項整合分析中已經小到可以忽略不計），而且結果發現很容易使其消失。由亞歷克斯．切爾涅夫（Alex Chernev）、烏爾夫．伯肯荷特（Ulf Böckenholt）和約瑟夫．古德曼（Joseph Goodman）共同進行的整合分析顯示，就像我

同樣的選擇，但附帶計算器

醫療計畫	每月保費	醫師門診定額手續費	每年自付額	每年總成本
A	$435	$10	$200	$5,470
B	$376	$28	$735	$4,852
C	$425	$18	$380	$5,390
D	$545	$15	$150	$6,765
E	$600	$5	$100	$7,325
F	$369	$40	$850	$4,828
G	$417	$10	$550	$5,254
H	$392	$20	$680	$5,004

們這個計算器例子中的選擇架構，會比增加選項數量造成更大的影響。切爾涅夫和他的同事檢視了改變選擇架構和改變選項數量的研究。重點就是，好與壞的選擇架構所造成的效果，是增加選項數量造成的效果的三倍以上。這對設計者而言是個非常好的消息。你可以讓人們對擁有更多的選項而感到滿意。

這裡有一個選擇學校的例子。在某些城市，學校列表是按字母順序排列的，就像電話號碼簿一樣。如果你要找一所你聽說過的學校，這個做法可能會很有用，但是否有人想要選擇一所以特定字母開頭的學校來申請入學，則是値得懷疑的。如果我們能用更有相關性的方法來將這些學校分類，可能效果會更好，比如種類，將有大學先修課程的高中分爲一類，將職業高中分爲另一類等，另外也可以用地點來分類。

回到醫療保險的議題，更多選項不僅讓人對自己的選擇感到更糟（這就是大家通常說的選擇超載），而且也做出了客觀上更糟糕的選擇。舉例來說，在我們的第一項研究中，選擇者在有四個選項的情況下，有四二％的機率選擇了正確的保險；但有八個選項時，卻只有二〇％的機率選擇了正確的保險，資料顯示，他們可能還不如憑空猜測。

因爲我們用了選擇模擬的方法，所以知道對一個家庭最好的選擇是什麼，並可以估計缺少選擇架構的成本。例如在第198頁的表格中，最便宜的選項是F。假設一個購買者不想做每月保費的乘法運算，決定只看最便宜的定額手續費和自付額，那他就會選出選項E。這條合理路徑看似明智，但其實很昂貴。選項E和F的成本相差將近二千五百美元！在我們的研究中，我們也能看到買保險的人，在有選擇架構和沒有選擇架構的情況下表現如何。在沒有選擇架構時，人們的選擇結果相當糟糕，每個家庭平均會多付五百三十三美元。

我們嘗試了很多方法，包括對他們提供第198頁表格中的每年總成本。這不僅讓他們對自己的選擇感覺更好，也讓他們的決策更準確，錯誤減少了一半。由於我們知道正確的答案，所以可以將其設定爲預設選項。當我們把計算器和預設結合時，選擇者做得很好，他們的錯誤只造成七十二美元的成本。最重要的是，在有選擇架構的時候，無論他們是從四個或八個選項中做選擇，在選擇品質上都沒有顯著差異。選擇架構克服了選擇超載的問題。

你可能認爲這是特殊情況，因爲我們告訴了人們他們的保險使用情形，但其他研究人員也表示，即使人們不知道保險的使用情形，只要提供保單成本的估計值，也可以改善選擇。⓬

我們的研究顯示，較好的選擇架構可以爲醫療保險購買者節省超過四百五十美元，這是「歐巴馬健保法案」行銷對象半週的平均工資。而爲醫療保健計畫選擇提供有效的選擇架構，節省下來的潛在金額則超過九十億美元。

受此啓發，我們決定做自己的整合分析。這與前兩個分析不同，因爲它提出了一個不同的問題，問的不是人們對他們的選擇感覺如何，而是增加選項的數量會不會影響正確性。我們專注於有使用決策模擬器的研究，也就是研究人員知道正確答案的研究。這項與目前是賓州大學華頓商學院研究生的鄧肯，和西北大學凱洛格管理學院整合分析專家伯肯荷特合作的研究，主要是觀察在增加更多選項時，正確性會如何變化。我們發現更多選項可能影響正確性，但只在沒有選擇架構的情況下做出決策時才會發生。有選擇架構時，就沒有不利的影響。

聰明地使用選擇架構，可以讓我們在不降低流暢性的情況下增加選項，讓每個人都更能做出最佳選擇。因此「有多少選項？」是一個錯誤的問題。選擇建築師該問的正確問題是：

1. 我們如何更流暢地呈現選項？
2. 哪些選項最可能產生正確的選擇？

回到學校的案例

讓我們以重溫薩德勒的故事當做本章的結尾，他的故事最後有了一個圓滿的結局。通常，在第二輪可以選的都是表現不佳的學校，畢業率較低，通常是大型社區裡的學校，或被警告可能退場的學校。幸運的是，薩德勒提出了申請，並被一個剛剛成立且仍有空缺的新學校錄取。這不是他原先想要的那種有大學先修課程的學校，卻是一所專攻資訊科技工作的創新學校。他進入的是由ＩＢＭ共同贊助的「科技學校之路」高中，這所學校包括兩年的大專課程，已經完成傳統四年高中課業且成績優秀的學生，可以直接進入這個兩年大專計畫，並於完成後獲得副學士學位。薩德勒在該校是一名出色的學生，在他加入這所學校兩年後，他取得了二十一個大學學分，並通過了紐約州高中鑑定的五科測驗考試。那一年，學校舉行了一場全校比賽，挑選一名學生來介紹學校的一位特別演講來賓，那位來賓就是當時的總統歐巴馬。比賽的獲勝者就是薩德勒。他的兩分鐘介紹詞進行得很順利。根據薩德勒自己的說法：「這眞的很酷。我想過他會和我握手，但我眞的沒想到他會擁抱我。」⓭

現年二十四歲的薩德勒在ＩＢＭ擔任助理設計者。這是一個比我們預期的更快樂的結局。但請記住他原來的目標：進入一所高中，並爲接下來四年大學的學位做準備。我們仍然好奇，如果紐約市學校配對計畫的設計者，能夠幫助他在第一輪中就做出更好的選擇，會發生什麼事。

第7章 排序

二〇〇〇年末，在選擇架構這個名詞還沒出現之前，美國就開始關注一則相關的新聞報導。佛羅里達州的大選計票結果非常接近，在五百八十萬張選票中，兩位總統候選人只差了五百三十七張票。這會決定誰贏得該州的選舉人團（Electoral College，譯按：美國總統選舉的特殊制度，各州的選舉人團票會一致投給該州獲得相對多數選民票的候選人）票：是喬治·W·布希，還是高爾。

這個選擇架構的問題是很根本的：已經列入紀錄的選票，是否反映了選民的眞實偏好？此處存在重大疑問。也許人們並不知道奇怪的「蝴蝶選票」（butterfly ballot），也就是勾選框與候選人的名字並沒有對齊的選票設計。就算他們知道，也還有關於什麼才構成有效選票的問題。大家當時每天觀看重新計票的報導，檢查人員爭論著選票的打孔是否明顯打穿了，因此創造了當時很流行的「懸孔紙」（hanging chad）這個名詞。不過，當時還有另一個影響因素，仍然影響著今天的投票選擇。

在佛羅里達州，小布希的名字在每張選票上都排在第一位。爲什麼呢？有些人認爲，選票上的這種排序，是因爲該州的傑布·布希（Jeb Bush）州長是小布希的弟弟，但眞正的原因沒有那麼邪惡。事實證明，這是該州的法律規定。一九五一年，由民主黨主導的佛羅里達州政府通過了一項法律，要求現任州長所屬政黨的候選人，在每次競選的選票都排在第一位。由於傑布·布希是共和黨人，他的政黨在所有選票上都會排在第一位。有鑑於選舉結果差距極小，這種微妙的選擇架構挑選，是否有助於決定誰將成爲總統？

伍德羅．威爾遜（Woodrow Wilson）在約翰霍普金斯大學取得政治學博士學位後，成爲美國第二十八任總統。他認爲選票上的排序是有影響的。在一篇名爲〈捉迷藏政治〉（Hide-and-Seek Politics）的文章中，他寫道：

我見過一張上面印有幾百個名字的選票。它比一頁報紙還大，而且像報紙一樣印著密密麻麻的欄目。當然，沒有哪一個選民可以憑智慧投這樣的票。在十之八九的情況下，他只會在每個候選職位下面勾選第一個名字，所以名字排在最前面的候選人就會當選。根據紀錄，過去也曾有過這樣的情形，精明的公職候選人在知道自己沒有其他機會當選的情況下，就把自己的名字首字改爲英文字母排序在前的字母，準備在這樣的選票上競選。

改名字，才能讓你在選票上占到先機，不應該讓你因此得到擔任公職的資格。候選人的名字在選票上排在第一位，無論是因爲選舉法規還是隨機選擇，都不該決定選舉結果。威爾遜是不是發現了什麼？

有些州通常會按郡別，對候選人在選票上的排序進行隨機分配，❶這讓我們得以看出排序是否重要。我們可以計算候選人在選票上排在第一位時獲得選票的百分比，並將其與當他們排在最後一位時獲得選票的百分比進行比較。史丹佛大學政治心理學家瓊．克羅斯尼克（Jon Krosnick），多年來一直在研究這種所謂的選票排序效應（ballot order effect）。在二〇〇〇年的總統大選中，克羅斯尼克和他的同事研究了選票排序如何影響著三個州的投票：加州、北達科他州和俄亥俄州，都採用候選人名字隨機排序方式。在這三個州中，當布希的名字排在第一位時，獲得的選票都比他排在最後一位時多。差距在加州爲九．四五%，在北達科他州爲一．六五%，而在俄亥俄州則爲〇．七六%。

在所有兩個候選人的選戰中，名字排在第一位的平均優勢約在一%到二%之間。在無黨派選舉和初選時，這種影響更大。爲什麼呢？在無黨派選舉和初選中，消除了人可能會用來輕易做決定的一個合理路徑，也就是按政黨投票。一項針對德州不太具知名度的初選投票結果的研究顯示，在選票列出候選人名字爲隨機排序時，排在第一位的候選人得票數增加了一〇%。結論是，當候選人知名度較低時，或者用政治學的語言來說，當選民是由「低資訊」選民組成時，排序效應會比較大。

聖休士頓州立大學經濟學家達倫．格蘭特（Darren Grant）所寫的一篇論文，描述了一場選票排序效應的「完美風暴」。兩個名不見經傳的候選人有相同的姓，格林

（Green），和常見的名字，保羅（Paul）和瑞克（Rick）。他們在競選州內共和黨最高法院提名，所以政黨不會造成影響。研究發現，無論哪一個格林在某郡選票上排在第一位時，都得到二〇%的優勢。❷

讓我們把這些影響力說得更具體一些，在每一場選戰中，競選團隊都會花費數百萬美元努力爭取選票，並認爲結果如果新增二%，就是一場很大的勝利。即使是最溫和的選票排序效應，也能讓候選人不必花錢，就獲得同樣的新增票數。❸

當然，在二〇〇〇年的佛州選票上，牽涉到的是知名的候選人。但由於小布希和高爾相差僅五百三十七票，所以只要少數選民在投票時會投給他們看到的第一個名字，小布希就能贏得選舉。只要有極少數選民，大約每二萬五千名選民中只要有一人，也就是全體選民的〇．〇〇四五%，單純只是因爲這個名字在選票上排在第一位，就勾選了這個名字，那麼光是選票排序這一點就會決定誰是下一任美國總統。如果排序方式不同，比如把高爾排在第一位，或者在每個郡隨機排序，歷史就可能改寫。排序可能是造成佛州總統大選結果的一個因素。排序效應壓過了總票數的差異，以及媒體廣爲宣傳的懸孔紙或蝴蝶選票造成的影響。

我們永遠無法確定，佛州的大選結果是否取決於誰的名字排在第一個。但看起來很明顯的是，我們應該對所有選票排名作隨機分配。沒有人會建議我們要用拋硬幣，而不是舉行選舉的方式來選擇總統、參議員、市長或市議員。但仔細想想，如果我們是用拋硬幣來決定選票上的排名順序呢？這正是我們在勢均力敵的選戰中所做的事。如果排序效應大於候選人的民調差異，那麼拋硬幣的結果就可能決定誰會當選。只有大約十二個州，在部分或全部選舉中會完全改變選票上的排名順序。最好的機制可能與俄亥俄州採用的方法類似。他們先以字母順序開始，然後在各選區輪流排序。其他州也會這樣做，但只在部分選舉如此安排。比方說，德克薩斯州只在初選時改變候選人排名順序，可能是因爲在初選時不能依黨派偏好投票，所以在初選時的排序效應可能更大。

其他三十八個不控制排序的州，可能採用其他將影響降至最小的方法。但德拉瓦州的做法當然就不是一個好主意，該州法律要求民主黨總是排在首位。而像麻塞諸塞州那樣讓在任者排在第一位，就增加了在任者的優勢。從理論上來說，最好的方法就是改變順序，讓每個選民看到的都是不同的排序結果，但這似乎很難實現，尤其是在紙本投票情況下。一個很好的類似做法，是改變投票所、選區或郡之間的排序。重要的是要了解，系統化地改變選票上的排序，並不會讓選票排序效應消失，只是會平衡它的效果。與此形成鮮明對比的是在大約七個州裡實施的替代方案，這些州由指定官員控制選票排序，簡直就是賦予他們影響選舉的權力。

自二〇〇〇年以來，有什麼變化嗎？與排序效應最常被相提並論的政治心理學家克羅斯尼克認爲，選票排序也對二〇一六年大選造成了不同的結果。川普的名字，在幾個關鍵州如威斯康辛州、密西根州和佛羅里達州等的選票上都是排在第一位，而他也在這些州以些微優勢獲勝。當然，希拉蕊的名字也在一些民調相近的州的大選選票上排在第一位。二〇一九年，民主黨在包括佛州在內的數個州內提起訴訟，要求選票排序採取隨機分配方式。在佛羅里達州，他們贏得了初審裁決，但後來又被推翻，於是共和黨候選人在二〇二〇年的選票上再度排在第一位。❹

排序的重要性

你可能會對一些無法控制的事情感到無法接受，像是清單上選項的順序，居然會影響我們決策的這個想法。或者你可能認爲，排序可能影響我們較不重要的決定，比如該買哪種冰淇淋。但對於重要的選擇，像是去上哪一所學校，或者購買哪一個共同基金等，排序是否重要呢？

現實情況就是，這些影響可能很重大，但乍看之下，想要解釋清楚又很複雜。在看了關於大選投票的內容後，你可能認爲，列在第一個總是最好的，但有時列在最後一個才是最好的。

這些結果看起來太複雜了，以至於設計者可能只想兩手一攤直接放棄。事實上，由於很難清楚地解釋排序的影響，所以我在撰寫本章時也很掙扎。但後來我理解了兩件事。第一點，排序的影響可能非常重大，經常與預設選項的影響一樣大。還記得變更預設選項，可以增加候選對象二〇％以上獲選的機率嗎？而且跟預設選項一樣，設計者很容易變更選項的排序。在網路上，你可以透過簡單的程式碼更改或點擊滑鼠，就對表格完成不同的排序。第二點，雖然結果可能看起來複雜，但排序效應的驅動因素非常簡單，也很容易解釋。只要透過了解驅動因素，我們就能了解它造成的效果。

第一個驅動因素是一組因素，可以讓排序清單上的初始選項，比在清單後面出現時更容易被選到。當排在清單前面會有幫助時，我們稱之爲**「首因」**（primacy）。假設你拿到一份冰淇淋口味的清單，上面有五十七種選項。如果排在第一位會讓你更有可能選擇那個口味，那麼我們就看到了首因的作用。我們很快會對此深入研究，但首因的驅動因素，是我們先前討論過的因素的近親。人們不一定會搜尋夠多的資訊，不同的排序會改變我們回想記憶來組合偏好的方式。你可能會從頂部開始閱讀清單，然後在還沒看到底部前就停止閱讀。第二個驅動因素是一組偏好在清單中排名最後的因素，我們稱之爲**「近因」**（recency）。近因是表示清單中排在後面的選項可以取得優勢。如果我複述了冰淇淋口味的清單，而你始終都選擇最後一個口味，那你所表現的就是近因的效果。近因同樣取決於記憶，但是方式完全不同。當我們處理一長串的選項時，有可能會忘記之前的選項。

當我們不控制資訊流時，通常就會出現這種情況。我們在看選票時，可以決定要看什麼與什麼時候看。對於寫在紙上的菜單也是如此。但看著有五十七種口味的冰淇淋清單，和聽到有人逐一念出它們，就形成了鮮明的對比。在這種情況下，是他們而不是你控制了要顯示哪些資訊。你需要記住他們說的所有話，才有機會做出選擇。若忘記了任何口味，它就不會被你選中。花式溜冰的裁判也是如此。表演者按順序上場，所以要比較一個溜冰者和另一名的表現，裁判必須依靠他們的記憶。隨著每一位後續的花式溜冰選手上場表演，裁判對先前表演者的記憶就不可避免地變得模糊。等到最後一個溜冰者出場時，對第一個溜冰者的記憶已經大幅退去。此時的比較，已變得一點都不公平了。

首因和近因在不同情況下各有其重要性。舉例來說，當我們使用一個網站時，首因可能會出現，但如果與同事討論我們的選項時，就可能會出現近因。爲了理解這點，我們需要了解是什麼造成了首因和近因的效果。

當第一個就是最好的時候

在牆上從上到下列出的一長串冰淇淋菜單，是很好的首因展現。但想像一下，如果它只有十二種手工口味，每個口味都詳盡描述成幾乎像是一篇文章，還包括冰淇淋的成分在內。第一種口味叫做水果百匯。接著的敘述說明了這種正是你最喜歡的一種水果，是如何正處於產季高峰，而冰淇淋製造商更是精心挑選了水果混合搭配。它繼續詳細介紹了水果的種類、產地、如何有機又健康，以及冰淇淋成分和他們投入的準備功夫。清單上的第二種叫做巧克力慕斯，由優質巧克力和美味的利口酒製成。第三種叫酥脆太妃糖，第四種叫椰子雪酪，依此一直排列下去。你光是看著清單就感到筋疲力盡，而且還沒讀到一半時，舀冰淇淋的人就問你想要點什麼口味。

由於你已經讀過關於組合偏好的內容，因此對究竟怎麼回事有一些了解。當你讀到關於水果百匯的內容時，想起了所有過去的例子，記得水果完全成熟的樣子，你想著它們的外觀，甚至能想像它們在冰淇淋裡是什麼味道。當你看到清單上的巧克力慕斯時，幾乎沒有想起什麼。你可能會說：「當我看到『百匯』這幾個字的時候，他們就已經推銷成功了。」

但如果慕斯是第一個選項，又會發生什麼事？你腦中可能會想到天鵝絨般的慕斯，以及甜巧克力與利口酒濃郁風味的對比，你會很難想起百匯凍糕。

這些在提問方式上的差異，加上先前描述過使用了提問理論和抑制後，可以造成選擇的改變。當我們做選擇時，會將一個選項認定爲暫定的最佳選項，或當前的第一選擇。當我們考慮其他選項時，會將它們與這個暫定的第一選擇進行比較，然後一件相當了不得的事情發生了：我們會傾向於扭曲自己見到的資訊，讓它變成有利於這個第一選擇。我們會優先看到暫定選項的優點，而很難記住其他選項。在冰淇淋的例子中，我們的評價取決於排序。這種扭曲在研究中似乎很常見。韋伯和我稱之爲**「扭曲的決定」（decision by distortion）**。❺

康乃爾大學教授杰・盧索（Jay Russo）算是個美食家。他與同事柯特・卡爾森（Kurt Carlson）和瑪格麗特・梅洛艾（Margaret Meloy）於二〇〇六年進行了一項研究，內容是用排序來改變人們選擇的餐廳。他們要求參與者在兩家餐廳之間做出選擇，而這兩家餐廳都描述了各自的特色。兩家餐廳都是很吸引人的選項，但受歡迎程度各不相同。五九％的參與者更喜歡A餐廳，而B餐廳在一個重要屬性上明顯表現更好，那就是甜點，但這並不足以吸引更多人選它而不選A餐廳。一週後，同樣的參與者再次回來對同樣的兩間餐廳做選擇，但透過改變名稱和格式，原來的描述也加上了一點僞裝。不過，盧索和他的同事做了一個重要的改變，他們改變了資訊的呈現順序。現在，比較不好的餐廳的最佳屬性（也就是指以前被稱爲失敗者的B餐廳的甜點）會首先出現。以較差餐廳的強項率先出現的方式，改變了大家的選擇。這家不那麼好的餐廳被選中的機率，從原先的四一%變成了六二%。只是改變這兩間餐廳的呈現順序，就讓原來亞軍的市占率增加了四三%。這是怎麼做到的？盧索和他的同事認爲，當人們想到B餐廳的甜點時，他們對A餐廳的其他特色，相較於B餐廳而言，就相對不那麼正面。他們要求人們對這兩家餐廳的屬性進行評價，而正如我們所預測的，當人們首先看到甜點時，他們對B餐廳的所有屬性都帶著比較好的看法。人們還認爲另一家餐廳的特色不那麼吸引人，雖然這是跟一週前同樣的屬性。「比較好」的餐廳提供的禮貌服務，現在似乎就不那麼吸引人了。B餐廳在用餐結束時的甜點閃閃發光。僅僅根據呈現順序，偏好組合的方式就會不同。

僅僅透過改變屬性呈現的順序，就能增加一家餐廳的相對市占率，這是相當令人印象深刻的事。盧索和同事發現呈現順序造成了巨大的差異，於是他們詢問選擇者是否認爲順序影響了他們的選擇。幾乎所有人都否認呈現順序造成了差異。

但當選項清單變長時，也會發生其他支持首因的事。生活中充滿了有很多選項的選擇。還記得威爾遜的那幾百名候選人嗎？這個說法可能有點誇張，但長的選票確實存在，舉例來說，二〇二〇年在民主黨總統提名初選中，那二十五名活躍的主要候選人，或者二〇一六年在共和黨總統提名初選中，那十七名共和黨候選人。在本書中，我們也看到了其他很長的選項清單，從高中的選擇到約會應用軟體的潛在約會對象都是。在這些冗長的清單中，人們可能只會檢視他們的幾個選項。

當人們搜尋得太少，並且沒有順著清單往下看很多時，也會出現首因作用。如果清單不流暢，首因效果就會更強，而多數選票都不流暢。清單越不流暢，人們考慮的選項組合就越短，而首因效果就越強大。

在第6章中，我們提到人們因爲過早停止搜尋清單，而錯過了最佳選項。我們在這裡也是面對同樣的現象，因此更仔細研究搜尋和選擇之間的關係。當人們太快停止搜尋時，就只會從一組較小的選項中做選擇。如果一個選項沒有被看到，就不會被選中。這個首因的驅動因素，有助於解釋爲什麼第一個呈現的選項，或接近第一個會是最好的安排。如果只有首因重要的話，那麼威爾遜的說法就是對的，爲了在生活中出人頭地，在遇到按字母順序排列的清單時，把你的名字改成艾克（Aaker）或亞倫（Aaron），然後就這麼過下去就是了。

研究人員喜歡計算**選擇者**應該做多少搜尋。這是因爲何時該停止這個問題，可以透過統計優化來解決。不讓人意外地，在經濟學與應用數學方面，有大量關於最佳停止點的文獻。相關研究著眼於在結婚前該考慮多少名求婚者，以及在某個特定角色決定前，該面試多少名候選人。諷刺的是，一個專注於優化搜尋的職業，本身竟然成爲排序效應的犧牲品。如同下一節會看到的，經濟學家找到彼此工作成果最重要的方法之一，也受到嚴峻的排序效應影響，而且這種影響已經大到讓整個領域完全改變了選擇架構。

排序對經濟學家的影響

每週一早上，美國國家經濟研究局都會向一份有二萬三千人的郵寄清單，發送一封描述新發表研究報告的電子郵件。該局是一家私營的非營利研究機構，以宣布經濟衰退的開始和結束而聞名，這份研究報告清單很重要，因爲經濟學方面的論文報告，可能需要幾年的研究後才能發表。

每封電子郵件都列出了當週發表的論文報告標題、作者、簡要描述和下載連結。每個人都會收到一份編輯和讀者認爲是隨機排序的清單，而且編輯沒有控制哪些論文報告被列在哪裡。排序純屬偶然。這份名單通常很長，我最近看到的一封電子郵件中有三十六篇進行中的研究報告，並且充斥著（對經濟學家而言）激勵人心的標題，比方說，〈全球貿易和農業生產率的利潤分析〉和〈解讀貨幣聯盟內部貶值對整體經濟的影響〉等。

由於從提交著作的經濟學家到清單的編撰者，所有參與這個每週清單製作的人，都認爲清單的排序是隨機的，所以排序應該不重要。絕對沒有理由會讓人認爲，清單中的第一篇報告就會比較好，最後一篇就比較差。排序並不傳達任何資訊。

但即使對這些經濟學家而言，排序仍然有影響，因爲他們也不會看完所有的報告。排在清單的第一位，代表著你的報告摘要的閱讀次數，會比第二位的報告多三三％，下載次數也多二九％，而且這些百分比還會依序遞減。❻

學術界衡量成功最重要的一個標準就是引用次數（citation），也就是其他學者在論文中提到你作品的次數。引用次數在大部分大學獲得終身教職，以及吸引其他大學提供工作機會方面，都有很重要的作用，當然，這也是自我吹噓的來源。事實上，引用次數已經重要到，讓統計研究人員作品被引用次數的一個叫做「**h指數**」（h-index）的指標，經常在學者之間被拿來做比較，這是衡量一個人職業生涯中作品被引用次數的數值。當一位知名學者在會議上走過時，其他學者會提起他們的 h 指數（「我認爲喬治是一位了不起的學者，但珊卓的 h 指數要更高得多」）。引用次數眞的很重要。

排在像這樣的隨機列表中的第一個有幫助嗎？當然有。丹尼爾・芬伯格（Daniel

Feenberg）與同事透過追蹤一篇研究報告在隨機出現於清單第一位後，兩年內被其他學者在研究報告中引用的頻率，檢視了這個作品隨機第一個出現的效果。他們發現，在美國國家經濟研究局的清單上第一個出現後，會造成論文引用次數增加二七％。由於排序本身不包含任何資訊，人們可以從清單上任何地方開始閱讀，而不一定要從頭開始。而且要瀏覽清單也很容易。但是證據卻顯示，經濟學家閱讀和引用排序在最上方的報告的頻率更高，即使它們不是清單上最好的報告，只是機率因素而排在第一位。研究群甚至控制了論文在其他地方列出時的受歡迎程度，但是他們仍然發現排序本身確實有很大的影響。

這是一個關於隨意選擇架構的好例子。美國國家經濟研究局的工作人員在沒有考慮後果的情況下，挑選了一個選擇架構工具，那就是排序。當他們發現自己的設計有這種效果時，這群老練的設計者做了什麼呢？這些經濟學家採用了一項新政策，目的是盡可能減少排序效應。每封發出去的電子郵件，都以不同的隨機排序方式列出這些研究報告，也就是說，每個讀者都收到了獨特的排序清單。這當然平衡了所有排序效應。這個組織的主席詹姆斯．波特巴（James Poterba）表示：「選擇架構是經濟選擇中一個重要但尚未被充分研究的層面。」當被問到他們爲什麼要採取隨機排序時，他回答道：「一旦察覺到可能的偏見，追求解決之道幾乎就是自然的預設行爲。」這是讓排序效應降到最小的自然方式，但可能不是解決呈現選項問題的最佳方式。想像一下，如果研究報告是按照關注領域分組，比如個體經濟學或博弈理論，這樣每個人都可以挑選他們感興趣的領域來尋找報告。設計者可以利用這個資訊，依照每個人的興趣來排列文件，讓排序變得有意義且有幫助。

智遊網的演算法

論文排序的影響，對引用次數和學術自我觀念都有實際後果。但從經濟角度來說，在網際網路上的排序就意味著更多的金錢。全球最大的線上旅行社智遊網（Expedia）想知道在網站上安排搜尋結果的最佳方式。它認爲重新設計可能對獲利有幫助。它全球收入的七〇%來自假日酒店或萬豪酒店等連鎖旅館以及獨立旅館提供的客房住宿銷售。這是一個比預訂出租汽車和機票大得多的收入來源。大多數的時候，收入來自飯店支付的佣金，而不是廣告收入。如果某種搜尋結果的排序，能比其他的排序方式，更能幫助某人找到和預訂旅館房間，那智遊網就能賺到更多錢。如果消費者沒有預訂旅館房間就離開網站，就表示沒有佣金可以賺。❼

當網站訪客輸入旅遊的地點和日期時，智遊網會回報可預訂旅館房間的清單（平均每次查詢有二十七個可預訂的房間）。為了增加房間預訂量，智遊網開始使用一種演算法，根據與搜尋的相關性，對清單進行排序。這個排名是根據旅館從其他旅客那裡獲得的關注程度，以及與消費者過去購買的物品在價格和品質等方面的匹配程度而決定的。然後智遊網在這個演算法和隨機訂購旅館產生的結果之間進行A／B對照實驗，以檢視排序對銷售的影響。

由於智遊網現在是以隨機方式給旅館排序，紐約大學行銷學教授拉魯卡．烏爾蘇（Raluca Ursu）就可以判斷，當旅館出現在推薦清單中的不同位置時，其銷售額發生了多大變化。假設許多客戶輸入了「巴爾的摩」，並指定了將在某個週末造訪。這樣做的所有客戶都會看到相同的飯店，但是它們在清單中的位置不同。對於某個客戶來說，熱門一號旅館可能排在第一個，不過對另一名客戶來說則可能排在第二十個，以此類推。這讓烏爾蘇得以研究排序位置本身對銷售是否有影響。因此，對客戶來說，最好的旅館可能在列表中的任何地方。旅館在清單上的位置，和它對客戶的適配程度是完全獨立的事項。

由於這份清單已經包含每家旅館相當多的資訊，比如它的名字、價格、位置和品質星級評等，因此合乎邏輯的做法就是掃視清單，然後點擊瀏覽看起來最有希望的旅館。

消費者需要的大部分資訊就在他們眼前。他們應該點擊最適合自己需求的連結。因爲掃視清單似乎很容易，所以你可能認爲排序的影響幾乎不存在。

但在隨機清單中的旅館排序卻造成了很大的差異，排第一的旅館被選中的機率，比排第二的高出五〇％，而且幾乎是排在第五間旅館的二倍。人們很少進行搜尋，有九三％的人只點擊了一家旅館。而這還算是一筆相當昂貴的交易，因爲平均每間旅館每晚的租房費用約爲一百六十美元。

烏爾蘇分析了四百五十萬次智遊網搜尋中的資料。她使用統計模型來檢視排序造成的影響如何轉化爲成本。這些模型可以控制旅館之間的差異（例如：與市中心的距離、有沒有游泳池、房間品質、連鎖店品牌名稱，以及其他方面），這讓她得以了解人們是否應該多進行網路搜尋，以及如果搜尋次數太少時，會造成多少成本。她認爲即使只點擊一次滑鼠，人們也表現得好像搜尋成本很高似的。只要搜尋更多選項，客戶就可以節省更多金錢。平均而言，根據烏爾蘇的計算，消費者如果不用滑鼠點擊另一家旅館，每一次就等於放棄了大約二美元，但這個動作只需要幾秒鐘。讓我們以經濟學家的角度來看這件事：如果我多做一分鐘的工作就能賺二美元，那麼因爲不去搜尋，我就等於拒絕了一個每分鐘可以賺二美元的機會，也就是每小時少賺了一百二十美元。

烏爾蘇還可以使用該模型來檢視，如果智遊網將目前使用的演算法，更換爲根據他們對客戶的預測適配度來排序選項的演算法，選擇者會怎麼做。結果證明，智遊網目前使用的演算法相當糟糕。根據烏爾蘇的推算，智遊網的排序方式，每晚會讓選擇者多花費超過三十美元。與改進後的演算法相較，不依照預測適配度來推薦房間，結果讓消費者支付的價格增加了一九％。如果採用烏爾蘇提出的演算法，智遊網其實也會得到更好的結果，因爲這會使預訂的房間數量增加二．四％。你可能認爲排在第一個永遠是最好的，事實上，對政治競選的候選人、學術論文和旅館訂房飯店來說似乎都是這樣，但這並不能代表全部情況。這些例子有兩個共同點，它們都是大部分內容是文字的清單，而且選擇者可以完全控制他們的注意力要放在哪裡。

失去控制權：當最後一個才是最好時

假設你的伴侶回到家並提議晚上可以去看五部電影中的一部。由於你認爲上網瀏覽網頁查找附近的電影院，以及閱讀電影評論是件煩人的事，所以你非常樂意聆聽伴侶提出的清單。你的伴侶列出了所有的五個選項，並對每一個電影選項提供了一句簡短描述。在這種情況下，你認爲第一部電影最有可能被選中嗎？由於你的伴侶是設計者，他們是否可以對清單進行排序，增加你選擇他們喜歡的選項的機率？他們應該把他們最喜歡的電影放在第一位嗎？

研究顯示，在這種情況下，排在第一個可能不是最好的安排。想想這個例子的驅動因素，推動首因的影響可能發揮了作用，但有些地方是不同的。想像你就是這段婚後談話的聆聽者。你聽到對方說了第一部電影，一部不入流的懸疑片，你很快地產生了意見。你的伴侶接著告訴你一部剛剛推出的浪漫喜劇。你依稀記得看過一篇評論，當你聆聽時，快速地將它與自己對懸疑片的印象進行比較並決定哪一部電影勝出，就是懸疑片。第三部是關於你伴侶最喜歡的樂團的紀錄片（你的伴侶品味很廣泛）。你知道自己想避開紀錄片，所以你試著記住前兩部電影中自己較喜歡哪一部。第四部是動作片，這是一部續集，而你們都討厭前作，所以很快決定放棄這一部。到現在你已經不太記得第一部電影是什麼，只記得喜歡它勝過浪漫喜劇。最後，你的伴侶提起了第五部電影，又是一部懸疑片，但這是一部在經典電影院播放的老派黑色電影，電影院宣傳還提到你可以在電影院對面可愛的小酒吧裡喝上一杯。你們兩人都說過，想找個時間去試試那家酒吧。你試著回憶其他四部電影，最後放棄了並說道：「我們去看最後那部電影吧。」但你腦海中想的其實有一半是那杯酒。

你已經失去了對注意力的控制。就像餐廳服務員背誦當晚的特色菜餚一樣，你的伴侶剛才也控制了資訊的呈現。這與看著選票或網路上的清單不同。看網頁的時候，如果你忘記了什麼，可以回頭去檢視。但在這個情況下你卻不能這麼做。你的伴侶改變了遊戲規則。他們採用了**依序呈現**（sequential presentation）的方式，每次呈現一個選項。我們先前討論的是**同時呈現**，你可以一次看到所有東西，並且主導一切。在依序呈現的情境下，你失去了控制權。

一旦你了解了選擇呈現的不同之處，就會開始隨時注意到依序呈現的狀況。品酒。看房子。評判花式溜冰比賽。這些都是依序呈現的。

電視節目《歐洲歌唱大賽》讓來自歐洲廣播聯盟各會員國的流行歌手相互競爭。瑞典樂團阿巴（ABBA）以他們後來成為該團第一首熱門歌曲的〈滑鐵盧〉（Waterloo）獲得冠軍。席琳．迪翁、英國歌手露露（Lulu）和德國歌手莉娜（Lena）都透過這項比賽的冠軍寶座迎來職業生涯的重大提升。《歐洲歌唱大賽》以其將流行民謠與庸俗怪異結合的頂級表演而聞名。它於一九五六年首次播出，是全世界還在播映的年度競賽中最長壽的節目，直到疫情發生，才迫使它取消了二〇二〇年的競賽。

《歐洲歌唱大賽》是按照順序來推出參賽者的，每個國家可以提出一首三分鐘的歌曲表演。在決賽時，兩小時內要表演二十六首歌曲。表演的順序是隨機排定的。評審由專業人士和全世界的電視觀眾共同完成。一個關鍵規則就是，觀眾不能投票支持自己國家歌手的表演。

荷蘭心理學家汪迪．布魯茵．德布魯茵（Wändi Bruine de Bruin）仔細研究了像《歐洲歌唱大賽》這樣的比賽。與即時選擇這種讓首因占優勢的情況不同的是，她經常發現近因效應，也就是越晚登場越好。爲什麼這裡與前面的例子不一樣？

想想你和伴侶關於挑選電影的討論。由於你不會再次聽到那些資訊，就會在每個選項出現時評估，並將其與目前爲止最好的選項進行比較。在這些情況下，你會越來越難記住更前面的選項。即使是目前爲止你最喜歡的領先選項，也會變得越來越難記住。但你最近聽到的選項則很容易記住。這就表示，排在最後面的選項會更有可能成爲贏家。

事實上，德布魯茵的研究就顯示出這個結果，在《歐洲歌唱大賽》中，儘管出場順序是隨機排定的，但後面出場的歌曲往往容易獲勝。《歐洲歌唱大賽》的競爭對手至少在直覺上知道這件事，並試圖利用提供容易記憶的時刻而脫穎而出。二〇一五年，奧地利參賽樂團Makemakes看起來就像在舞台上點燃了一架鋼琴；二〇一六年，白俄羅斯參賽歌手艾溫（Ivan）出場亮相時，則是伴隨著一隻對著月亮嚎叫的全景投影的狼，就是力求做出在後續其他表演出現時，仍然能被記住的花招。

德布魯茵在國際花式溜冰比賽中，也發現了同樣的近因效應。這項運動的排序特別不公平，參賽者在第一輪時是以隨機順序方式登場。正如我們討論過的，最後登場的人會取得優勢。而在第二輪比賽中，登場排序則取決於誰在第一輪中表現得最好。這表示優勢有可能倍增。爲了理解這一點，我們假設每個溜冰選手都同樣優秀。現在，在第一輪比賽中，只是因爲排在後面登場，靠機率勝出的選手，在第二輪比賽中，也因爲可以在最後登場而再次獲得助力。

再次強調，重點是要了解，這兩種情況下的排名都不是有益的。在花式溜冰賽事，就和投票一樣，我們都不希望靠抽籤的運氣來決定勝負。類似的效果也出現在花式游泳和古典音樂的比賽中。德布魯茵爲這一系列描述近因的論文取了一個很美的名字，也爲所有參賽者提供了很好的建議：「爲我保留最後一支舞。」

心理學家在品酒方面進行了一項雖然有些口是心非，但很聰明的實驗，結果也證明了這一點。人們要從一系列品過的酒中挑出最喜歡的。出於對葡萄酒清單長度的影響的好奇心，研究人員改變了「套酒」（flight）的長度。參與者會品嘗兩種、三種、四種或五種葡萄酒。儘管他們被告知，他們品嘗的是來自不同葡萄園同一品種的系列葡萄酒，但實際上他們品嘗的卻是同一種葡萄酒的樣品。這一點小小的欺騙手段，可能會讓你覺得，這代表他們最後的選擇應該是隨機的，就跟拋擲硬幣一樣。唯一不同的只是排序，但排序卻決定了一切。

我們來看看發生了什麼事。下頁圖顯示，當清單的長度從兩個葡萄酒樣品，增加到五個樣品時，人們選擇了哪一個是他們最喜歡的葡萄酒。

排序的影響非常大：在品嘗兩種葡萄酒的排序方面，第一種酒有七〇%的機會被選爲比較好喝，遠較我們預期的五〇%機會更高，這表示第一種葡萄酒獲選的機率是第二種葡萄酒的兩倍，即使這兩種葡萄酒根本完全相同。在這個有限清單的例子中，排在第一個位置具有優勢。這就是我們前文所述的，在選票和餐館例子中都可以見到的首因效應。但請注意當同場品嘗的酒增加時，先被品嘗的酒得到的優勢會降低，最後被品嘗的酒開始獲得比較多的青睞。這就是近因效應，

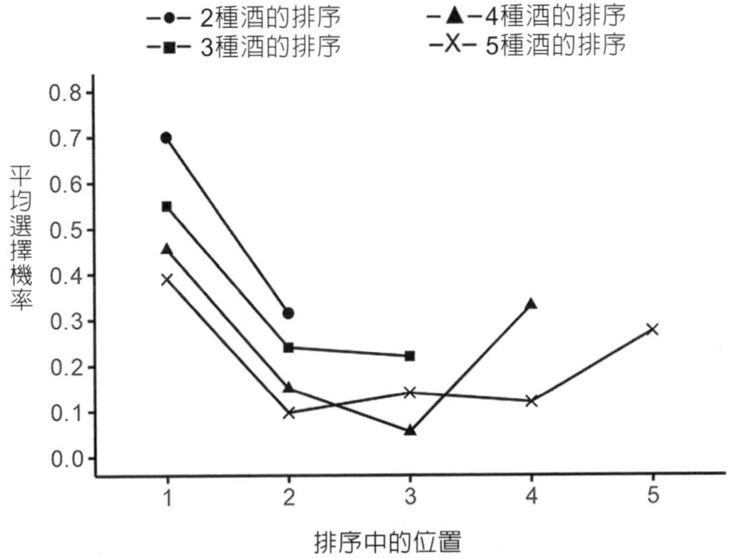

在不同選擇數目下，根據位置，每種酒被選到的機率。

排在最後（或最近一次）的是最好的。❽

為什麼會出現這種情況？顯然在品酒時優先被品嘗是一種優勢，但由於這些葡萄酒是完全相同的，這個優勢只能歸因於排序造成的結果。我們先前討論過首因的成因，但在這個例子中，它不可能是因為參與者停止搜尋而造成，因為你被迫要品嘗所有的葡萄酒。不過它可能是因為味覺脫敏（palate desensitization），或者像在其他情況下（比如投票），是由於組合偏好的差異而造成。但請注意，當品酒清單變長後發生的事：出現了顯著的近因效應。最後被品嘗的葡萄酒也有了優勢，幾乎和第一個被品嘗的葡萄酒同樣受歡迎。我們可以推測，這是因為很難記住第一個葡萄酒的味道。

這個發現有一個有趣的含意，那就是在依序呈現的情況下，如果候選清單很短，我們就該試著爭取放在第一的位置。然而，隨著清單變長，排在最後的優勢就越來越大。這就是知道排序效應有兩個驅動因素的有用之處，因為我們了解是什麼造成了短清單和長清單之間的差異。

視覺效果

到目前為止，我們看的是兩種極端狀況。第一種是同時呈現，就像在選票或網頁上那樣，我們可以根據自己的意願去控制注意力和觀看重點，通常會按照閱讀的順序。在英語中是從左到右，從上到下。第二種則是依序呈現，我們對注意力的控制會少得多。有可能是你的伴侶在談論電影、《歐洲歌唱大賽》節目或品嘗葡萄酒，但我們在這些活動中，無法控制資訊是如何呈現給我們的。有時候，這種感覺就像是在水量很大的消防水帶裡小口啜飲。

但現實往往介於兩者之間。我們可能認為是自己在控制局面，但我們的注意力未必是由自己支配。舉例來說，餓著肚子在東京街頭行走似乎頗具挑戰性，尤其是如果你不會說日語的話。對於語言不通的觀光客而言，幸好許多餐廳都會將整份菜單上的菜餚，以塑膠或蠟質的縮小版立體陳設方式展現。可憐的 gaijin（日語「外國人」的意思）只需要用手指著，就能點餐。

有了這麼豐富的視覺（相對於文字而言）展示，你認為只要簡單地從左看到右就好了嗎？可能不行。如果展示的菜餚內容不是太多，那麼首因會發生作用，但有一個差異：不是清單中的第一項，而是你檢視的第一項產生作用。當你觀看展示品時，目光自然會被視覺展示的中心所吸引。你也可能被較明亮的顏色或更生動的呈現物品所吸引。這次是首先吸引目光的東西占優勢。事實上，視線軌跡追蹤研究顯示，人們在觀看此類展示時，更傾向於看向展示的中心，因而使得中心物品更具優勢。❾

這方面的研究最多就是超市的例子了。超市的貨架，就是美國寶鹼公司或德國亨克爾（Henckel）等製造商付費，以創造對他們有利的選擇架構的選擇環境。產品在貨架上的擺放方式，是現代零售業最重要的一個特徵。貨架上產品的位置，是由超市與製造商雙方的設計者共同決定的。產品擺放位置非常重要，所以零售商會向製造商收取費用，才讓他們使用特定的貨架位置。這些費用被稱為**「上架費」**。像克羅格超市（Kroger supermarket）這樣的零售商，可能會向雀巢這樣的製造商收取費用，以換取在商店貨架特定高度和特定行列的位置上，而且以一定的展示排數陳列其產品的權利。這些費用的性質是一個嚴格守住的祕密：H．阿姆斯壯．羅伯茲（H. Armstrong Roberts）在《大西洋》（*The Atlantic*）月刊撰文，講述在國會關於上架費舉行的聽證會上，一名證人不敢親自出席，因此採用錄製影片方式作證。她戴著兜帽，還用變聲器將真實聲音掩蓋。不過，我們確實對這些交易涉及的內容有一些了解。一家冰淇淋製造商指稱，他付了三萬美元，讓自己的產品在三百五十家超商上架，而在全食超市（Whole Foods）早期營業時，這家連鎖超市會向製造商收取二十五萬美元，以提供商店貨架上的良好位置。在沒有明文規定上架費時，許多人會把上架費當做商業談判的一部分，用來議定製造商可以向連鎖超市收取多低的產品價格。雖然有時我們可能早就知道自己要買什麼東西，但在不知道時，放在我們視線水平上的產品，就可能會影響自己最後買到什麼產品。❿

零售貨架設計的世界是一個涉及很多金錢的選擇架構應用。我們知道如果有更大的展示面積（例如：有八包奧利奧排成一排，而不是只有四包）會增加銷售額，但將湯類罐頭按字母順序排列，實際上卻會損害銷售額。顯然，在選購湯類罐頭時，你想讓自己享受發現以前不知道自己想喝的湯品的樂趣。因此讓選擇者從一條簡單的合理路徑，轉移到一條較慢的路徑，對銷售量有幫助。

零售商對合理路徑非常感興趣，尤其是人們在購物時會看什麼與如何移動。除了研究銷售情況之外，他們還會把無線電發射器放在手推車上、用放在天花板上的攝影機監控購物者，甚至在研究中觀察頭上裝有追蹤眼球移動軌跡攝影機的研究參與者。雖然這些設備的早期版本很笨拙，看起來就像附加電視攝影機的自行車頭盔，但它們現在已經變得相當時尚，就像那些從未上市的谷歌眼鏡，但還有一個可以追蹤你的目光的攝影機鏡頭。

零售商對購物者行爲的了解，大部分都是商業祕密，但我們知道，會看營養標示的購物者只有不到三三％。即使會看營養成分標示的人，平均也只花不到一秒鐘。這項研究結果特別有趣，因爲它是針對美國食品和藥物管理局推出的新規定標籤所進行的研究，因爲該局認爲，這些標籤應該更容易理解。一般而言，我們所知道的可以簡單總結如下：分配貨架空間的目標是爲了吸引注意力，才能讓貨品優先被看到。

放在視線水平上，以及有更大面積朝向消費者，會更容易讓產品成爲第一個被考慮的品牌。這種安排會有幫助，既因爲它影響消費者組合偏好的方式，也由於在貨架良好位置的產品會被不太搜尋貨架其他地方的消費者選到。我們可能察覺到消費者在超市裡能夠控制他們的注意力，但這只是部分正確，包裝、產品展示面積和走道末端的陳列展示品都有助於引導你的注意力。⓫ 首因可能是相關的驅動因素，但像貨架展示面積這種因素，會決定人們先看到什麼。

釐清事情

還有另一個你在網路上經常看到的排序例子：按照某個屬性對選項進行排序，比如從最便宜的排到最貴的。當我們按照某個屬性排序時，會讓一些路徑更容易被使用，這就會讓那個屬性變得更重要。到目前爲止的所有例子中，我們一直在研究選項的排序會如何影響選擇。無論是《歐洲歌唱大賽》登台的樂團、品酒會上的葡萄酒，還是網飛登入頁面上的電影，我們都將這些選項視爲一個整體來考慮。無論是像智遊網想將銷售量最大化，或者在選票上按政治候選人姓名字母順序排名，設計者是以他們認爲有意義的方法來將事物排序。

按照特定屬性對選項進行排序，也會對選擇產生影響。你每天都會在網路上看到這種分類排序的例子。舉例來說，當你登入谷歌航班找任何一組航班時，它回報的列表將會按照一個屬性來排序，那就是價格。身爲選擇者，你只需按一下滑鼠，就可以用多種不同方式對選項進行排序。但是設計者已經設置了排序的預設選項，那就是最便宜的航班優先出現。

按照單一屬性排序，會使這個屬性對選擇者更加重要。如果選項是按照價格排序，你就更可能選擇最便宜的航班。用專業術語來說，你會對價格顯得更敏感。按汽油里程數對汽車進行排序，人們就會對燃料經濟性更敏感。按距離對餐廳進行排序，人們就會對抵達那裡所需的時間更敏感。⓬

我曾是一個計畫的顧問，這個計畫研究如何爲選擇學校設計網站。由數學人（Mathematica）這家研究諮詢公司組織的小組，發現了一些驚人的事。前一章曾提到在任何學校兩個關鍵品質之間的取捨：學術品質和到學生住處的距離。這個小組觀察了當選項清單是根據學業表現與距離排序時，人們最後選擇的是哪一所學校。對家庭來說，這是一個有挑戰性的取捨：你會想讓自己十四歲的孩子多通車〇．八公里去上一所學業表現更好的學校嗎？這所學校需要有多好，才能彌補耗費的通車時間？這種取捨就是必須組合偏好的一個好例子。由於人們很少需要爲特定學校水準做出選擇，因爲每個孩子通常只需要做一次，所以我們可能認爲這是一個偏好已經被架構好的例子。如果是這樣，那麼排序的影響可能很大。

數學人團隊向三千多名家長提供了不同版本的學校選擇網站。他們發現排序對家庭的選擇結果產生了影響，即使家長只要按一下滑鼠，就能更改排序順序，但排序的預設選項依然重要。舉例來說，當按照學業表現排序時，家庭選擇了較好（在一百分點制度中高出五個百分點）和較遠（多出一公里，比整體平均三．二公里增加了三〇％）的學校。按學業表現排序時，會讓父母做出好像學業成績更重要的選擇，結果導致孩子平均通勤的時間更長，如果我們反過來按距離來排序，結果也會相反。排序可能對這些重要的取捨產生重大影響。[13]

由約翰．林奇（John Lynch）和丹．艾瑞利（Dan Ariely）所寫的研究報告，很清楚地說明了這一點。他們建置了一個網站，向他們任教的杜克大學ＭＢＡ學生銷售葡萄酒。一半的學生看到了按價格分類的網站，另一半則是按品質分類。購買才是眞正做出決定：學生會眞的用自己的錢買酒，然後把酒送到家。正如你現在所料，排序決定了學生會多重視價格和品質。按價格排序時，人們會購買較便宜的葡萄酒。按品質排序時，人們就會購買更好的葡萄酒。接著林奇和艾瑞利在推算人們已經喝完了便宜或美味的葡萄酒後，讓人們再次回到網站買酒。排序的效果持續存在。前一週按價格排序買酒的人，仍然傾向於購買較便宜的葡萄酒，即使這些葡萄酒已經不再按價格排序。讓我們再次強調這一點，葡萄酒並不會因爲它們的排序方式而改變，但排序確實改變了人們使用哪個合理路徑來做出選擇，而且這種影響在喝完酒後仍然持續存在。

製作菜單

我正準備在一家聽過許多人稱讚的餐廳坐下，我當時正好在附近參加一個決策會議。我也期待著和一位許久沒見面的朋友共進晚餐，一起喝杯酒。我們每個人都拿到了一份菜單。這是典型的小餐館菜單，由一張紙摺疊起來做成小冊子。餐廳的名字在封面，末頁則是空白的，眞正的菜單則在紙張的摺疊處，也就是中間兩頁。

我突然發現，菜單就是一個很好的選擇架構例子，而且它可能會影響我的選擇。有人（也許是廚師？）有意或偶然地做出了許多選擇架構的決定。由於剛剛還在研究選擇架構的效果，我發現也許我可以弄清楚這些決定是如何做成，因而影響我當晚會購買哪些餐點的。這是一個特別適時的發現，因為和我一起吃飯的朋友，就是《推出你的影響力》的作者之一塞勒。

塞勒和侍者討論了菜單。這名侍者曾經在當地的烹飪學院就讀，他解釋說這些學校有一門叫做菜單心理學的課程。事實上，有菜單心理學顧問專門幫助餐館引導顧客選擇更有利潤的主菜。塞勒感到相當自豪，因為他發現了一個新的選擇架構領域，而我可以為自己的書做這方面的研究，我很欣賞這個想法。雖然菜單心理學的確是一個概念，而且在學校中被教授，但大部分教授的內容卻是錯誤的。

這名侍者後來給我發了一封電子郵件，告訴我他在課堂上使用的菜單心理學教材的名稱，於是我訂了一份，想知道我能從這些文章中學到什麼。裡頭有許多非常具體的建議，顯然這個領域的專家認為，餐廳在菜單中呈現餐點的方式很重要，即使他們不把這個稱為選擇架構。一名顧問說：「如果你認為顧客要自行決定該點哪些菜式，那就要再想想。一份菜單應該告訴顧客你想讓他們點什麼菜。」⓮

這些建議還非常具體：「菜單上菜色的位置、圖樣和菜色描述，都送出了你希望客戶點哪些菜的資訊。舉例來說，在一份包括封面封底的四頁菜單裡，『強力位置』（power position）就位在右側頁中間的上方。」[15]

這位顧問認爲，餐廳老闆應該很容易就可以推銷更有利潤的菜色，因爲人們會從下頁圖中數字1所顯示的強力位置開始看菜單，所以把商品放在那個強力位置，就會吸引更多的注意力，從而增加銷售業績。我做了更多搜尋，發現許多顧問提供了類似建議，但他們對強力位置究竟在哪裡，則有不同意見。

基於我對排序的理解，我對這個建議和其他類似建議產生了懷疑。爲什麼人們會從強力位置開始閱讀？這聽起來像是在討論首因，但爲什麼用餐者會從第二頁開始閱讀呢？菜單心理學的書籍裡其實沒有太多心理學觀念，這些書籍主要內容是根據顧問的直覺。事實證明，讀這本書和其他類似書籍所學到的教訓就是，顧問可能大錯特錯。塞勒和我原本希望，這

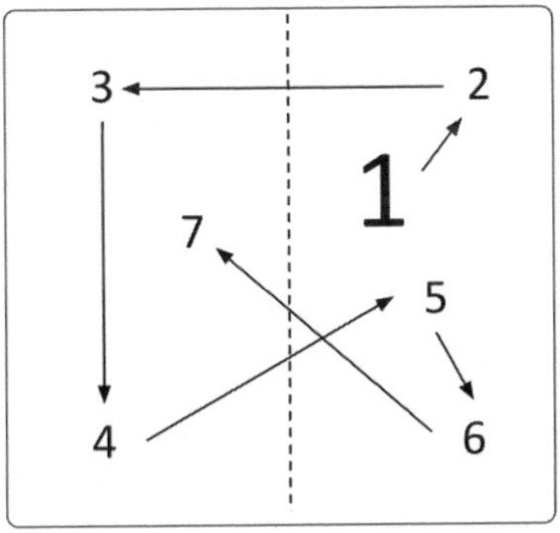

顧問對於人們如何閱讀菜單的看法

個領域充滿了重要的例子，並在烹飪學校以有用的方式傳授，而且是以一系列強有力的研究爲基礎，但結果卻是一個可悲的例子，人們憑直覺創造了他們的選擇架構，完全缺乏扎實的理論或實驗支撐。

有一篇文章名爲〈顧問在吹牛嗎？菜單布局對菜色銷售影響的實證測試〉，測試了另一位顧問類似菜單設計建議的有效性。研究人員在一家實體的餐廳裡進行實驗，隨機更換兩頁菜單的順序。在四個月的時間裡，他們測量使用顧問推薦的菜單與頁次相反的菜單，對銷售額有沒有造成任何差異。他們沒有發現任何差異，對於「顧問在吹牛嗎？」這個問題的答案是肯定的。還有很多菜單心理學的失敗案例。一些已發表的文章由於研究做法有問題而遭到撤回，更是對事情沒有幫助。⓰

這是否代表菜單並不受選擇架構的影響呢？不是的，但這可能是顧問的建議根據的是對人們的注意力和搜尋方式的錯誤假設。由於顧問和他們的建議聽起來很合理，於是他們的建議被採用了，但由於他們的建議通常沒有經過測試，所以餐廳老闆不知道這些建議是否有幫助。

問題在於圖中建議的順序是錯誤的。它是基於專家的意見，以及人們在做出那個決定之後很久，在採訪中所說的話而形成的結論。現在，簡單的眼睛追蹤器只要一百美元，因此研究人員可以實際觀察人們做出這些決定的情形。人們是如何眞正將注意力分配到菜單上的？當時在康乃爾大學酒店管理學院就讀的西寶．楊（Sybil Yang），記錄了人們在兩頁菜單上點餐時眼睛注視的位置。下頁的圖顯示了使用眼睛追蹤器時，人們在看著兩頁菜單時眼睛的**實際**關注順序，稱爲掃描路徑（scan path）。[17] 這個結果與專家在前一張圖中所說的大相逕庭。人們似乎像讀一本書那樣的閱讀菜單，從左邊開始，從上向下看著那一頁，然後再轉向第二頁。在這樣的視線掃描後，選擇者會最關注在主菜所在的位置，楊認爲人們會圍繞著這個選擇進行整個點餐程序。

如果這個視線掃描路徑是正確的，那麼來自所謂「行業慣例」的建議就是錯誤的，人們的視線根本就不會從「強力位置」開始。這表示了在一個簡短的十道菜的菜單

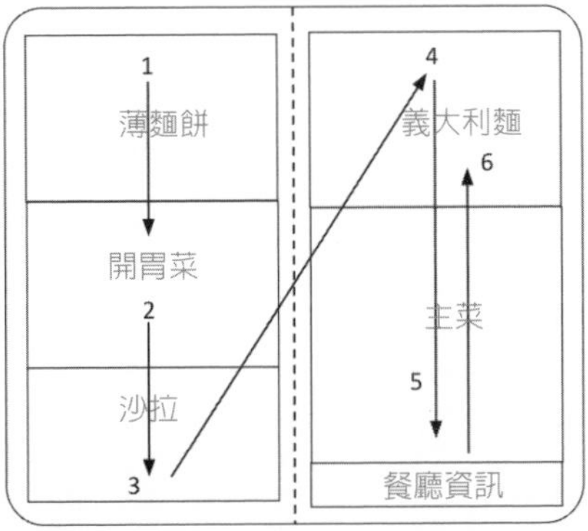

以眼睛移動測量出的實際平均注意力移動順序，
義大利麵和主菜得到的注意力約略相同，人們似乎會先選一道主菜，
然後回頭在這道主菜附近，選擇剩下的菜餚（比如義大利麵）。

中，客人就會從頭看到尾，而且依照從左到右、從上到下的順序，檢視整個菜單。而我們也會預期，排序能加強推銷排在第一位的菜餚（首因）。如果菜單夠長，我們可能會發現菜單上最後一個菜餚被選中的機率會增加（近因）。伊蘭・達揚（Eran Dayan）和瑪雅・巴爾—希勒爾（Maya Bar Hillel）透過學生從假設的菜單中做選擇，以及從一家在特拉維夫實體的輕食餐廳裡的顧客點餐程序，對這個理論做了測試。他們顯然很有說服力，因爲在他們實驗的那一個月裡，輕食餐廳老闆竟然同意每天更換菜單。值得注意的是，對菜單上的每個類別，研究人員都控制了菜餚會出現的排序：是在第一位，還是中間，或者最後。舉例來說，可頌牛角麵包和布朗尼在某些日子是列在第一和第二種甜點，而在其他日子裡則會列在中間，也就是十種甜點裡的第四和第五種。而他們也確實發現，當某些餐點被移到菜單餐點類別的前面（首因）或末端（近因）時，就會更受歡迎。在實驗室和現場研究的實驗中，將同一道餐點放在菜單中間時，約有四五%的機率會被點餐，如果放置在開始或末端時，則有五五%機率被選中。⓲這與剛剛嶄露頭角的新餐飲業者，在菜單設計課程中學到的恰好相反。

但這裡最重要的教訓是，若只是檢視某道菜色在菜單上出現的位置，就想了解排序效應，那可能就問錯問題了。我們需要了解的是注意力效應（attention effect），也就是人們看物品的順序，而不是這些物品的呈現排序。菜單上的很多元素都能引起注意。

圖片會將我們的注意力吸引到某些區域。標題和文字行幫助我們找到自己正在尋找的食物。事實上，有些菜單可能看起來像一本書。這會讓選擇架構的設計更容易，因為我們知道客戶會先看什麼。但我懷疑人們的注意力其實是被圖片和標題吸引的，尤其色彩如果豐富又生動時。這會讓「把價格昂貴的主菜放在強力位置上」那種簡單法則變得不太有用。比方說，讓我們思考一下，在一家菜單像電話簿的餐廳中，「標準」建議可能如何發揮作用。為了理解排序，我們必須知道是什麼決定自己的注意力。

雖然這裡大部分的內容都在討論排序或安排順序，但這些效果的主要驅動因素是我們選擇的路徑和記憶的作用。如果你是選擇建築師，可能會被問到：「在菜單上放在第一個或最後一個，哪一個比較好？」在回答這個問題之前，我希望你現在知道，正確的做法應該是回問一、兩個問題：「請告訴我，你的菜單是書面的還是口頭的？菜單有多長，又有多複雜？」等這些問題有了答案後，你就可以開始提供有用的答案了。

既然提到複誦菜單，這就把我們帶到一個一直錯過的重點。價格在哪裡？答案是，價格往往根本就沒有被提起！一個重要的內容，也就是物品的成本，在預設選項中通常不會呈現。透過讓你開口詢問成本（也許還會讓你覺得自己有點小氣），這個屬性在自己決策中的重要性就被降低了。這就把我們帶去選擇建築師應用的下一個工具：我們該如何呈現選項的特徵或屬性？

第8章
描述選項

來自洛杉磯的工程師拉妮・卡多娜（Rani Cardona），她的車每加侖汽油可以跑一百英里（約一百六十公里）。卡多娜是一個名為「超省油開車族」（hypermiler）社群的一份子，這些人試圖獲得最佳的燃油經濟性。就像一些司機喜歡吹噓他們的汽車時速從零加速到六十英里（約九十六公里）的時間有多快一樣，超省油開車族則在燃油經濟性方面競爭。這個社群有數千人，還會聚集在線上論壇交流技巧和成就。超省油開車這件事已經發展到包括電動汽車，他們會比較，誰能經過一次充電後讓車子開到最遠距離，甚至有人開始研究如何超省油駕駛飛機。

卡多娜開的是一輛大多數人都認爲非常節能的汽車，本田（Honda）Civic 油電混合動力車，美國環境保護署的紀錄顯示，這種車每加侖可以跑四十五英里（約七十二公里），但卡多娜使用超省油技術，讓她的車效能更佳。卡多娜對於能夠讓每加侖汽油延伸這麼多里程，感覺特別好：

> 當你看著儀表板朝著每加侖一百英里的方向猛增，腳正好停留在踩著完美的位置上時，就有感覺了，這就是一種很棒的感覺。這是一種難以形容的感覺，就像你的車幾乎超越了物理定律，而你就像漂浮在空中一樣。

每加侖汽油可以行駛一百英里確實相當令人印象深刻。爲了達到這一點，超省油開車族會改變油門上的壓力，並盡可能輕踩煞車。他們以最省油的速度在公路上行駛，通常大約是每小時五十英里（約八十公里）。在這種速度下，你會被一些惱怒的司機超車，他們有時候會透過按喇叭或更糟的方法來表達不滿。除了惹火其他駕駛之外，超省油開車方式還可能涉及危險操作，例如：在引擎關閉的情況下滑行、在高於建議的時速下行駛彎道，或者跟在大型卡車後面靠氣流牽引以增加油耗效率等。這些策略提高了燃油經濟性，卻增加了發生交通事故的機率。因爲前方卡車可能快速剎車、引擎可能無法重新啓動，或者公路出口的彎道可能打滑。我只能想像以超省油方法駕駛飛機會牽涉到哪些情況。

是什麼激勵了超省油開車族？燃油效率是汽車的一個屬性，通常以每加侖可跑英里數（miles per gallen, mpg）爲單位。透過最大限度地提高燃油效率，超省油開車族增加了這個屬性的數值。但最大限度地提高燃油效率，並不是超省油開車族的眞正動力，激勵他們的是這件事所代表的目標。這是一個重要的區別。汽車可能有可以極大化的屬性，但選擇者尋求的是滿足目標的方法，不同的人對相同的屬性有不同的目標。

對於某些人來說，目標是成爲最好的。油電動力車每加侖英里數挑戰賽的參與者可能就是這種情況，他們在威斯康辛州麥迪遜市的街道上開車駕駛二十英里（約三十二公里）的路程。獲勝者的燃油效率往往遠遠超過每加侖一百英里。在二〇〇六年，冠軍以每加侖跑了一百八十三英里（約二百九十五公里）的成績獲勝。

對於其他像是卡多娜的人，在超省油開車這件事情上追求的則是永續性：「我想讓這個成爲我自己的小小努力，」她說；「這在整個宏觀計畫中可能意義不大，但它確實對我生活的地方和我的生活產生了影響。我認爲這是一件正面的事情，也確實影響了其他人。」

創造了「超省油開車」這個名詞，也是這個推廣活動的一個明星級人物韋恩．葛迪斯（Wayne Gerdes），他的動機也不一樣，他是想要限制消費外國的石油。「九一一事件後的第二天，爲了更好的明天，我就開始改變我的習慣，從那天開始，我一直在尋找提高燃油經濟性的方法。我們都有自己的觸發點，我的觸發點是全球安全。」

這說明了屬性與其代表的不同目標之間的重要區別。卡多娜和葛迪斯都希望提高燃油效率，但這同一件事卻代表了他們各自不同的目標。卡多娜希望限制溫室氣體排放，而葛迪斯則希望限制對外國石油的消費。葛迪斯談到了燃油效率對超省油開車族而言，可能代表的不同目標：「不論你是關心全球暖化、霧霾、政府負債，或者只是在意把錢放在自己的荷包裡，都無所謂。所有這些都是成爲超省油開車族的好理由。」

大多數省油汽車的儀表板上，都有一個顯示每加侖可跑英里數的儀表。它通常是一個即時更新的大型彩色顯示器。超省油開車族可能會觀察前方的交通，並預測車輛何時減速，這樣他們就可以降低速度來避免踩剎車。他們可能會查看即將上坡和下坡的山丘道路，以便確定何時該加速與可以關閉引擎。他們還會預測彎道，計算在不踩剎車的情況下，能以多快的速度轉彎。但他們關注的焦點永遠不會遠離自己的視線，那個焦點就是油電混合動力汽車的油耗顯示器，那個明亮的ＬＥＤ螢幕。葛迪斯說：「這是一個大家都在說的笑話，但你我很多人都把油耗顯示器稱爲『遊戲得分計』（game gauge）」，這是電視遊樂器上方顯示的得分表：「因爲我們都試圖超越上一次的分數，也就是每加侖英里數。」

就在葛迪斯投入油電混合動力車大賽的時候，杜克大學商學院的兩位教授瑞克・賴瑞克（Rick Larrick）和傑克・索爾（Jack Soll）正以共乘的方式前往學校。他們搭乘索爾的二〇〇五年生產的Camry混合動力車，車程十英里（約十六公里），需要開二十分鐘。除了談論學術界的政治觀點、最新的研究論文，以及少不了的杜克大學藍魔鬼籃球隊之外，賴瑞克和索爾也開始討論到每加侖可跑英里數的顯示器。索爾也和葛迪斯一樣，看著這個儀表說：「我對自己的油耗效率感覺很好，但有時候我會注意到它的數值很低。」索爾不是只有感覺不好而已，而是更仔細地檢查，然後發現了一件事情：「這個顯示器眞的滿騙人的……我們發現它眞的違反直覺。」事實證明，每加侖可跑英里數的顯示，事實上應該說關於每加侖可跑英里數的所有討論，都是基於一個誤解而來的。

為了理解賴瑞克和索爾的洞察力，我們可以透過一個例子來進行研究。葛迪斯透過練習一套全面的超省油開車技術，讓豐田Prius的汽油里程數增加了一倍。為了做到這一點，在舒適度和安全度方面是有代價的。舉例來說，當天氣炎熱時，葛迪斯會穿一件裝滿冰袋的背心，這樣他就不必用汽車引擎來發動汽車空調系統。現在想像一下，葛迪斯要從油電混合動力車大賽賽場回家，車程一千英里（約一千六百公里），沿路使用他那套最好，但可能有點冒險和不舒服的技術。他的Prius每加侖汽油能行駛的里程數，從五十英里提升到了一百英里（約一百六十公里）。

葛迪斯的朋友，我們姑且稱為德韋恩（Dwayne），也要開一段類似的一千英里旅程，但他有兩輛租賃車可供選擇，一輛是吉普切諾基（Jeep Cherokee），每加侖汽油可以行駛十三英里（約二十公里），另一輛則是豐田RAV4，每加侖汽油可以行駛二十七英里（約四十三公里）。德韋恩選擇了RAV4，以慣常方式開了一千英里，沒有使用超省油開車技術。他們兩人都做出了選擇：葛迪斯使用了超省油開車技術，而德韋恩以慣常方式使用RAV4。哪一種選擇省最多油？

賴瑞克和索爾在共乘途中感到無聊，就用這樣的問題互相挑戰。葛迪斯和德韋恩都做了一個決定，但這個決定對油耗里程數有多大的影響？在你繼續讀下去之前，先花一點時間自己作答。跟賴瑞克和索爾一樣，你可能會對答案感到驚訝。

如果像大多數的人一樣，你認爲葛迪斯節省了最多的汽油，就會跌進賴瑞克和索爾所說的每加侖可跑英里數的錯覺陷阱。這是一種錯覺，因爲直到我們進行一些計算前，葛迪斯看起來明顯贏了。他確實少用了汽油，但他在減少汽油使用這方面取得的進展，可就要小得多。透過將每加侖里程數從五十英里增加到一百英里，他將使用的汽油量減少了一半。這一定比德韋恩在兩輛出租汽車裡，挑選了一輛更省油的車所節省的每加侖十四英里（約二十二公里）來得多，對吧？事實並非如此，而你被愚弄的原因，是人們對燃油經濟性內容的運作方式有普遍的誤解。

爲了理解這一點，讓我們先從葛迪斯說起。他要行駛一千英里，而這趟旅程將使用十加侖（一千英里/每加侖跑一百英里）的汽油。如果他不穿戴冰袋、不使用卡車的牽引氣流，也不使用其他超省油開車的策略，那麼這一千英里的旅程將消耗二十加侖的汽油（一千英里/每加侖五十英里）。透過超省油開車方法，他將燃料消耗量減少了一半，也就是從二十加侖減少到十加侖。他可能會流很多汗，還冒著生命危險，但以汽油每加侖三美元的價格而言，他節省了十加侖的汽油，也就是三十美元。

現在我們來看看德韋恩：如果他選擇了這輛能源效率較低的吉普車，就要使用將近七十七加侖汽油（一千英里/每加侖十三英里），來駕駛這趟一千英里的返鄉之旅。

而他決定使用能源效率較高的RAV4，於是德韋恩使用三十七加侖的汽油（一千英里/每加侖二十七英里）。葛迪斯省了十加侖，但德韋恩卻節省了四十加侖（七十七減三十七）。透過正常駕駛但更換車輛，德韋恩的決定節省了四倍的汽油。

以金額來計算也是如此。當他們交換意見時，葛迪斯吹噓說他節省了三十美元。德韋恩則平靜地指出，藉由在兩輛出租車之間更換選擇，他節省了一百二十美元。德韋恩的決定產生更大的不同，無論目標是省錢、省油，還是減少碳排放，這都是成立的。

所以究竟發生了什麼事？實際上很簡單，每加侖可跑英里數是錯誤的度量標準。下頁圖顯示了燃油效率和每加侖可跑英里數之間的誤導關係，以及它如何愚弄我們，讓我們以爲葛迪斯比德韋恩減少了更多的汽油使用量。如果你仔細看下頁圖就會發現，每加侖可跑英里數與我們使用的汽油量，並不是線性相關。正如賴瑞克和索爾所說的，我們應該討論的是每英里需要加侖數（gallons per mile, gpm），而不是每加侖可跑英里數。因爲是每加侖汽油消耗了金錢、產生了碳排放，並造成外國石油進口。

賴瑞克和索爾發表了一篇現在已經很有名的論文，顯示出大多數的人都是像葛迪斯那樣思考的。當被要求選擇汽車時，受訪者選擇的方式，好像都是以爲每加侖可跑英里數與燃油效率呈線性相關。賴瑞克和索爾的研究顯示，人們願意爲以下說法花錢：如果你問他們願意花多少錢，將里程數從每加侖二十英里增加至三十英里，他們會說自己願意在初始買價中多付六千美元。這滿有道理的，試著計算一下，如果他們擁有這輛車十年，將能夠節省略多於六千美元的油錢。但如果問他們願意支付多少費用，將里程數從每加侖四十英里增加至五十英里時，他們則說願意多付四千六百美元。但就金額而言，這個算盤打得不精：他們實際上要支付四千六百美元，來節省不到二千美元的汽油成本。換句話說，賴瑞克和索爾發現，使用每加侖可跑英里數當標準，會導致人們在每加侖可跑英里數較低時，花的錢不足以提高燃料經濟性，而在每加侖可跑英里數較高時，卻支付過多費用來節省汽油。賴瑞克甚至身體力行，他確實關心溫室氣體問題，但他不會

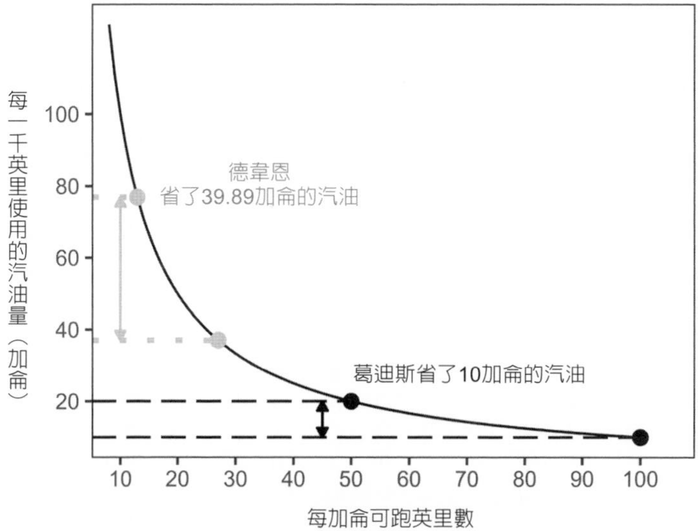

每加侖可跑英里數與每英里需要加侖數

將混合動力或電動汽車的汽油里程數加以最大化。他開的車每加侖能跑三十英里。相反的，他把爲增加汽車的汽油里程數而支付的資金，投入到他家屋頂的太陽能發電板之類的產品上，這在每一美元造成的碳排放量上產生了更大的差異。

那麼我們該如何解決這個問題呢？賴瑞克和索爾建議就單純地更改度量標準。mpg是每加侖可跑的英里數，或者由行駛的總英里數除以消耗的加侖數。如果反過來，我們使用每英里需要的加侖數，或者消耗的總加侖數除以行駛的英里數，這個指標只需留意易於理解的線性關係，而且無論從營運成本或者碳排放的角度，都易於理解。當賴瑞克和索爾使用每英里需要加侖數，而不是每加侖可跑英里數的概念，向人們展示同樣的問題時，潛在的汽車購買者都正確考慮了燃油效率。爲了讓數字看起來更流暢，他們建議使用每一百英里的加侖數，這樣一來如果行駛一英里需要〇．〇四加侖的汽油，那麼就會顯示爲每一百英里需要四加侖。❶

這個見解成爲選擇架構的研究從實驗室導入公共政策最快的例子之一。這項研究僅在短短幾年內，就改變了每輛汽車的能源標籤上顯示汽油里程的方法。它還可能影響了歐巴馬政府如何在二〇〇九年設計出一個非常受歡迎的計畫，那就是汽車折價退款系統（Cars Allowance Rebate System, CARS），你或許更熟知這個計畫的另一個名字，叫做「舊車換現金」。

舊車換現金計畫有兩個目標，首先，透過二〇〇八年經濟衰退後提升汽車銷售來刺激經濟成長，其次則是讓消耗大量汽油的「舊車」不再上路。你可能以為這涉及到將每加侖可跑二十五英里的汽車，換成每加侖可跑五十英里的混合動力車。但它並沒有，這引來了許多抱怨，但你現在可能明白為什麼它只專注於更換那些每加侖可跑里程數最低的汽車。這項計畫要求將每加侖行駛里程數低於十八英里的汽車，換成每加侖行駛里程數至少為二十二英里的汽車。在實務上，交通部估計平均換車狀況為每加侖只能跑十五英里的汽車，換成了每加侖至少能跑二十五英里的汽車。像這樣以舊換新，可以讓每駕駛一萬英里的道路，節省二百六十加侖的汽油。換成混合動力車的建議聽起來不錯，但其實每一萬英里只能節省二百加侖。此外，由於「舊車」比較陳舊，保養得也較差，所以排放的污染物也就更多。

經濟學家並不認為這項計畫是有效的刺激經濟政策，但它不可否認地很受歡迎，最初的十億美元預算在第一個月就發完了，國會後續又撥款二十億美元增加預算。我們不確定該計畫的架構人員是否閱讀過賴瑞克和索爾的報告，但該計畫有一個明確的目標，與避免每加侖可跑英里數造成的錯覺一致，這個計畫不會幫助講求燃油效率的葛迪斯，但它可能會讓德韋恩入主一輛更有燃油效率的汽車。

當向選擇者提供選項時，設計者必須先弄清楚，要顯示哪些屬性，以及該如何顯示。約會應用軟體的設計者可能會納入具體的內容，比如身高和體重等，但會排除其他在線上個人資料中難以識別的內容，像是智力和魅力等。美國國家美式足球聯盟的選秀手冊中，會包括運動員的四十碼衝線時間、垂直跳躍高度、身體質量指數，甚至他們的神奇測驗（Wonderlic）分數等內容。神奇測驗是一種智力測驗。

每個選擇建築師還必須選擇如何命名這些屬性。我們已經在第 3 章中，看到了一個關於屬性名稱的影響力的例子。在購買牛絞肉時，**二五％肥肉**似乎就比**七五％瘦肉**更不受歡迎。但關於爲屬性命名，還有更多需要學習的地方。試著想像一個選項表，比如智遊網上的航班列表，或者消費者報告中的洗衣機列表。在構建這樣的表格時，身爲設計者的你將決定要顯示多少個選項、如何對這些選項進行排序，以及預設選項是什麼（如果有的話）。如你所見，我們對這些工具有相當多的了解。然而，關於下一步，也就是填寫表格，卻被忽視了。描述這些選項可能看起來不那麼重要，但事實並非如此。

本章與其他章節有點不同。內容描述這個主題還沒有像預設選項和排序等其他工具那樣被深入研究。關於這個主題的研究大多數是針對特定領域的個案研究。這表示我將提出一般性原則，正如我在前面幾章中那樣，但在本章中，根據的更多是邏輯和觀點，而不是廣泛的實證結果。

名字：將屬性轉化爲目標

我們已經知道，屬性本身並不是十分重要。它們不是我們**為什麼**會選擇某些事物的原因。我們必須將屬性與選擇者的目標連結，因爲目標才是我們選擇事物的原因。我們選擇醫療保險並不是爲了要得到特定的自付額，而是爲了維護自己的健康。我們選擇食物也不是因爲它們含有麵粉、豆腐或香菜等成分，而是因爲它們能讓自己保持健康而且很美味。我經常看到產品開發團隊沉迷於屬性，而忘記了溝通（甚至思考）這些屬性如何應用在客戶的目標上。在個人電腦問世初期，微軟有一個團隊負責研發電腦滑鼠之類的配件。這個團隊非常著迷於一個屬性：滑鼠內的一顆大型被橡膠覆蓋的金屬球體重量。在當時，這顆球體會沿著桌子滾動，並追蹤鼠標的活動軌跡。球越重，追蹤軌跡就越準確。他們告訴行銷團隊，他們想針對滑鼠的這個特性做廣告。但行銷團隊知道，以這種方式表述的這項屬性，對消費者沒有意義。消費者的目標是流暢和正確地追蹤移動軌跡，而不是滑鼠裡面一顆球的重量。

二〇一三年，美國環保署對其燃料經濟性標籤做了徹底改變。下頁圖顯示了一個相對比較舊的標籤（自一九九五年至二〇〇八年使用）和新的標籤（二〇一三年推出）。

如果你去買車，會看到像這樣的標籤貼在每輛車的車窗上，這是法律規定的。下圖的舊標籤上只有兩個數字，在城市裡和在公路上的每加侖可跑英里數。它提供了這些數字，而我們知道這些數字可能產生誤導，除此之外別無其他用處。在小字印刷的地方，它還顯示了類似車型的英里數範圍，但你必須瞇起眼睛才能看到。

請看一看，並將新舊標籤做比較。新版本顯然包含更多資訊，環保署增列了溫室氣體和霧霾等級，以及五年燃料成本。由於賴瑞克和索爾的研究結果，現在還有一張每英里需要加侖數的標籤，儘管沒有像其他統計資料那麼顯眼。

乍看之下，這似乎有很多資訊，但其中的許多數字其實是多餘的，比如以不同

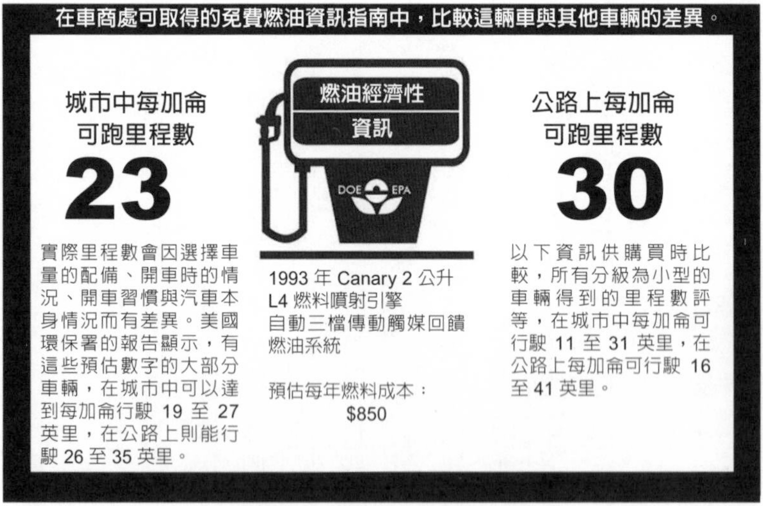
在車商處可取得的免費燃油資訊指南中，比較這輛車與其他車輛的差異。
城市中每加侖可跑里程數
23
實際里程數會因選擇車量的配備、開車時的情況、開車習慣與汽車本身情況而有差異。美國環保署的報告顯示，有這些預估數字的大部分車輛，在城市中可以達到每加侖行駛 19 至 27 英里，在公路上則能行駛 26 至 35 英里。
燃油經濟性
資訊
DOE
EPA
1993 年 Canary 2 公升
L4 燃料噴射引擎
自動三檔傳動觸媒回饋燃油系統
預估每年燃料成本：
$850
公路上每加侖可跑里程數
30
以下資訊供購買時比較，所有分級為小型的車輛得到的里程數評等，在城市中每加侖可行駛 11 至 31 英里，在公路上每加侖可行駛 16 至 41 英里。

2008年之前的汽油里程數標籤❷

的衡量尺度與名稱來表達燃料經濟性。燃料成本就是一萬五千英里的每英里需要加侖數，乘以汽油成本三．七美元。標籤甚至在小字部分就說了這麼多。溫室氣體排放等級也是一樣：燃燒一加侖燃料會釋放大約二十磅（約九公斤）的二氧化碳。所以這個等級就等於燃燒的加侖數乘以二十。這個等級接著又被轉換爲滿分十分制的數字。由於汽車中沒有碳捕集科技，因此一輛保時捷使用一加侖汽油而產生的二氧化碳排放量，與混合動力車燃燒一加侖汽油而產生的二氧化碳排放量是相同的。這個標籤使用了一個屬性，就是汽車使用的汽油量，並將其轉換爲每加侖可跑英里數、每英里需要加侖數、全年燃料成本、五年總

現在的汽油里程數標籤

成本節約數和溫室氣體評等。就連霧霾等級也與汽車的油耗有極大的關連性。爲什麼環保署要提供這些多餘的資訊？

我剛開始還以爲這可能是一個無法取得共識的委員會做出來的不良設計。但我後來開始跟其他研究環保決策的心理學者交換意見後，我們開始對這些標籤感興趣。艾德里安·卡米萊里（Adrian Camilleri）、克里斯多夫·翁格馬赫（Christoph Ungemach）、賴瑞克、韋伯和我發現，人們對高效能燃油經濟性汽車的需求不同，就像超省油開車族一樣。有些人的動機是想省錢，其他人則是希望降低二氧化碳排放量。油耗與這兩個目標都相關，但選擇者可能沒有察覺到這一點。我們的團隊發現重點不在於油耗，而是它如何轉化爲目標。對節儉的人來說，每加侖可跑英里數可以轉化成操作成本。至於對碳排放感興趣的人，每加侖可跑英里數則轉換成了溫室氣體評等。對這兩種類型的人而言，結果是類似的，他們都買了省油的汽車，但轉換後的屬性則提醒著他們，這個屬性與他們的目標是有關係的。同時，每種類型的人都可以自由地忽略不關心的目標的屬性轉換。

在我們的研究中，用了兩組關心不同目標的人，來驗證這一點。其中一組最關心成本，另一組最關心環境。我們發現，在呈現正確的轉換時，每一組都做出了更好的決定，也就是說，他們買了更接近自己目標的汽車。顯示全年燃料成本，對想要削減汽車使用成本的人而言很有幫助；而展示溫室氣體評等，則對想買環保車輛的人有幫助。當我們提供正確的轉換時，他們雙方都選擇了更接近自己目標的車，雖然這些數據都可以輕易由每英里需要加侖數計算出來。當我們只提供不相關的轉換時，人們就沒有做出更好的選擇。事實上，如果沒有轉換過的屬性，他們就會更注意其他屬性，比如售價，但我們已經確信，這些屬性與他們的目標更不相關。所以這不是我當初所以爲的是因官僚作業而造成的多餘內容，而是將屬性轉換成某種格式，這種格式給不同目標的人最有幫助的資訊，並幫助了兩組不同的購車族群。❸

汽車還具有許多可以取不同名稱的其他屬性。對速度感興趣的人，並不是在找一部排氣量爲三百四十七立方英寸的發動機，而是在找一輛加速很快的汽車。也許引擎時速從零加速到六十英里所需的時間，要比發動機的尺寸更接近這些消費者的目標。以特斯拉Model S爲例，它配備了Ludicrous+Mode這個特殊程式開關，可以在不到二・三秒的時間內，讓車速從零爬升至六十英里，比任何其他生產線量產的汽車更快。因爲這是電動車，所以像立方英寸排氣量這樣的術語，並不代表它在加速目標上的表現。因此，這一節的重點內容就是，屬性能做的不僅是呈現技術規格。從選擇者的角度看起來，屬性是實現目標的手段，而不是目的本身，因此名稱對於將屬性轉換爲目標有幫助。

來看另一個屬性名稱如何具有不同關聯性的例子。假設你要去一個網站購買來回雙程的跨國機票。在合適的時段有兩趟班機，座位都很好，而且你在這兩趟班機都有飛行常客里程數。但它們有一個不同之處，其中一趟班機收取五美元的小額費用，以幫助抵消航班產生的碳排放。現在考慮一下，有兩種方式來標記這項費用，它可以稱爲**碳排放稅**或**碳補償**。即使這筆費用的收入會被用在同一個目的，像是植樹方面，你認爲不同的標籤名稱，會對你選擇航班造成同樣的影響嗎？

大衛．哈迪斯蒂（David Hardisty）、韋伯和我透過造訪網路上的使用者進行了這項研究，但有個不同之處。我們讓人們輸入他們在做決定時的想法。你或許猜到了，即使費用和最後用途相同，標籤卻造成了極大的不同結果，尤其是對那些自稱爲共和黨人的人。當標籤將這項費用列爲「稅收」時，這個政治團體說的一些內容實在不能在這裡列出來，但即使內容不包含咒罵文字時，這些內容主要還是負面的：「浪費了更多的搶錢費用」和「反正都是一場騙局」，而這只是其中兩個例子。整體來說，**稅收**這個詞就像說牛絞肉含有二五％的肥肉一樣，具有強烈的負面關聯性，尤其是對共和黨人而言。

民主黨人的選擇則比較少受到稅收標籤的影響：六二％的民主黨人選擇了將該標籤標記爲稅收的班機，但只有二六％的共和黨人選擇這個班機。

當受訪者看到完全相同的班機，但費用被標記爲「碳補償」時，又會發生什麼事？共和黨人的一些反對意見消失了，但不是全部消失。當他們開始思考的時候，更可能會想到正面效益，而且在很早期就出現在他們的決定過程中。當我們檢視他們的選擇時，民主黨人和共和黨人之間的分歧消失了：六四%的民主黨人和五八%的共和黨人選擇了有這筆費用的機票。❹

回到用餐選擇，有一個日益增加的趨勢就是，在餐廳菜單上列出每種食物的卡路里含量。卡路里的數量可能是一個重要的屬性，它對控制體重的目標有明確的含意。不過，關於這個標示是否有助於讓人們選擇更健康的食物，這個證據就並不一致。有一個議題是要了解，如何將卡路里這個屬性，轉換爲它的含意。因爲吃一個熱量爲二百五十大卡漢堡的效果，可能很難讓人理解。一個建議是將卡路里的數量轉化爲一項體育活動，像是說明「你要吃的漢堡，相當於步行二·六英里（約四公里）所需的熱量」，正如下圖所示。這一策略曾在一所大型州立大學的員工中試用過。半數參與調查的員工被要求從速食菜單中做出假設性的選擇，菜單上包括總卡路里和相當的「步行英里」數字，而另一半測試員工

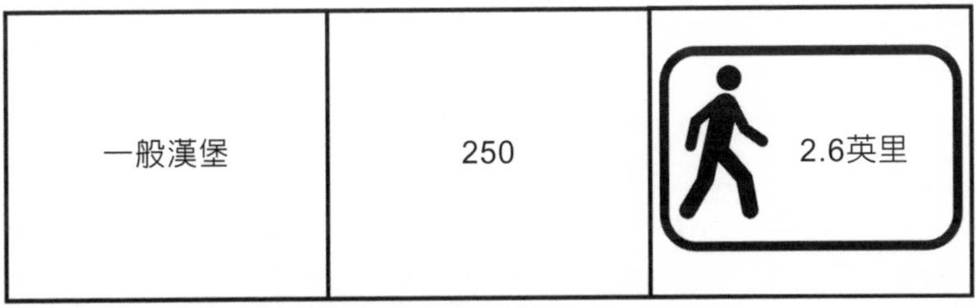

易於理解的卡路里指標

則被要求在沒有這兩個指標的情況下做選擇。在包括這個有意義的指標時，點餐的卡路里數從一千零二十減少到了八百二十六大卡，降低了大約二〇%。可惜的是，在試圖複製這個結果的其他研究中，卻沒有總是獲得同樣成就。這種以步行英里數表示的活動標籤確實降低了卡路里的攝取，但沒有比僅是列出卡路里數量的方式更多。不過，有證據顯示，即使最後選擇的飲食沒有不同，有些人還是會做出一些有幫助的事，他們開始走更多路了。但還需要做更多的研究。❺

由於我們知道內容和目標不是同一件事，因此現在可以深入了解另一個重要的設計問題：我們應該向選擇者提供多少屬性？為了回答這個問題，首先要了解選擇者在做決定的時候有多少目標。每個目標只有一個屬性，而且明確加以命名和標記，會是合理的進行方式。❻

制定指標

在搭乘優步（Uber）後，你總是會被要求，在一個五分尺度上，對司機進行評分。在快餐連鎖店Chili's，你也會被要求使用類似的五分尺度，在平板電腦上對服務員做評分：四分被列為「良好」，而五分則被列為「優秀」。這些尺度都是指標的例子，或是我們如何描述屬性上替代選擇的例子。你可能不知道，但在你使用優步後，司機也會給你評分。低分可能表示你未來不會被司機選中。像這樣的評分尺度無處不在，它們決定了餐廳服務員、司機和乘客得到的結果。

但我們眞的知道這些尺度代表著什麼意思嗎？我以教書維生，這表示我對一個指標有相當多的經驗，那就是用來評定等級的ABC尺度。對於一些課程，我甚至被要求使用一定的分數分布，某個百分比的學生會得到A，另一個百分比得到B等等。但對於優步或Lyft這些應用軟體，我卻沒有任何線索。直到不久前，我都還認為，對稱不上完美的搭乘經驗打四分是可以的。畢竟，我推論一、二與三星，是讓眞正不開心的人評的。也許在如何看待這些評等方面，存在著年齡和專業的差異。我的一個年輕朋友在驚恐中回憶著，他的母親如何將所有優步評等都預設選項為三，因為她認為這些搭乘經驗「沒有什麼特別的」。但優步的三分不代表普通，對司機而言，這是一場災難。

我朋友的母親和我都誤解了優步設立的指標。根據《商業內幕》的報導，優步司機的平均評分為五分裡的四．八分。最近一百次搭載旅程中，評分低於四．六的司機，有可能失去擔任優步司機的機會。我不知道自己竟然是一個如此嚴厲的評分者。這種誤解可能會讓司機丟掉飯碗。想像一下，一名司機從四名乘客獲得五分的評價，然後遇到了我朋友的母親，她給他們打了她正常的三分評價。這個一無所知的人，就這樣把司機置於四．六分的邊緣評等上。使用不被理解的評分尺度會產生眞正的嚴重後果。當乘客不知道這些標準時，司機們會害怕，並在無意中造成傷害。❼

選擇指標在設計者的控制範圍內，而且有很多方法可以做到。想想在一家新餐廳裡描述食物。你可以說它很棒。你也可以在滿分十分中給它打九分。你還可以說它是四．五顆星、給它那個著名電影評論家的「豎起兩個大拇指」，或者你可以直接說「好吃」。這些指標都描述了同一件事，就是你認爲食物的味道如何。但如果選擇者不知道這個指標，就會犯下錯誤。

重要的是要了解，就算指標本身是客觀的，消費者仍然可能會誤解。舉例來說，嚴格來說，汽車的每加侖可跑英里數是正確的。食物的卡路里數也同樣客觀正確。問題在於這些指標都被誤解了，因爲選擇者不知道如何使用屬性來實現目標。

直線指標

當我在消費者金融保護局擔任學者的那幾年，我參與了放款人如何披露利率的做法。就金錢方面，非線性在消費金融領域所造成的錯誤是最大的。我們根據年利率來挑選信用卡和貸款。我們根據年化報酬率來決定進行哪項投資。但我們都模糊地知道，利率是呈指數成長的，會隨著時間經過而採複合計算。這就導致人們低估了利率。

問自己這個問題，並像大多數快速財務決策一樣，在沒有谷歌搜尋或使用計算器幫助下，試著作答：

如果你給一個二十歲的年輕人一份價值一萬美元的禮物，將其投資於一個年利率爲一〇%的證券，並且假設這些收入不需課稅，就像個人退休帳戶那樣，而且在六十五歲退休前不能隨意處分這筆錢，那麼這個禮物的價值是多少？

你的答案是什麼？

大部分的人在得知它的價值居然高達七十二萬八千九百零四美元時，都大感震驚。爲了看看人們能計算得多正確，我在一個線上小組中，對五〇九名參與者提出了這個問題。幾乎有一半的人猜測的價值不到十萬美元，而整個小組平均的估計價值爲二十七萬美元。有九〇%的受訪者估計的價值低於眞實數字。

爲什麼他們估計錯了？有些人承認他們就只是猜測，但大多數的人使用了簡單的合理路徑來解決這個問題。他們會先估計一、兩年的利息效果，然後嘗試調整複利計算結果。在這個問題中，這筆投資在一年後的價值爲一萬一千美元。因此他們認爲在四十五年後，這筆投資的價值是一萬美元加上四十五年的利息（四十五乘以一千美元＝四萬五千美元），或者總計爲五萬五千美元。他們試圖根據複利調整，但調整得太少了。舉例來說，他們可能將最後金額翻倍，成爲十一萬美元，但這還是將最後金額低估了六十萬美元以上。平均而言，我調查的受訪者評估的投資價值，比眞正的價值低了四〇％。結果就導致這個投資看起來的吸引力比應有的小得多。❽

低估複利的影響，對儲蓄和貸款都有非常眞實的影響。它讓儲蓄看起來不那麼吸引人，因爲我們低估了在投資結束時能得到的金額。它也使借款看起來更有吸引力，因爲低估了複利對自己將要積欠的款項造成的影響。事實上，研究顯示，有九八％的人低估了貸款成本，而這些影響在比較貧困、受教育程度較低，以及對數字思考能力較差的族群中會更大。

雖然我們都模糊地知道利息是複合計算的，但計算方式並不容易，也不直觀。如果貸款或投資的時間更長，或利率更高，那麼複利的影響也就更大。正是在這些情況下，我們需要更仔細地思考這個問題。研究顯示，當時間更久與利率越高時，錯誤估計的程度也更嚴重。誤解了複利還會影響其他的重要結果，例如：可自由支配的儲蓄、退休儲蓄、對通貨膨脹的認知和信用卡的使用等。

這裡有一個例子，說明我們在借錢時，如果不明白複利會帶來怎樣的傷害。它被用於聯準會進行的大型全國調查：

> 假設你以一千美元的標價買了一個房間的家具，並且要分十二個月分期償還這筆錢給經銷商。你認爲一年後，計入所有財務與帳務費用後，家具的總成本是多少？

這個問題要求他們估算成本，但並沒有給他們一個明確的利率。對這個問題的平均回答是一千三百五十美元。由於我們知道借款金額和貸款期間，可以根據大家的回答，來反推隱含的年利率：答案是五七%。這會是一筆非常糟糕的貸款，而且利率高到許多州的高利貸法律都禁止這種貸款。因爲高利貸法律將利率限制在監管機構認爲公平的範圍內。分析這些數據的經濟學家維克多．史坦戈（Victor Stango）和喬納森．津曼（Jonathan Zinman）發現，在要求人們指出隱含利率時，他們會說，他們認爲貸款的利率爲一七%。

不了解複利是一種稱爲**「指數成長偏見」**（exponential growth bias）的廣泛現象的形式之一。一般來說，人們都會低估指數成長。這種偏見發生在許多不同的重要領域，比方說，人們低估了向大氣中排放碳的長期後果，以及流行病的成長，兩者都具有指數性的影響。所以很明顯，這些問題遠遠超出了金融領域。

利率（以及一般的指數成長偏見）是另一個例子，證明了選項的屬性與個人的目標，包括退休後有很多錢或讓貸款成本最小等，有著非線性的關係。利率是一個精確的概念，內容是每個時期的增加率，但如果涉及多個時期，計算起來就不簡單了。

我們可以藉由直接呈現結果，來製造更接近目標的指標。對於我們提供給那個二十歲的人的一萬美元投資，可以直接說它以一〇％的利率計算，在四十五年後將變爲七十二萬八千九百零四美元。對於家具貸款，我們也可以直接披露借款總成本：三百五十美元。這以人們關心的方式呈現了結果。這也讓選擇投資或貸款變得更容易，你只需要比較一千美元的貸款，看看哪一個成本最低。

但這不是通用的解決方案。挑戰在於許多財務安排並沒有固定期限或固定利率。投資可能平均算出一定的回報率，但股票的回報率會隨著市場起伏而變化。至於抵押貸款，合約規定爲三十年還清，但你可以在此之前出售房屋，並且還有不同條款的可調整利率抵押貸款。展現這種複雜性最好的例子就是信用卡，你不僅要追蹤你所積欠款項的支付情況，還要考慮當你有了新的消費時，對你的積欠款項中又新增了多少欠款。人們在估算自己的花費時經常犯錯，因此很難知道自己將使用信用卡支付多少錢。儘管如此，與現在使用的既複雜、頁數又多的合約相比，提供典型消費者可能產生的成本計算，對潛在買家可能更容易理解。美國銀行（Bank of America）一份典型的信用卡合約厚達十三頁、文字都是單行間距，還有二十種不同的定價和各類費用。由於不同銀行的合約也不一樣，因此幾乎不可能採用比較購物的方法。人們一定會主張，要計算成本，就必須找出所有的數據，但我認爲，所有這些數據反而會阻止人們計算借貸成本。他們會採取比較容易的方法，就是只比較利率，而不是比較貸款總成本。❾

目標是否影響人的行爲

馬拉松跑者通常有目標時間。我那些身材健美的朋友們說的是在三小時內完成，其他人則很樂於在五小時甚至六小時內完成。埃利烏德·基普喬蓋（Eliud Kipchoge）擁有最著名的馬拉松目標：二小時跑完一場馬拉松。他嘗試了兩次，在二〇一九年的第二次嘗試中，他成爲第一個突破這個障礙的人。他以一小時五十九分四十秒的成績，跑完了二十六·二英里（約四十二公里）。這不是一項正式的世界紀錄，因爲他得到了很多幫助。他跟著一輛電動計步車。那輛車用綠色的雷射光照射在地上，指出了他能跑的最快的路。

它還指引了幾組標兵，其中一些人是世界上最好的馬拉松運動員。每組有七名運動員在他前面形成一個飛揚的V字形，以減少阻力。基普喬蓋還穿著尚未發布的耐吉Vaporfly球鞋（也被稱爲Alphafly），這將他的跑步效率提高了約四%。但令人驚嘆的事實就是，他在不到兩小時的時間裡，在維也納街頭跑了二十六．二英里。

他的成就受到了很多關注。一位播音員把這個成就與人類登月相比，並稱其爲「阿姆斯壯時刻」。《紐約時報》則稱之爲「一個體壇的里程碑，在跑步界贏得了近乎神話般的地位，突破了幾年前許多人還認爲無法觸及的世間障礙。」

但我有點好奇，如果這兩小時以不同的時間計算單位，比如多少分鐘來表示的話，那麼基普喬蓋的成就是否仍然會被視爲非凡？打破一項一百二十分鐘的障礙，會得到同樣多的關注嗎？有一些關於整數的特點，會使它們成爲具有吸引力的目標。羅傑．班尼斯特（Roger Bannister）在一九五四年因爲打破了四分鐘內跑一英里的障礙而聞名全球，但如果我們把這個說成是二百四十秒的障礙，這種感覺還是一樣嗎？選擇量表可以使一些數字，比如整數，變成明顯突出的目標。[10]

目標也會影響一般的馬拉松跑者。他們會更努力達到目標，但如果無法實現也會鬆懈。跑者也是選擇者，他們決定在比賽中要跑得多努力，以及爲了達到目標的訓練難度。對他們而言，目標很重要。

一組決策科學家和經濟學家研究了近一千萬次馬拉松比賽的完成時間，以測試目標是否影響跑者的行爲。當被問到時，正如我們猜測的，人們設定的目標是整數：四小時是一個常見的目標，很少人會設定像四小時十九分鐘這樣的目標。當研究人員檢視馬拉松的完成時間時，在這些四捨五入的整數時間下面總是會有一個群體。下頁圖顯示了這幾百萬次馬拉松完成時間的分布。請看四小時那裡。有許多人在四小時差一點的時候完成跑馬拉松，接著在人數上就有一個明顯下降，就彷彿那些本來會在四小時又一分鐘才能完成的人，眞的強迫自己去達到他們的參考時間點四小時似的。四小時這個數字沒有什麼神奇之處。同樣的事情也發生在三小時、三小時三十分、四小時三十分和五小時。有一個目標而沒能實現也有其含意。如果你達不到目標，就可能會懈怠。就在剛剛過了四小時（以及三小時、三小時三十分、四小時三十分和五小時）之際完成馬拉松的人數呈現大幅下降，部分原因也可以解釋爲，當這些人發現無法在時間內達到目標時，就放慢了速度，於是抵達終點時就花了更多時間。目標對行爲眞的有影響。

知道了這一點後，設計者就可以透過改變屬性的呈現方式來改變行爲。想像一下，在馬拉松二十英里檢查站上的大鐘，是以分鐘而不是小時和秒來列出時間。當檢查站的大鐘上顯示的不是二小時三十分，而是一百五十分鐘。這兩個時間其實是一樣的，對嗎？如果時間是以分鐘爲單位進行測量和顯示，那麼與以小時爲單位顯示的時間相比，我們可能看見更多馬拉松跑者試圖打破二百分鐘的目標。不知道爲什麼，三小時二十分似乎就是沒有那麼吸引人。由於尺度的選擇由設計者控制，因此可以用來將選擇者的注意力集中在某些數值上，才能讓他們更努力去達到這些數值。

與工程師崔普．席利（Tripp Shealy）和雷迪．克羅茲（Leidy Klotz），以及律師魯斯．葛林斯潘．貝爾（Ruth Greenspan Bell）聯手，韋伯和我透過檢視用於評估新建築永續性的系統，來觀察指標的變化會不會改變選擇。現在任何檢查新商業建築的人，都會詢問這棟建築是否被能源與環境設計先鋒（LEED）這樣的組織認證爲環保建築。能源與環境設計先鋒認證使用的等級從「認證」開始，一

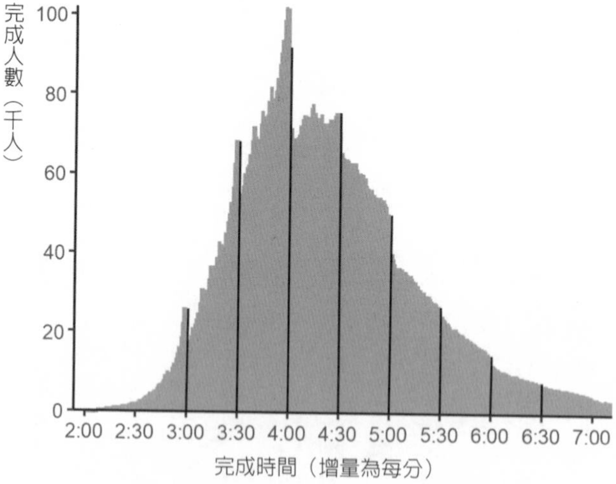

近千萬次馬拉松完成時間分布圖

直升級到銀牌、金牌和白金等。目前已有超過十萬棟建築，達到了這些自願申請評核的水準。

認證過程是由各建築商使用的電腦系統決定。這個電腦系統向建築師或工程師提供一套設計決策，並對特定選擇提供建築分數（能源與環境設計先鋒認證和類似組織將其稱爲**「積分」**）。如果使用了太陽能電池板，你將增加一定的分數。增加停放自行車的地方、爲自行車手增添淋浴設備，以及減少停車格的數量，你都會得到更多分數。這些分數會累積起來，當一座建築物達到一定的程度時，它就會被認證達到一定的水準，像是金牌等級。

我們想知道目標是否會改變專業工程師做出關於永續決定的方式。他們可能不會。他們並不是週末去跑馬拉松的賽跑勇士，而是一直在使用這種系統的專家。在現實生活中，透過升級獲得永續性分數，通常需要花錢。但是工程師會不會像馬拉松跑者一樣，透過改變他們的行爲，對不同的目標做出反應呢？

還有另一個叫做展望（Envision）的系統，由永續基礎設施學院（Institute for Sustainable Infrastructure）開發，運作原理與能源與環境設計先鋒認證非常相似。[11]它和能源與環境設計先鋒認證一樣也使用積分點數，但會根據新建築的基礎設施和經濟影響分配點數。展望系統首先爲行業中常用的標準打出零分，而後在你選擇了較爲永續的選項時，會給你的建築更多分數。問題總共有幾十項，但我們來看其中一系列的問題，描述了建築對周遭社區生活品質的影響。它包含像這樣的問題：「這棟建築項目的團隊將如何提升當地的技能和能力？」如果你沒有做任何與平常所做不同的事，就只得到零分。如果你招聘當地的員工，將得到一分。下一個級別要求你聘僱大量的本地公司，然後你將獲得十二分。最後，如果你培訓少數民族和弱勢群體，讓他們獲得在未來的建築案中可以使用的技能，你將獲得十五分。因此，這個項目的得分從零開始到十五分。

我們該如何調整這個指標，以得到一個較明確的目標？我們從每個級別中減去十二。同樣結果的現在得分會從負十二到正三分，而零分成爲永續性評分準則裡的第二高分。這將指標從原本任何永續性行動即可獲得加分，變更爲除了前兩個級別以外的任何行動都會被減分。各選項都保持不變，我們只是將原本的自然目標零分，設成了第二高分等級。沒有任何選項是預設的，但在我們改變前，現狀，也就是零分，反映了最小的努力。在改變之後，零分反映了相當激進的行動後才能獲得的分數。爲了達到每一個水準的程度，建築仍然需要對各個問題提出相同的答案，只是會得到不同的分數。

這個改變所引起的選擇變化是戲劇性的。看到這個重新設計度量標準的群體，指定了更永續性的建築。最高的可能得分是一百八十一分。爲了得到這個分數，工程師必須在每個決策上選擇最永續的程度，以獲得最高的總分。當這些選項先前以舊的標準呈現時，建築平均得分僅爲滿分一百八十一分中的八十一分。使用新指標後，這些建築得到了在原始量表上相當於一百一十二分的成績。

設計者可以選擇一個指標，然後利用目標來改變選擇者的行爲。無論是馬拉松還是永續性建築，以不同方式描述對等的數字，都可以改變選擇。

讓指標有意義

爲屬性設計指標的一個挑戰，就是選擇者不僅需要了解它的含意，還要了解關於分布的一些基本知識。他們需要了解：哪些價值是好的，哪些是壞的，哪些居於中間。

記得你在學生時代拿到一個測驗成績的時候嗎？你需要知道的第一件事是什麼？特別是一些古怪的老師，打分範圍並不在零到一百分的範圍內時。他們可能在某一週的考試中以三十五分爲滿分，在下一週卻以二十二分爲滿分。或者老師會以一百分爲滿分，但某一週的最高分是七十三分，下一週卻變成八十七分。你第一個看的是分數，接下來你就會想知道你的成績算不算好。只有在你知道平均分數是多少之後，才能判斷自己考得好不好。這就像優步的評分一樣，如果他們告訴我平均分數爲四．八，我可能就會給司機不同的評分等級。

爲了做出決策，我們需要了解屬性指標的基礎分布。想像一下，你正要買一台冰箱，你想買一台原始價位不太高，而且使用後也不會讓你破產的冰箱。如果你在美國購物，能源耗用的選擇架構就由一張黃色標籤組成，這是美國法律對許多電器的要求。標籤有一個特別重要的屬性，那就是預估的年度成本。這是一個經過轉換的屬性，根據它將使用多少度電力和每度電力成本的估計値，相乘之後就可以得到年度成本。有了這個屬性，我們就可以比較兩台冰箱的售價差異，並判斷是否可以用節省的電費來彌補售價差異。這個轉換可以幫助我們達到目標：在當下與稍後省錢。這個標籤還告訴我們這台冰箱營運成本的範圍。左頁列出的標籤是一般狀況。我們知道如果選擇另一種型號，會在營運成本上損失或節省多少錢。

設計者還可以使用另一個技巧來表達範圍，他們可以把範圍反映到人們已經了解的一個現有比例範圍裡。人們知道交通號誌的顏色。紅色是不好的，黃色介於兩者之間，而綠色是好的。他們也知道等級。儘管等級經過膨脹，但我們仍知道A是最好的，而且不是每個人都能拿到，D則是不好，而F是要不計代價去避免的。甚至還有著名的「大拇指向上，大拇指向下」量表，出自電影評論家吉恩．西斯克爾（Gene Siskel）和羅傑．埃伯特（Roger Ebert）在節目中用來評論電影好壞。使用這些類比的指標，可以將我們對世界的知識導入自己要處理的屬性裡。

與美國使用金錢不同，歐盟使用等級和燈光來顯示能源效率。我們來看看下頁的圖，該圖顯示了丹麥使用的乾衣機效率標籤。乍看之下，這種標籤似乎很有吸引力。它試圖透過把數值轉換成我們從學校學到的A、B、C、D評分等級，用來表達關於每台乾衣機的能源使用多寡，從而爲標籤增加意義。它還使用交通號誌的顏色來加強，當以所有色彩顯示時，A^{+++}、A^{++}和A^{+}是不同色差的綠色，而A是黃色的，B和

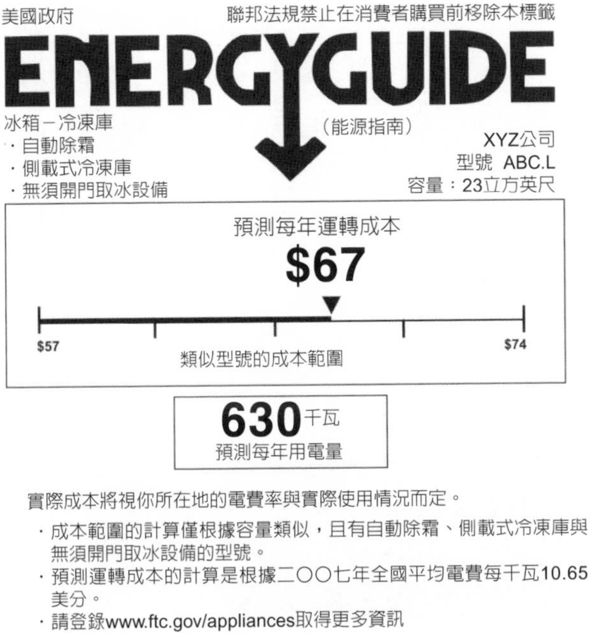
美國政府
聯邦法規禁止在消費者購買前移除本標籤
ENERGYGUIDE
(能源指南)
冰箱－冷凍庫
‧自動除霜
‧側載式冷凍庫
‧無須開門取冰設備
XYZ公司
型號 ABC.L
容量：23立方英尺
預測每年運轉成本
$67
$57
$74
類似型號的成本範圍
630千瓦
預測每年用電量
實際成本將視你所在地的電費率與實際使用情況而定。
‧成本範圍的計算僅根據容量類似，且有自動除霜、側載式冷凍庫與無須開門取冰設備的型號。
‧預測運轉成本的計算是根據二〇〇七年全國平均電費每千瓦10.65美分。
‧請登錄www.ftc.gov/appliances取得更多資訊

美國能源效率標籤

C則是從橙色的色差一直降到D的鮮紅色，提醒我們D比C和B更差，而C和B則比不上A。

大多數這類量表會把數字分類。他們會取一個數字，例如：每年消耗六百三十千瓦小時的電能，然後把其歸到一個組別（這台乾衣機被歸到B組）。因爲B是大家熟悉的評分等級，所以它讓屬性更易於理解。而等級B也暗指了一個意思，不怎麼好，但不至於太糟。這種分類規格可以讓用戶更容易理解評等的量測結果。

不過，有一方面的問題很突出。顯然，歐盟的等級膨脹很嚴重，看起來似乎沒有乾衣機得到F的評等，而最好的乾衣機得到的不是A^{+}，它們得到的評等是A^{+++}！

爲什麼是A^{+++}？等級膨脹是因爲科技不斷生產出更高效能的乾衣機。有太多機器獲得A^{+}評等，消費者無法分辨相當高效和非常高效的乾衣機。因此，歐盟能

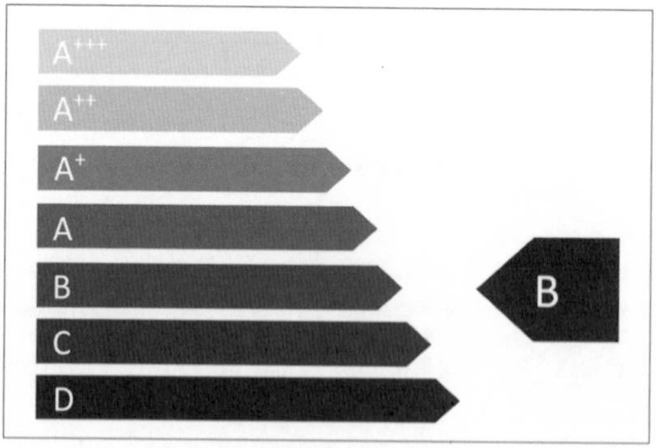

歐盟能源效率標籤

源管理單位做了一件在輕鬆的大學管理單位可能會想做的事情，他們增加了更多的高分等級。⓬

這種膨脹顯示了使用分類系統的一個缺點，它限制了指標變化的能力。畢竟，另一種替代選擇就是重新調整分級系統，但這是有代價的，本來已經了解B等級的人，必須改變他們原來的理解，而原本生產A等級乾衣機的製造商，也不會樂意被降爲B等級。另一個例子是紐約市衛生局提供的餐廳指標。曼哈頓有超過九〇%的餐廳清潔程度爲A級。這固然很好，但如果有人想區分餐廳的清潔度，這個評等就沒什麼用。

當一種科技取代了另一種科技時，這種情況經常發生。舉例來說，當像LED燈泡這種新型又非常高效能的燈泡技術出現時，人們會感到困惑。一個七瓦的燈泡會取代舊有的六十瓦的燈泡嗎？人們已經慣於使用消耗能量的量度，也就是一瓦特，來當做亮度的衡量標準。但是新的燈泡在發出相同亮度的光時，消耗的電量卻少得多。一種在舊科技下運作良好的衡量方法已經不再適用。其實亮度的標準科學衡量單位並不是瓦特，而是流明。一個六十瓦的白熾燈泡，提供了八百流明。要達到相同的流明數，省電燈泡需要十四瓦，LED燈泡則需要十瓦。但很少消費者知道。因此，公司將這兩個燈泡宣傳爲「等同六十瓦」也就不足爲奇了。不過，在二〇一〇年，歐盟開始要求流明要成爲包裝上最明顯的標準單位。

學習新指標必須付出的努力，可以解釋爲什麼數個世紀以來，我們仍一直使用舊單位來描述新科技。直到一九四八年，燭光仍被用來評估電的亮度。自從一七八二年，詹姆斯·瓦特（James Watt）爲了測量蒸汽引擎的能量輸出，而發明馬力這個名詞之後，直到今天它仍然被用來測量汽車的能量輸出。（如果你感到好奇，一馬力大約是七百四十二瓦特。）

借用另一種指標的第二個缺點，就是它讓屬性之間的差異比較變得困難。假設你正在比較兩台乾衣機。在歐盟的標籤格式中，一台評價是B，另一台則是A。如果效率更高的乾衣機價格更高，值得買它嗎？你願意多花五十美元，然後從選擇B級乾衣機變爲A級乾衣機嗎？消費者其實毫無頭緒。

這表示了當我們想鼓勵人進行取捨，尤其是在有重要屬性以數字方式表達的時候，簡單的分類尺度，比如分數量表，並不是很有用。另一方面，如果我們想呈現全面評估，或者如果想讓大家知道哪些選項眞的不好時，它們可能就有幫助。與許多選擇架構工具一樣，分類尺度會讓一些合理路徑看起來容易（篩選），而另一些則看起來較難（做取捨）。

第三種策略則試圖透過使用混合的視覺效果，結合分類和數位兩種尺度的優點來妥協。英國食品標準署使用左圖所示的標籤來達到這點。它對每個屬性使用三種不同的指標。

對於不想動手計算的人，我們有明確的分類說明。這款特定產品含有三百五十三大卡，與同類產品相較屬於中等水準。標籤使用交通號誌顏色來進行良好的量測（低、中、高類別中的屬性分別以綠色、黃色和紅色來表示）。這個食物的糖分不高，所以屬性顏色是綠色的。另一個指標是百分比，描述了一份這個食物占了你這個屬性每日建議攝取量的比重，比如請注意這項食物含大量飽和脂肪，在這項屬性方面，也是用紅色標籤來表示，如果吃了兩份這樣的食物，你今天的所需分量就已經足夠。最後，如果你已經知道這個指標的標準，那你就能了解一‧一克的鹽是合理的。這些指標中的每一個，都可以爲不同需求的選擇者提供服務。這些指標說明，從鹽的克數、百分比，以及顏色，都能幫助不同的人。這種方法對於營養標籤之類的東西似

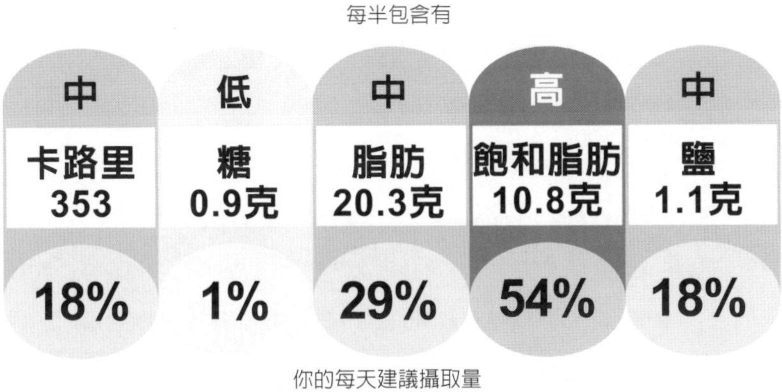

英國食品標準署的「混合」食物標籤

乎特別有用，因爲很多人確實有不同的需求。

在頻譜另一端的則是在紐約市採用的鹽含量標籤，請見下圖的頂端。這被稱爲警告標籤。想法其實很簡單，把黑色標籤放在任何含鈉量超過二千三百毫克的主菜旁邊。這是一天推薦攝取的總鈉量上限，而在這裡，光是一道主菜中就有這麼高的含量。研究顯示，人的鈉攝取量中，有約四分之一來自餐廳食物，對於在餐廳中點的菜的鹽含量，人們低估了約一千毫克。

就算你對目標無動於衷，這也是一個可怕的標籤。它並沒有告訴我們這個食物有多糟糕，而我也不

紐約市（上圖）與號誌燈圖（下圖）鹽分警示標籤

紅燈：鈉含量＞2,300 毫克

含鈉量警告

黃燈：鈉含量＞1,500 毫克與≦小於或等於 2,300 毫克

高含鈉

綠燈：每 100 克鈉含量≦140 毫克（符合美國食品藥物管理局規範之「低含鈉」標準）

低含鈉

確定人們是否了解，黑色三角形象徵著危險。我懷疑有些人不知道這代表著食物中含鹽太多，還是這食物需要加鹽。

這不僅僅是我的判斷。使用決策模擬器的實驗評估了這個標籤與其下方標籤的對比。這個標籤利用了從交通號誌借用的指標，將食物描述為紅色的「含鈉量警告」、黃色的「高含鈉量」或綠色的「低含鈉量」。標籤由彩色鹽罐和文字組成。在這項研究中，人們選擇虛擬的食物選單時，會見到警告標籤、交通號誌標籤，或者完全沒有標籤。與交通號誌版本相比，在降低人們選擇食物中的鈉含量，和傳授關於食物中鈉含量的知識方面，警告標籤都比較沒有效果。⓭

這個例子顯示，即使是紐約的好心官員也可能會弄錯標籤，如果你的目標實際上是要降低鈉的攝取量，那麼透過實驗來進行測試，對於讓這個目標正確施行是很重要的。它還顯示了借用其他量表的力量，在多項研究中，交通號誌燈色編碼在營養相關方面很有用。最後，它還顯示了篩選可能是一個合理目標：二千三百毫克的鈉是非常多的，已經相當於一整天的建議攝取量，而知道你一餐就已經攝入了這麼多鈉可能是有用的。最後，請注意紐約市並未禁止這些食品。如果你想點這樣的主菜，並一次吃下一整天的鈉容許量，那就這麼做吧。

智利是世界上人口肥胖率最高的國家之一。七五%的成年人有超重問題。二〇一六年，智利將警告標誌的做法發揮到了極致。如果食品含有過多的鹽、飽和脂肪或糖，或過多卡路里，它就會在食品標籤上放置帶有 Alto en（意思為高含量）字樣的停止標示的標籤。智利人從此改變了他們的習慣。舉例來說，含糖飲料的消費量下降了二五%。但很難說這一切都是歸功於標籤。在採用這種標籤的同時，許多其他事情也改變了，不健康食品的電視廣告被限制只能在晚間十點後播放，而含糖飲料的稅也增加了。所以，雖然我們知道發生了變化，但不知道有多少是由標籤造成的。[14]

不過，有一點是很清楚的：使用停止標示會鼓勵篩選，這是在第 3 章中討論過的合理路徑。「不要考慮帶有『高糖』停止標示的食物」這個說法非常流暢。幾家食品公司似乎也知道這一點，他們避免張貼那個可怕的停止標誌，而將產品的成分重新配製到低於需要貼上標籤臨界值的水準。

縮放指標

許多指標都可以縮放。我們討論過每英里需要加侖數，但實際情況則是使用每百英里需要加侖數，因為設計者認為每百英里需要三．八加侖，比相同敘述結果的每英里需要〇．〇三八加侖更容易了解。他們可能是對的。乘以一百後能讓數字更容易理解。數字的指標通常可以透過這種方式進行縮放。我們可以用服務的價格爲例，並按年、月或日進行調整。很有名的例子就是像美國公共廣播電台等慈善團體改變了捐款的單位值，談到捐款每天只需花幾分錢：每天〇．二八美元和每年一百美元的捐款結果是一樣的，但因爲這是一個較小的數字，聽起來就似乎沒有那麼大的影響力。比較小的數字改變了我們組合偏好的方式。我們會將〇．二八美元與一些瑣碎的東西相比，比如一包口香糖，但會將一百美元與比較高價正式的東西比較，像是外出吃一頓美味的晚餐，或一件昂貴的毛衣。改變數字的大小比例，可以改變在做決定時搜尋出來進行比較的內容。

雖然小的數字更容易比較，但大的數字會令人覺得不可置信。對於聯邦預算中的各種數字尤其如此，一份包含鉅額數字的厚重文件（通常超過一千四百頁），超出了我們的正常經驗。二十世紀物理學家理查．費曼指出：「銀河系中有十的十一次方顆恆星。這曾經是一個龐大的數字。但這也不過就是一千億。這比國家的預算赤字還少！我們過去稱它們爲天文數字。現在應該稱它們爲『經濟數字』。」

處理大額數字的一種方法，就是讓它們具體和個人化。就像年度公共廣播電台捐款可以拆分成每天只有幾美分一樣，預算變更也可以架構爲對個別公民或整個國家的變化。舉例來說，根據川普政府的說法，二〇一七年環境政策的一項變化，也就是美國優先能源計畫（America First Energy Plan），將「幫助美國工人，在未來七年內增加超過三百億美元的工資。」這看起來令人印象深刻，卻難以具體思量。

一個小小的計算就可以將這筆七年內爲國家提供的三百億美元，轉化爲美國約一·五億名勞工的個人利益，平均工資每年增加約二十九美元。改變描述節省結果的單位是否會影響人們的取捨？這個例子中的一個數字（三百億美元）讓人印象深刻但抽象，而另一個（每年二十九美元）看起來更容易理解，因爲它很個人化而且具體。

韋伯和我有點好奇，用這種方

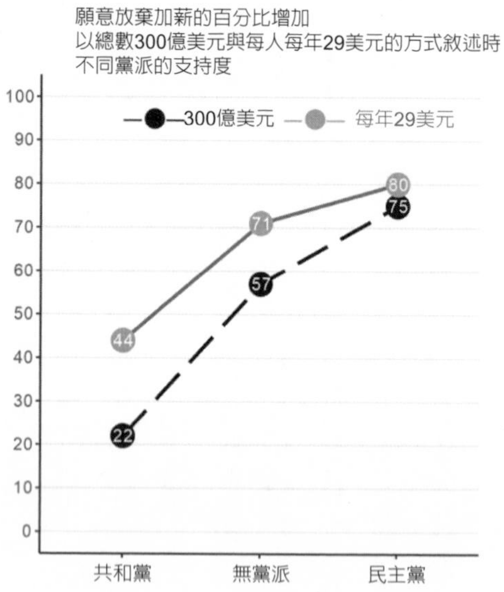

改變單位敘述如何改變了人民偏好

法改變單位，是否會改變人們的想法。我們針對一群美國人樣本，詢問他們對這項計畫的看法，是偏好大的總數（三百億美元），還是偏好較小也較具體的數字（二十九美元）。右頁圖顯示了希望保持現行政策（並放棄加薪）的人的百分比，並依政治黨派以及他們看到的是鉅額數字還是更具體的數字進行了更精細的劃分。

顯然，將數字細分爲更小但更具體的方式改變了選擇：有更多人（增加了一二％）希望維持現有的環保法規，而移除這些法令被描述爲平均每年薪資的變化只有二十九美元。更令人震驚的發現則是，當我們使用具體數字的時候，各黨派的意見就漸趨一致了。當以較小、更具體和個人化的方式來描述效益的時候，想要政策維持不變的共和黨人（四四％）是以較大而抽象的數十億美元來描述優先能源計畫（二二％）效益時的兩倍。⓯

在避免宣稱任何一種立場較好的同時，數據再次顯示，我們呈現屬性的方式，能大幅改變人的選擇。在這個例子的情形下，呈現的屬性是指政府政策變化帶來的利益。

讓艱難的取捨變容易

我們用來問人們有關滿意度的問題時所使用的量表，已經有很多的研究。有許多書籍整本都在檢視類別的數量、描述類別時使用的文字與使用的**文字量**，或我們是否該使用圖片的效果。但關於如何向人們呈現選項的相關資訊，卻很少人研究，其中大部分的研究還是在過去十到十五年之間**已經**完成的。儘管如此，這對設計者而言，卻是一個重要的工具。我們在本章開頭提到的超省油開車族，很巧妙地找出了提高油耗里程數的方法，但在某些方面，他們其實優化了錯誤的量表。正如我們所見的，將每加侖可跑英里數從九十九英里硬擠到一百英里，節省下來的汽油其實非常少，大約是每一千英里只節省了十分之一加侖。如果他們早知道這一點，也許就不會跟在卡車後面趕上牽引氣流，也不會在時速五十五英里時，還以每小時三十五英里的速度轉彎。我們眞的很擅長在遊戲得分計上取得最好的分數，但卻不太擅長去理解這個得分計的含義。

然而，描述選項卻是設計選擇架構的核心。一個好的設計者可能會致力於確保他們提供的資訊是正確的。但和選擇者一樣，他們可能不理解，看似關於指標的一個小小選擇，對整個選擇的影響可能比價值本身還大。難以理解的指標的一個特點就是，它們不僅會改變人們的選擇，還會改變人們如何選擇的方式，也就是人們的合理路徑。本章中的許多決定都牽涉到艱難的取捨，美味的食物與最後的健康、支持稅收與削減政府支出，或者讓建築商與消費者現在就爲以後的環境效益負擔費用。這些決定已經夠困難了，但是當設計者把屬性的指標弄錯時，選擇者就不能按照想要的方式來做選擇，於是就會做出更糟糕的選擇。描述選項是選擇架構中最不受重視的工具，也是各研究中最少被探索的工具，但卻具有非常重要的意義。

第9章
打造選擇引擎

我們會在許多不同的環境中做選擇：在紙上、實體商店貨架上、網路上，甚至智慧手機上。從紙和實體商店轉移到像素和瀏覽器，讓選擇建築師可以做到在實體世界中很難做到的事情。實體商店不能針對每個購物者重新排列貨架，也不能只對購物者展示他們喜歡的品牌，但網站做得到。商店貨架很難指引你如何使用產品，但銷售人員可以。因爲互動環境是不同的，所以我將這些選擇架構稱爲**「選擇引擎」**，以反映它們可以增強和回應選擇者的偏好這個事實。

你可以在亞馬遜網站購物、瀏覽網飛、決定用貓途鷹（TripAdvisor）預訂旅遊行程、在評論網站 Yelp 上搜尋餐廳，或在影評網站 IMDb 上找想看的電影。這些選擇引擎都是美國造訪次數最大的一些網站。舉例來說，亞馬遜網站一個月的造訪次數超過六・九億。這些網站的設計者都在影響你的選擇。❶ 即使你使用這些網站做出決策的方式發生微小的變化，也會對網站的獲利能力與人們的選擇品質產生重大影響。由於選擇引擎可以根據用戶的輸入內容進行自我轉換，所以它們可以做到其他類型的選擇架構無法做到的事情。

選擇引擎具有三個讓它們與其他選擇架構區別開來的特性。

- 它們是**可客製化**的。透過運用使用者模型，它們可以符合用戶的需求。還記得當我們希望為每個用戶預設最好的選項時，所提出的智慧型預設選項的想法嗎？選擇引擎可以實現這個想法。

- 它們可以將**控制權**交給選擇者。前文已經討論過選擇架構如何促進或阻礙不同的合理路徑。但是選擇引擎可以改變選擇架構。亞馬遜網站允許人按照價格或平均評等，對選項進行排序，我就可以成為設計者與選擇者。我能讓網站符合自己想要的合理路徑呈現選項。
- 最後，選擇引擎可以幫助選擇者理解他們的選擇。你經常會在網站上看到這種情況，有個小問號可能會出現在某個框的旁邊。如果點擊它，就會看到一個彈出式的協助螢幕。提供更複雜的教育，也變得可能。比方說，提供模擬體驗，讓選擇者查看從劇院中的任何座位上能看到的景觀。

我們會學習所有選擇引擎的這些特殊能力，檢視它們運作順利與不順利的例子。讓我們從一個最精心設計的選擇引擎開始，那就是網飛的登入頁面。

網飛也是典型的選擇引擎

經過漫長的一週工作之後，終於到了週五夜晚，你一定想要放鬆一下看部電影。正如你在前面章節中學到的，請伴侶推薦電影不會有很好的結果。不知何故，當你的伴侶展示選擇時，你最後總是會看到一部對方比你更喜歡的電影。伴侶顯然是一名非常有成就的設計者，又或者在你之前就讀過這本書，懂得利用本書教導的內容，鼓勵你選擇他想看的電影。至於這是不是一個暗黑模式、陰謀，或者他就是知道你真正喜歡哪一部電影，那就只能由你來判斷了。

因此，你轉而求助於全球最大的網路串流服務平台：網飛。它也是典型的選擇引擎：它的目標就是幫你找到想看的影片。它不是被動呈現選項，而是嘗試客製化你看到的一組內容，讓你得以在某個程度上控制呈現的內容，甚至還能幫助你了解自己可能喜歡的新選項。它做到了我們與選擇引擎連結的所有事情。

事實上，網飛的存在靠的就是從它龐大的授權影音資料庫中，找出你想看的節目。讓你持續投入並支付每個月的訂閱費，就是它的主要收入來源。網飛的股價也明顯反映了客戶數量變化，當它宣布在二〇一九年失去了十三萬名客戶（不到其六千萬總客戶數的〇．二％）時，股價在一天內就下跌了一〇％。網飛需要將客戶與它的內容連結起來，因此你認爲它應該能爲自己找到想看的內容。

你在串流裝置上啓動了網飛。出現了一個簡單的問題：觀看的是誰？是你、你的伴侶、你的孩子，還是其他人？你回答後就會出現一個網頁，上面有個正在播放的影音預告片，看起來可能很有趣。有些電影和節目你可能已經不記得了，或者根本不知道。預告片自動開始播放，這讓你有點生氣，但很快地這個節目引起了你的興趣。當預告片結束播放時，你會注意到螢幕上兩個明顯的按鈕，一個是「開始播放」，另一個則是「更多資訊」。當你向下滾動頁面時，會看到許多排電影和電視節目。第一排可能被標示爲「最新發行」，下一排可能是「目前熱播」，接著可能是「廣受好評的電視節目」。繼續滾動，就會出現一行你以前看過的節目。當你的滑鼠在某個節目上停留超過一秒時，這個節目的預告片將開始播放，可是一旦你移開滑鼠，就會停止播放。幾分鐘之後，你發現自己正在觀看《諧星乘車買咖啡》（*Comedians in Cars Getting Coffee*），這是一個你根本不知道的節目。它的主角是傑瑞．賽恩菲爾德（Jerry Seinfeld），你最喜歡的一名演員。

網飛不僅完全表現了一個選擇引擎的三個特性，而且爲了做到這一點，它的登入頁還使用了本書提到的所有選擇架構工具。讓我們來看看其中的一些工具：

- **合理路徑：**網飛知道，「如何做出抉擇」的這個決定，也就是選擇一條合理路徑，發生得很快。網飛不會讓選擇者等待。它花了龐大的心力來防止等待，讓要觀看什麼節目的決定變得非常流暢。網飛工程師會吹噓用在快速加載客戶登入頁面的創新技術，以及防止等待對留住客戶的重要性。
- **預設選項：**在預設選項情況下，當你進入網飛頁面時，一個帶有音訊的預告片將開始播放。直到二〇二〇年初，儘管社群媒體上有許多抱怨，仍然無法將這個預告片關閉。
- **選項數量：**網飛擁有近六千部影視內容（約四千部電影和二千部電視劇）。他們以某種方法將這麼大量的內容降低到八十部左右，這是他們認爲可能適合你觀看的選項。這牽涉到一些很嚴肅的人工智慧魔法，我們將在稍後討論。
- **排序：**網飛會設定每行出現的順序。第一個出現的該是「目前熱播」，還是「最新發行」？一旦確定了每行的順序，網飛接著需要爲節目安排位置，決定它該出現在哪一行的開頭、中間或者結尾。如果你把自己的登入頁面和其他人的做比較，會發現這種排序是針對每個用戶客製出來的結果。位在初始螢幕左上角的影片，會比在其他位置的影片更容易被選出來看。

● **描述選項：**每一行都有一個標題，比如「廣受好評的電視節目」「目前熱播」或「詼諧的電視節目」等。不僅每個客戶的推薦節目行順序不同，不同的人還會在每行看見不一樣的選項。每個節目都有一張靜態圖片。網飛選擇這些圖片的原則，是爲了保證讓所有的節目都能夠吸引注意力，還是更有針對性，試圖增加特定節目的受歡迎程度？

選項的敘述還包括挑選出當用戶將滑鼠停留在圖片上時，該播放預告片中的哪一個場景。網飛如何決定從六十二集《絕命毒師》影集中展示哪些片段？爲了介紹美國版的《紙牌屋》，它根據對不同觀眾過去觀看情況的了解，爲他們剪接了三個不同版本的預告片。一個是爲英國版《紙牌屋》粉絲們準備的。另一個則是由羅蘋．萊特（Robin Wright，在劇中飾演克萊爾．安德伍德〔Claire Underwood〕）和其他女性角色剪接成的預告片，播放給點閱過電影《末路狂花》的觀眾觀看。第三個預告則是針對嚴肅的電影愛好者，因爲該影集製片人大衛．芬奇（David Fincher）在這些圈子中由於《社群網戰》和《龍紋身的女孩》等電影而聞名。❷

網飛使用了一個屬性，根據由零到一〇〇%的比例，預測你對每個影視標題的喜好程度。它還以「大拇指向上與向下」的評分方式，來蒐集你對影視內容的評分。爲什麼網飛要讓這兩種評分方式不同？網飛曾經對兩者都使用五顆星評分方式，但認爲人們對評分結果感到困惑。人們發現大拇指打分方式更容易使用，而換成大拇指打分方式也讓蒐集到的評分數量增加了一倍。網飛還發現，人們往往只會把高雅嚴肅的電影評爲五星，卻很樂於把一部一口氣追完的情境喜劇評爲大拇指向上。這種評分方式看起來讓評分者不那麼自命不凡，而且也許更誠實。❸

這整組工具都經過A／B測試，針對每一項體驗的細節進行調整，而且每年多達一百次。由於每天都有數百萬名觀眾使用它的登入頁面，所以可以得知很多事。

將這個網站與使用紙張開發的選擇架構來比較。首先，與網飛不同的是，每次你做一個條目時，一張紙無法讓你用來打電話到家裡核對，書面格式也很難調整。要了解這一點，請想像一下報稅表格。你可能還記得那些含有類似「如果C列的總數大於D列的總數，那麼請除以五，然後將得出的數字填入第八行」這種說明的表格。這至少也可以說是很麻煩的。

那麼網飛是如何做到的呢？在我開發第一個關於選擇架構的大學課程時，我努力傾聽學生的意見。他們比我花更多時間上網。在課程結束時，我總是問他們最喜歡和最不喜歡的架構。在大多數的學年裡，最佳和最差架構獎項的得主都是網飛。當我詢問原因時，我聽到以下幾點：

「我喜歡網飛，因爲它會找到一些我愛看的東西。」

「我討厭網飛，因爲我找不到想看的東西。」

仔細聆聽這些對話就會發現，有些選擇者的目標與網飛的目標脫節了。網飛並沒有試圖優化客戶滿意度，或者他們說的「快樂感」。正如網飛的一位產品工程協理所說過的，網飛試圖追求效率最大化，也就是在內容上「將花的每塊錢所能得到的快樂感最大化」。有些節目，比如《王冠》，就能帶來極大的快樂感，但製作成本昂貴，每集成本超過一千萬美元。如果節目選單上都是這樣的節目，可能會讓人高興，但訂閱費用就會高得讓人望而卻步，讓網飛從此消失。相反的，它的選擇架構的目標是找到能以低廉價格讓你快樂的內容。根據網飛全球媒體公關主任珍妮．麥卡貝（Jenny McCabe）的說法：「我們尋找那些相對於授權成本而言，可以帶來最高收視率的作品。」❹

正如我學生的評論所顯示的，網飛是否與你有相同的目標，取決於你想找什麼。如果你把網飛視爲影片的國會圖書館，裡頭包含有史以來製作過的所有節目，那你會感到失望。但如果你要找的是一個可以輕鬆又高效率地娛樂你的通路，那你就找到了理想的影片服務平台。

但爲了做到這一點，網飛必須了解你。我們來看看像網飛這樣的網站，是如何做到這一點的。

客製化和使用者模型

在互動式選擇引擎中可以做到的一件事情，就是客製化選擇架構。這可以創造更快樂的客戶和更高生產力的公司。早在二〇一三年，網飛就製作了超過三千三百萬個版本的網站。爲了做到這一點，網飛必須了解一些關於客戶的有用資訊。其中一些知識來自網飛的推薦系統。有人估計它爲公司增加了十億美元的價值。後文會討論推薦系統，但我想先談一個更廣泛且有時更簡單的概念，那就是使用者模型（user model）。❺

當我們爲了增加對選擇者的有用性，客製化一個網站時，是因爲認爲了解該使用者。這種認識，也就是對一個人的想像，促成了客製化。雖然使用者模型有時可能是複雜的分析系統，但也可能非常簡單。記住當你登入時網飛詢問的第一件事，那就是誰在觀看？旁邊還有三個按鈕，通常會是你的名字、你伴侶的名字和「子女」。網飛會在一開始就問這個問題，是因爲每個使用者的客製化內容是不同的。

還記得先前談過的那間德國大型汽車製造商GLAM嗎？他們對客戶提供許多選擇（比如買家可以從十六部引擎中選擇），但不明智地爲他們和客戶將最便宜的選項定爲預設。由於預設引擎被選中的頻率更高，他們開始擔心預設引擎可能會讓一些客戶不高興，更別提最便宜引擎的銷售量增加所造成的不愉快了。

我們建議他們對不同的客戶做客製化的預設選項，並將此稱爲智慧型預設選項。主管們喜歡這個想法，但有一個小問題。他們不想投資一個複雜的推薦系統，來對每個用戶推薦不同的預設選項。構建這樣一個系統需要付出很多心力，而且可能沒有這麼有效。汽車不是經常要購買的商品，關於以往購買哪款車型的資料可能沒那麼有效，因爲人們的需求在兩次購車之間會發生變化。一個三十歲的人，上次買的是一輛跑車，但現在可能需要一輛家用轎車或SUV，因爲自從上次買車以來，他已經結婚生子了。而且，並不是所有在GLAM公司網站上購車的人，都是買過GLAM車子的顧客，他們甚至可能完全沒有買過車。

GLAM有一個聰明又簡單的想法：「我們爲什麼不直接問人們，他們想買什麼樣的車？」於是就打造了一個登入頁面來問這個問題，選項如下：

- 一輛家用車。

- 一輛跑車。
- 一輛省油轎車。
- 一輛越野系房車。

光是知道對這個簡單問題的回答，就已經足夠用來設定預設選項。跑車的選擇不僅預設爲具備先進性能的引擎，還預設了其他屬性，例如：眞皮內部座椅、更昂貴的木製方向盤和換檔裝置，以及高性能的鍍鉻胎框和輪胎。而尋找家用汽車的人則得到不同的預設選項，比如側邊氣囊和兒童座椅安全帶。不需要昂貴的人工智慧，一個問題就改善了結果。我們可以稱這些爲**「足夠智慧型預設選項」**（smart-enough default），因爲它們以非常少的建模工作，就產生了智慧型預設的大部分好處。根據GLAM表示，客戶相當滿意。這些足夠智慧型預設也增加了收入，我們的研究顯示，與他們最初策略所犯的錯誤（使用最便宜的選項當做大規模的預設）相比，這些足夠智慧型預設導致每輛車的平均銷售收入增加八百歐元。

足夠聰明型預設也可以根據一些簡單的事物來做，比如知道選擇者的年齡。回想一下第5章，我們討論了生命週期基金，談到了這種基金隨著我們的年齡增加，如何透過增加債券而減少股票的配置方式，來降低退休帳戶的風險。只要問到出生年份，基金就會爲適合你年齡的高風險股票和較安全的債券，配置相對應的預設投資組合。更重要的是，隨著年齡的增加，基金會自動幫你改變投資組合，這是大多數的人都會忽略的事情。這也顯示了客製化並不困難，選擇者回報的一個數字，就可以改善預設。這個特定的智慧型預設不僅在購買時提供利益，而且在儲戶的整個生命週期內都提供利益。

當然，也有更複雜的方法。一種可能更強大的方法就是**協同過濾**。它蒐集使用者過去買過的商品資料，並使用人工智慧來預測人們未來可能購買哪些商品。這些方法既可以使用「外顯資訊」，比如使用者對選項的評分，也可以使用「隱含資訊」，像是他們是否在網飛上看完了特定的節目。也許最著名的協同過濾，就是亞馬遜網站使用它來生成「買了這樣物品的人也買了」的清單。協同過濾需要大量用戶的過去行爲，來進行預測。這是 **Apple Music** 提出建議、推特建議「跟隨誰」名單，以及 **Tinder** 網站上推薦適配對象的核心。是的，Tinder 顯然會根據你滑手機的結果，改變它向你推薦的對象。向右滑動將改變你未來看見的人。

重要的是要知道，在協同過濾的純粹形式中，並不使用關於選項本身的深入資訊。當蘋果音樂推薦一首曲子時，它對歌曲的節奏、節拍、歌詞或使用的樂器一無所知。它只知道像你這樣的人，都喜歡那首歌。

將它與**內容過濾器**比較，後者需要了解選項的屬性。有時候這很容易做到，舉例來說，假設我們在一個出售男士襯衫的網站。對一件牛津襯衫的描述就包含了很多資訊，它的顏色、材料、領子的類型，以及是否不須熨燙等。這與客戶在做出選擇時看到的資料相同，我們可以用它來預測選擇。至於諸如音樂之類的其他產品，要了解產品的屬性確實是一項挑戰。使用內容過濾器的公司會要求使用者根據面向（dimension）對選項進行評分，例如襯衫的運動性或歌曲的節奏。然後他們就編寫演算法，將歌曲從數位化表示形式（比如mp3檔案）分解至它的屬性。線上串流媒體平台潘朵拉（Pandora）透過其所謂的音樂基因組計畫（Music Genome Project），來使用內容過濾器。一名訓練有素的音樂學家會花二十到三十分鐘聆聽每一首歌曲，並根據數百個面向或潘朵拉稱爲基因的屬性上，對這首歌進行評等。一種演算法則使用這些評等來挑選相似的歌曲。與協同過濾不同的是，這個演算法對歌曲的了解更多，對人的了解較少。潘朵拉於二〇一八年被天狼星XM（SiriusXM）以三十五億美元收購，目前這項科技被用來爲天狼星XM旗下的一些網路電台篩選歌曲。時間一久，協同過濾和內容演算法被組合在一起使用。由於它們有互補的優缺點，這麼做也是有道理的。❻

但需要注意的是，使用者模型並不是花俏人工智慧的同義詞。如果我們想了解客戶的一些情況，通常可以透過問一個簡單的問題來進行重要的客製化，比方說，問客戶：「你想買怎樣的車？」或者「你幾歲了？」

大多數關於推薦系統的討論，往往都強調替換選擇。另一個看法則是，使用者模型讓設計者得以擴展選擇架構。當我們使用選擇架構來協助做出選擇時，也許需要考慮的是擴增智慧（intelligent augmentation, IA），而不是人工智慧。

把控制權交給顧客

造訪幾乎任何一個網站時，你都能控制一切。舉例來說，你可以去亞馬遜經營的薩波斯（Zappos）網路鞋店，並發現兩個主要工具。第一個工具是讓使用者而不是網站的設計者決定選項的排序方式。網站訪客可以根據相關性、最適合你、新到貨、客戶評等、暢銷排名、價格（從高到低或從低到高），以及品牌名稱等，對涼鞋進行分類。這種選擇取代了設計者對於如何排序的決定。第二個工具是讓你根據尺碼、性別、產品類型、品牌、價格、顏色和其他元素來篩選鞋子。這實現了我們在本書前面提到的一個合理路徑，也就是篩選。我可以篩選這些屬性中的任何一個。比如透過選擇顏色和樣式過濾器，有人就能將結果限制爲米色尖頭高跟鞋。這似乎是一個很棒的想法，因爲它將設計決策從公司手裡拿走，讓選擇者來做選擇架構。這一定會讓選擇者更輕鬆，對吧？

但這個機制有幾個潛在的問題。首先，設計者仍然擁有大量控制權，只是可能是隱藏的。在預設選項的情況下，設計者已經選擇了一個排列順序。即使在這裡，預設選項也有點棘手。還記得前文討論過那些用來選擇高中的網站嗎？在這些網站上，家長其實可以輕易地更改排序，但他們不太這麼做。預設的排序仍然最常被使用。即使嘗試使用下拉選單來改變排序，設計者仍然決定了顯示不同排序選項的順序。包括薩波斯在內的許多網站上，按價格從低到高的排序並不是下拉選單中的第一個選項，也就不令人意外了。提供選擇者更改排序的能力，不代表他們就眞的會更改排序。

篩選也是如此。設計者選擇可能屬性的順序，比如品牌名稱。在品牌方面，薩波斯提供了一百多種選擇，從ABLE一直排到Zamberlan登山鞋。篩選同樣也有缺點。人們有可能因爲想讓清單的長度更容易應付，而輕易刪除了眞正喜歡的選項。在第2章中，討論過篩選如何可能讓你刪除最適配的約會對象。由網站進行篩選時也是如此。最合意的鞋子有可能會被淘汰。

眞正的問題是，把選擇架構的控制權交給選擇者，是否能改善他們的選擇結果。這句話可能是對的，如果人們了解設計對決策的影響，他們可能會「自行設計」能做出較好選擇的環境。對價格敏感的人，就可能合乎邏輯地按價格排序，進而更容易地比較這項屬性。那麼讓人們選擇正確的架構對他們有幫助嗎？

可惜的是，正反兩面都沒有很多明確的證據。我們知道排序可以增加某項屬性對選擇者的重要性，但對選擇者完成排序後會發生什麼事，以及這是否眞的幫助他們做出更好的決策，則知之甚少。但是增加控制權能有幫助的一個例子，是計算屬性。還記得在第6章提到人們很難決定如何購買醫療保險的事嗎？人們很難準確估算保單成本，因爲成本至少以三種方式發生，自付額、付現成本和定額手續費。這些需要加在一起計算，才能估算一個保單的總成本。早些時候，管理醫療保險交易所的人發現，人們對保單總成本不夠關心。過去的例子中，有人只關注價格的一個組成部分，像是保費，卻忽略了其他部分，比如自付額。最後，許多交易所新增了保費計算器提供協助，等到《平價醫療法案》實施的第四年，在美國五十州中的四十五個州，已經可以很容易查到該項保險的預估總費用。

對用戶提供一個計算器，對他們的選擇有影響嗎？研究人員對一組美國人樣本提供了三種保單，讓他們做出選擇，由於三種保單的可選擇規模小得多，因此也更容易做出選擇。當選擇者得到一個計算器時，他們的最後決策獲得改善，購買最具成本效益保單的機率增加了七%。最重要的是，對那些收入和受教育程度較低，或由於照護成本過高而無法支應醫療需求的人而言，這個幫助效果更大。擁有計算器不僅有幫助，而且對最弱勢的人特別有幫助。

但還能提供選擇者更多的幫助。保險的費用取決於你實際使用了多少醫療保健服務。計算器提供的大多數估計值，都是根據所有人或者與使用者情況相似的人的平均就診次數而推算出來的。但有些人因爲特殊情況，看病次數遠多於其他人、使用的處方藥也比較多，所以醫療費用也更高。但其他人的醫療費用則會少得多。你可以透過納入更精確的估算結果來改良計算器。舉例來說，如果可以連結大型醫療紀錄資料庫，你就能觀察到過去的實際使用情況，並架構一個模型來估計某人可能使用多少醫療保健服務。你還可以讓人們了解成本分配概念，告訴他們在不同保單之間可能花費的最低和最高費用的估計值。（當我爲《財星》雜誌撰寫這篇文章時，他們主動下標爲：〈《患者保護與平價醫療法案》可以從網飛學到什麼〉，但我本來並沒有選擇文章的標題）。

Picwell是一家使用模型來估算醫療保健使用量的公司。公司總部設在費城，Picwell幫助保險公司指引消費者選擇最符合自己需求的保單。想像一下，如果有人問你：「你認爲今年你會去看多少次醫師？」你發現自己會開始思索，努力想要記起上次去看皮膚科醫師，是在今年一月，還是去年十二月。Picwell不依賴你的記憶力，而是根據與你類似的人的實際使用紀錄來建立統計模型，以估算你會去看醫師的頻率。[8] 同樣地，它的系統不會取代選擇者，但會擴充他們的智慧，讓他們決定自己想要什麼，同時幫助他們估算自己選擇的後果。

顯而易見，我們在計算方面需要幫助，而且可以使用電腦和智慧手機來協助。也許較不明顯的是，選擇引擎可以幫助我們提升對必要決定的理解程度。

好的選擇引擎還能助人學習

選擇引擎可以做的第三件事就是教導。它可以是擁有無限耐心的講師，可以永遠不厭其煩地向你解釋一個術語。如果你想知道什麼是保險自付額，只要將滑鼠停留在這個名詞上，網頁就會顯示說明。想知道你衣櫥中某種顏色衣服的優點嗎？一些樂於助人的購物者會在產品評論中告訴你。

理論上，一個好的選擇引擎不僅能幫助你做決定，還能幫助你學習。但有些領域很複雜，比如投資，所以講師面臨了挑戰。活躍的證券交易不僅複雜，而且風險很大。如果講師無法勝任工作，選擇者就可能會犯錯。事實上，選擇引擎可能讓人更快且更容易犯下大錯，特別是如果你是一個在複雜多變的市場中操作的新投資者。

新冠肺炎疫情爆發和大規模封鎖措施以來，個人投資也出現大幅成長。無論人們是在家裡感到無聊，還是被市場的波動所吸引，二〇二〇年上半年，許多股票零售經紀商看見了數百萬個新股市帳戶開立。其中一家名爲羅賓漢（Robinhood）的公司，其交易人在二〇二〇年末和二〇二一年初推動了許多市場趨勢。在二〇二〇年初，羅賓漢協助三百多萬名新股民開戶。其中有一半是第一次從事股市投資的人。雖然羅賓漢在二〇一五年才成立，但到了二〇二〇年六月，它的每日平均交易量，已經超過兩間最大的網路股票零售經紀公司嘉信理財集團（Charles Schwab）和億創理財（E-Trade）交易量的總和。雖然你可能聽說過羅賓漢公司的交易人對股票市場價格的影響力，但我想把重點放在該公司做爲選擇引擎對數百萬名新交易人提供服務的角色。

羅賓漢的一名新客戶叫做亞歷山大．克恩斯（Alexander Kearns），他是內布拉斯加大學林肯分校二十歲的大四學生，主修管理。和許多學生一樣，他在疫情期間返家，與父母住在伊利諾伊州的納帕維爾。克恩斯就是在這段期間於羅賓漢開立了一個帳戶，並開始買賣股票。他似乎樂在其中，並開始與親戚談論股票、聯準會和經濟前景。但這個新的興趣卻以悲劇收場。

想知道這場悲劇是如何演變而來，我們就要先看看智慧手機如何掀起革命和發展、股票和選擇權如何交易，而羅賓漢又是如何因應新投資人的大量湧入。今天，你可以比訂購外賣更輕鬆容易地完成股票交易。只要在你的智慧手機上點三下，就可以購買任何一檔零股股票。價格也很有吸引力，沒有手續費。股票交易在一九九〇年代發生第一次革命性變化，當時折扣經紀商將交易價格降至十美元。到現在，許多零售經紀商已經不直接向客戶收取交易費用。

羅賓漢是由弗拉德·泰內夫（Vlad Tenev）和拜居·巴特（Baiju Bhatt）創辦的，他們對這個平台有很大的野心。他們提供服務的吸引力有很大一部分在於沒有股票經紀人佣金。泰內夫表示，他希望：「當人們聽到羅賓漢這個名字時，……想到的是他們得到了很好的交易。」

你可能從名字中猜到了，羅賓漢的目的在於像劫富濟貧的俠盜一樣，爲資金較少的人提供投資協助。平均而言，股票的報酬遠高於大多數其他投資的報酬。一些專家不理解爲什麼人們不投資股票，尤其是那些不太富裕的人。與橡實（Acorn）和存儲（Stash）等公司一樣，羅賓漢的目標是對更多人開啓投資機會。❾

實現這個目標的一種方法就是，降低參與股票交易所需的金額。公司透過零股交易來做到這一點。當特斯拉公司股票的單股價格就超過二千美元時，一個投資新手就很難買下一股，更別說想購買許多不同公司的股票來分散投資。零股投資允許個人購買公司的零碎股份，投資金額甚至可以低到一美元。

羅賓漢還利用客戶教育，爲更多新用戶帶來投資機會。它的網站說：「無論你有多少經驗，甚至沒有經驗，我們的目標是讓金融市場投資變得更可負擔、更直觀，以及更有趣。」

決定該購買哪一檔股票並不容易。開發一個投資的選擇引擎，尤其是股票和選擇權交易的選擇引擎，似乎很困難，尤其是要在智慧手機上操作。畢竟，股票很複雜，而手機螢幕則很小。那麼羅賓漢到底把這些客戶教育得多好呢？它在讓客戶理解這方面做得好嗎？它的網站有一個教育版塊，網址是learn.robinhood.com，上面有說明術語的定義，只是許多解釋似乎都不太完整。舉例來說，零股被形容成購買火箭的一部分，而不是購買整個火箭，就像你只購買火箭機翼那樣。這個比喻是完全錯誤的，因爲它暗示著零股買到的部分是不同的，但是，零股仍然是股票，它會與這張股票一樣增加或減少價值。畢竟相較之下，如果沒有火箭的其他部分，機翼就無法運作。而網站對選擇權的說明則是：「就像種水果一樣。你希望種子變成可以在收穫時採收的果實。如果水果壞了而不能食用，你就損失了種子的成本。另一方面，如果果實完全成熟，你就可以選擇，但沒有義務將果實從樹上摘下來。」這簡直令人困惑。同樣的，網站另一處則告訴我們「選擇權就像一把雨傘。它可能對你很有價值，也可能最後毫無價值。選擇權和雨傘的美妙之處，在於你不一定要使用它。你買下它，然後可以選擇是否要使用它。下雨的時候你就使用傘。如果有賺，你就行使選擇權。但選擇權會過期，雨傘不會（沒有一個比喻是最貼切的）。」⑩

除了這些差強人意的教育說明外，羅賓漢的周邊還有一個龐大的社群媒體生態系統，包括截至二〇二〇年九月，擁有約三十六萬成員的 Reddit 小組，以及 YouTube 上的大量影片，標題都類似爲「如何每天只花三十分鐘，每月至少賺一千美元」。在觀看次數最多的影片中，有一個是教導初學者買賣選擇權的，它有一百九十萬次觀看的點擊數。

羅賓漢可能不會吸引老練的交易人。特斯拉和蘋果公司都在二〇二〇年八月初宣布股票分割，並於當月底生效。宣布分割當天，蘋果的股價上漲了三．三%，而特斯拉的股價則上漲了一二．五%。股票分割當天的交易量更是大到讓羅賓漢的系統一度中斷。

但並沒有發生什麼新鮮事。分割前一股二千美元的股票，只是變成了四股每股五百美元的股票。用羅賓漢在教育網頁上的比喻來說，這就像把披薩切成十二片，而不是八片。會有更多片披薩，每片的價格更低，但披薩的總重量和總價值則保持不變。在羅賓漢 Reddit 的話題板上，你會看到有人在問，特斯拉的價格爲什麼下跌這麼多，並談論這是多好的機會，可以以這麼低的價格購買該公司股票。

考慮到它的客群，你或許認爲羅賓漢應該以簡單的交易爲主要業務，比如買賣股票。曾經是這樣，但現在不是了。羅賓漢於二〇一七年十二月起提供選擇權免費交易，而僅在兩年後，羅賓漢的大部分利潤就來自選擇權。雖然購買公司股票的概念相對簡單，但大多數的人並不了解選擇權。這只會在金融專業課堂上學到，但它有明顯的吸引力，選擇權是個小賭注，卻有巨大的潛在利益（當然也有損失）。

這個例子可能會有所幫助：選擇權賦予你以固定價格買入（或賣出）一股股票的權利。你可以從現在開始，直到選擇權到期爲止來實施買或賣的動作。舉例來說，假設今天是四月一日，而蘋果公司的股價是每股一百美元。你可以買入選擇權，讓你在五月一日之前，隨時以一百美元的價格買入一股蘋果公司的股票。選擇權就是這樣的：你可以用一百美元的價格購買一股股票，但沒有義務一定要購買。但選擇權並不代表你擁有股票。如果蘋果公司的價格上漲，像是在五月一日前漲到每股一百一十美元，那麼你仍然可以用一百美元的價格買入那一股，然後以一百一十美元的價格賣出。

這會給你帶來十美元的利潤，當然還要減去你爲這個選擇權支付的費用。

這不是世界上最簡單的概念，而且選擇權很快就會變得非常複雜。它是金融產品類中的一部分，被稱爲衍生性金融商品。如果這個名詞你聽起來很熟悉，那是因爲根據抵押貸款而做出來、非常複雜的衍生性金融商品，它也是二〇〇八年經濟衰退的一個主要原因。

選擇權吸引人的地方是它們很便宜。如果你認爲，蘋果公司股票的價值會從一百美元增加到一百一十美元，那麼你可以現在就以一百美元的價格買入該公司股票。選擇權就讓你可以用更少的投資，比如一美元，來根據你的判斷行事。假設你以每股一美元的價格買下一百張蘋果股票的選擇權，每股股票的保證購買價格爲一百美元。這麼一來，購買選擇權的成本將與以一百美元購買一股實際股份的成本相同。現在繼續想像股票漲到了一百一十美元。如果你當時買了一股實體股票，你就賺了十美元。但如果你買的是一百股選擇權，你就可以用一萬美元買入一百股蘋果公司股票，然後以一萬一千美元賣出，你賺到的錢就是一千美元減去你爲了選擇權而支付的一百美元，也就是九百美元。你甚至不必購買股票，每股選擇權的價值將會增加十美元，而光是出售選擇權，就能賺到一千美元。

購買選擇權的缺點會在你猜錯的時候才會發生。如果蘋果公司的股價維持在一百美元，而購買了這個股票，你不會有損失，因爲你仍然持有這股股票。但如果你買的是選擇權，那它將一文不值。雖然有人認爲，股市的所有投資都類似賭博，但股票更像是在賽馬場選擇最喜歡的馬，或者在輪盤上賭紅色或黑色。選擇權要成功，是相當困難的。就像買彩券或在賽馬場買三連勝一樣，你是爲了一個成功機率很小的大回報，而支付了一筆很可能會失去的小筆金額。

羅賓漢讓用戶在購買選擇權和交易股票時，無需支付任何費用。你可能好奇，一家提供免費股票和選擇權交易的公司是如何賺錢的。祕密就在於價格是如何顯示的。其實，羅賓漢在每筆交易中都會得到報酬，但這筆錢來自實際執行交易的公司。這些被稱爲**「造市商」**（market maker）的公司，讓想賣出股票的人與想買入股票的人配對。但問題來了，在許多大盤上，買賣價格是不一樣的。兩者之間有一個很小的差異，稱爲**「價差」**（spread）。[11]造市商向羅賓漢（以及所有提供免手續費證券交易的零售經紀商）支付價差的一部分，做爲它把客戶的交易發送給這些造市商的佣金。而對這名客戶來說，這些交易可能不是最好的價格。

免手續費的證券交易的做法，一直存在爭議。二〇一九年，羅賓漢因未能確保客戶獲得交易執行的最佳結果，而被獨立監管機構美國金融業監管局處以罰款。二〇二〇年十二月底，羅賓漢以六千五百萬美元，與美國證券交易委員會就一樁投訴案達成和解。美國證券交易委員會指稱，羅賓漢將交易轉給支付他們最高費用的公司，而不是給客戶最好價格的公司，並指出從二〇一五年至二〇一八年底，他們的客戶損失達三千四百萬美元。[12]

若羅賓漢從這些股票交易中獲利，那它從選擇權交易中獲得的利潤就更多了。[13]也許是因爲羅賓漢增加了選擇權交易的數量，造市商爲選擇權交易所支付給羅賓漢的佣金，是股票交易的三倍。對資金有限的無經驗客戶而言，選擇權可能不是合適的投資，但這群羅賓漢的核心客戶，卻是讓羅賓漢獲利能力最大化的理想客群。在二〇二〇年第二季，向造市商發送選擇權交易所得到的佣金，爲羅賓漢帶來了一億一千一百萬美元的收入，而該公司這段時間的總收入爲一億八千萬美元。

在羅賓漢網站上買賣股票很容易。一些像特斯拉這樣的「熱門」股票可能出現在首頁，你只需點觸手機上的公司名稱，就會出現一個上面寫著「買入」的綠色按鈕。想買選擇權也不困難，只需要比買股票多跳一個螢幕畫面。但雖然羅賓漢或許讓選擇權交易變得容易，但選擇架構並沒有讓這些交易變得易於理解。至少有一個顧客就認爲他犯了個可怕的錯誤。

克恩斯這位新近積極投入股市的股民，在內布拉斯加大學林肯分校被認爲是一個總是想讓朋友高興的人。他被選爲該大學商學院優勢投資入門課程的助教。[14]但克恩斯新養成的愛好，也就是選擇權交易，卻出了大問題，至少他是這麼認爲的。有一天，他打開他的羅賓漢應用程式，看到以顯著紅色顯示的虧損七十三萬美元。事實是，這只是複雜的選擇權交易的一部分。其實還有另一個沒有顯示的部分交易，當這兩部分都完成時，這些帳面損失幾乎可以全部抵銷。但他並不知道這一點。

第二天，他的屍體在附近的鐵軌上被發現。他的自殺遺言寫著：「如果你正在讀這則內容，那麼我就已經死了。一個沒有收入的二十歲年輕人，怎麼會得到價值近一百萬美元的融資？我買入與賣出的賣權也應該相互抵銷了，但是看起來，我也不知道自己現在正在做什麼。」

克恩斯是對的，它們確實應該相互抵銷，但應用程式誤導了他。他的表姐夫、蘇利瑪資本集團（Sullimar Capital Group）的研究分析師比爾．布魯斯特（Bill Brewster）說：「悲哀的是，我甚至不認爲他眞犯了這麼大的錯誤。這是一個介面問題。」我們不知道細節，但布魯斯特展示了克恩斯的帳戶裡，實際上還有一萬六千一百七十四美元的餘額。在回應此事時，羅賓漢的高階主管承諾將對介面進行改換，並在用戶進行選擇權交易時，加上更嚴格的限制。⓯

選擇引擎可以非常強大。我們已經用智慧手機的應用程式和即時簡訊通知，取代了股價的滾動資訊板和實體的椅子。我們曾討論過選擇引擎可以幫助選擇者更了解選項的例子。但儘管羅賓漢努力增加投資的可及性，我們還是好奇，羅賓漢在提高理解力這方面達成了多少效果。克恩斯的自殺或許不能歸咎於羅賓漢，但更大的悲劇卻是新的投資者可能學習了錯誤的教訓。絕大多數的專家建議，如果投資者的目標是累積財富，就不應該頻繁交易。但投資者在羅賓漢公司的行爲卻不一樣。根據《紐約時報》的分析報導，在二〇二〇年第一季，羅賓漢用戶的每一美元的股票交易量，是億創理財客戶的九倍，更是嘉信理財集團帳戶持有人的四十倍。但同樣就帳戶規模而言，羅賓漢客戶的選擇權交易頻率，是嘉信理財集團客戶的八十八倍。羅賓漢的企業形象是，一個致力於幫助並不富裕的新投資者的創新交易平台。羅賓漢已經讓交易變得容易，但平均而言，這並不代表它有助於累積財富。頻繁交易往往造成不良報酬。舉例來說，羅賓漢的散戶更有可能買賣在該公司交易次數排行榜上前幾名的股票，但這些股票在一個月內平均會損失近五%的價值。在形象和它的選擇引擎實際發生的事之間，似乎存在著脫節現象。[16]

了解不確定性

做決策是艱難的。你要結合不同的屬性，並考慮許多選項。前文已經討論了選擇架構會如何讓這件事變得更容易或更困難，但還沒討論過另一個關於做決策的面向，那就是不確定性。

根據這個字眼本身的定義，預測就是不確定的。無論是股價、天氣預測、選舉結果，或者哪支球隊贏了超級盃美式足球大賽，沒有人能事先知道會發生什麼結果，但他們對自己的猜測都有不同程度的把握。舉例來說，就在選舉或比賽之前，我們可能比幾週前更確定結果會如何。這很難溝通清楚，但有證據顯示，選擇引擎可以幫助人們了解不確定性。

以下是二〇一六年美國總統大選選舉日當天預測可能結果的三種方式。

你可以提供大家一個機率：

川普獲勝的機率爲〇・三六。

你還可以展示各種結果機率分布的圖片如下。

或者你也可以展示如果大選舉行了一百或一千次的可能結果會發生的次數，如左頁的上圖。

這三種方法呈現的是相同的結果，都是根據由奈特・席佛（Nate Silver）經營的著名政治預測網站 FiveThirtyEight.com 所做的預測。以上顯示的兩張圖，都是該網站經常採用的格式，至於左頁的下圖則採用了類似《經濟學人》雜誌慣用來做預測的格式。

大量的心理學研究顯示，人們以這三種

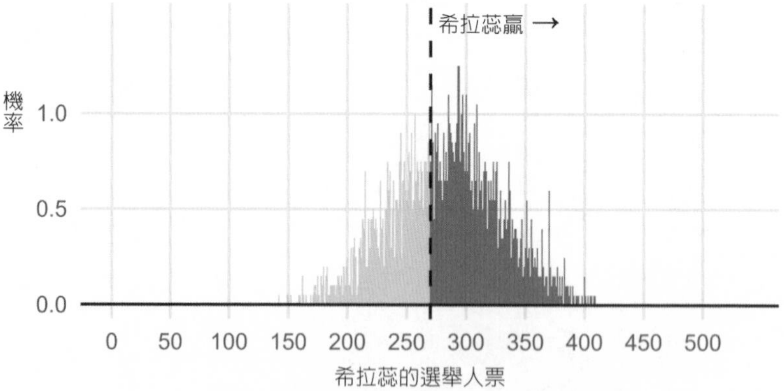

2016年美國總統大選可能結果分布圖

資料來源：FiveThirtyEight網站[17]

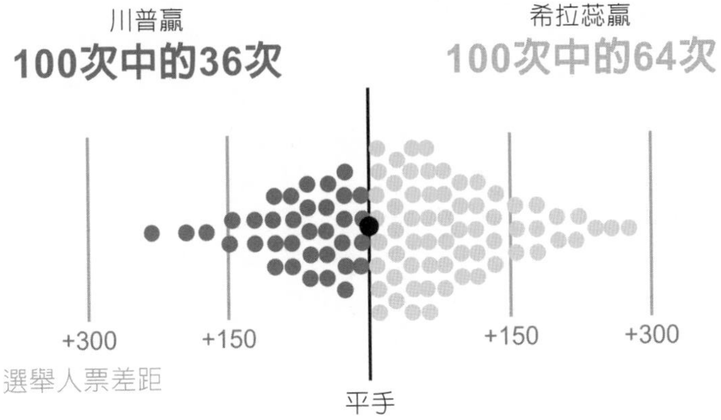

以上分布的點狀圖[18]

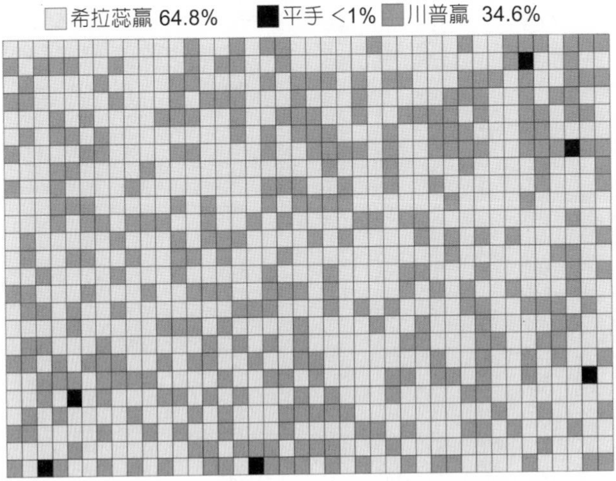

來自《經濟學人》預測的類似資料[19]

不同的方式表達結果。如果你正在進行計算，那麼第一個方式可能很合用，但如果目的是在造成整體印象、記住結果和做出推斷，那麼似乎後面兩種圖的表現方式更好。

我們之前討論預設選項時曾經提到，微軟研究院的戈德斯坦，和諾貝爾經濟學獎得主威廉・夏普（William Sharpe）曾試圖將這個想法用在理解財務結果。從事金融業的人可能知道「夏普比率」（Sharpe ratio），這是根據夏普的研究，用來衡量一支股票相對於其風險的財務報酬的一個測量方法。[20]

有一些描述投資波動性的數字術語，比如**貝塔係數**。這些術語對受過技術方面培訓的人很有用，但戈德斯坦和夏普想幫助那些爲退休準備而進行投資的一般大眾。

戈德斯坦和夏普使用類似前頁兩張圖表的可能結果顯示方式，然後對其進行動畫處理，讓每個點一次消失一個，直到最後只剩下一個點。這個圖表可以重置，然後可能會發生另一組各點隨機消失的情況。當我們看到這樣一張圖表時，通常會變得目光呆滯，但戈德斯坦—夏普圖表卻會動起來，你只要按下一個按鈕，然後這些標記就會陸續消失，直到只剩下一個爲止。當然，這個動畫效果模擬了所有投資可能發生的情況，當你進行投資時，會有多種可能的結果，但實際上只有一種結果會眞正發生。透過多次重複讓標記消失的過程，戈德斯坦和夏普展示了，與盯著一張靜態圖表相較，人們可以用一種更投入與更直觀的方式來體驗機率。這些圖表屬於**模擬結果圖**的一種，它讓人們體驗

結果，而不僅是被動地觀看結果顯示。㉑

颱風的路徑就像股票價格一樣是不確定的，而且這些路徑都會產生後果。人們需要決定是該撤離家園，還是留下來渡過風暴。爲了傳達不確定性，天氣預報員使用了類似第324頁的地圖。人們不太會利用傳統的颱風追蹤地圖，來估計潛在的威脅。傳統的颱風地圖顯示一個「不確定性圓錐」，隨預測時間的擴大，不確定性自然也越大。這當然就是不確定性會發生的情況。隨著颱風越來越靠近登陸時間，它的路徑也就越來越能夠掌握。不過，這張圖有一個問題。有些人看著擴張的錐體，會認爲這表示風暴會變大。事實上，這種想法已經普遍到讓這種圖表會附帶免責聲明。這似乎也是自然的結論，因爲在地圖上，面積通常表示大小，而不是不確定性。

最近呈現颱風路徑的方法，實際上是模擬結果圖，它們顯示了一系列颱風可能路徑的圖點。這些被稱爲**「義大利麵圖」**，因爲每條路徑看起來都像一串義大利條。第325頁的圖，就是在大致相同的時間和預測期內的同一個颱風的圖。每條線都是颱風的可能路徑結果。你可以看到更多預測路徑最後到達密西西比與阿拉巴馬州的邊界，但也有西至路易斯安那州和東至喬治亞州的可能路徑。雖然每條路徑都有關於颱風強度的資訊，但我眞的認爲，如果能使用戈德斯坦和夏普的想法，隨機選擇一條路徑，讓它動起來，並再三重複，讓大家對這種分布有感覺的話，那這張圖就會更有效。㉒

這些圖表似乎很受大眾歡迎。當時在天氣頻道任職的麥克・洛威里（Mike Lowery）說，美國國家颶風中心指出，他們網站上來自一個只有義大利麵圖的網站流量，比來自推特或臉書頁面的流量還要多。

給颱風路徑圖增添動畫效果，讓我們回到了選擇引擎的關鍵內容。它們是互動式的，允許選擇者控制選擇結構、客製化選擇結構，以及最後可以學習選擇結構。不過，它們也可以增加設計者的影響力。它們爲設計者提供了更多的工具，並可能對所選內容產生更大的影響。選擇引擎從只是被動顯示選項和屬性，轉變成更積極的選擇夥伴。

選擇引擎提高了選擇架構的力量和可能性，讓設計者的角色比以往更重要。當設計者能爲每個選擇者客製化環境，決定要顯示

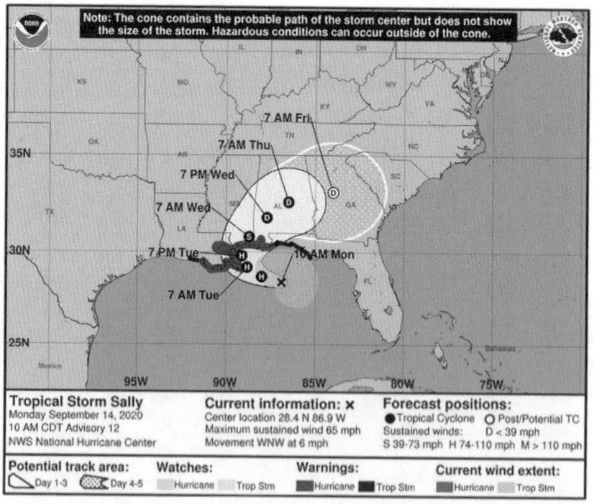

美國國家海洋暨大氣總署針對薩利颱風所繪製的不確定性圓錐圖

哪些選項和屬性、如何描述屬性，以及如何不只設定一次預設選項，而是針對每個選擇者提供獨特的預設時，他們的責任就更重大了。忽視這個責任已經不再是一個選項。正如我們將在下一章中看到的，如果忽略這個責任，可能會發生不好的事。

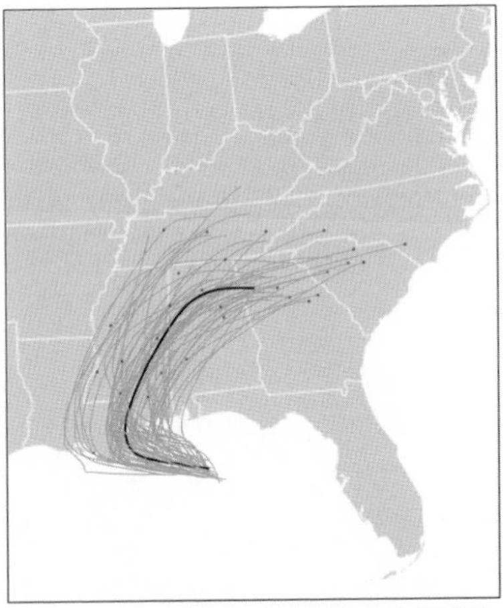
同一颱風和時間段的義大利麵圖

第10章

成為更好的選擇建築師

許多人在第一次接觸選擇架構時，都對這個想法感到不舒服甚至害怕。我的學生就告訴我，不管身爲設計者或選擇者，都會讓他們擔心。身爲選擇者，他們擔心自己的選擇可能受到無法控制的事物影響，而他們卻沒有意識到，並且還可能遭到剝削。而身爲設計者，他們則擔心會在不知不覺中或以有害的方式影響他人。這些不是新的恐懼。

一九五七年，紐約市的市場研究員詹姆斯・H・維凱瑞（James H. Vicary）聲稱，他在喬治華盛頓大橋另一端紐澤西州利堡的一家電影院，進行了一項爲期六週的研究。他在電影放映的時候，快閃了一些短句，例如：「餓了嗎？」「吃爆米花」「口渴嗎？」「喝可樂」等，每個短句子的閃現時間爲三千分之一秒。他的想法是，雖然人們不會有意識地感知這些短句，但他們會透過潛意識感知而受到影響。心理學家會告訴你，任何人的頭腦都不可能處理這些短句，這些短句需要呈現至少多過一百倍的時間（也就是三十分之一秒），才能產生效果。但是維凱瑞斷言，這些短句子增加了人們對可樂和爆米花的消費。據他指出，電影院爆米花的銷量增加了五八％，而可樂的銷量則增加了一八％。對這個說法的新聞報導，引發了所謂的大規模歇斯底里。維凱瑞致力宣傳的研究，讓他的公司簽下估計達四百五十萬美元的顧問契約。

萬斯・帕卡德（Vance Packard）於同年出版的暢銷書《隱形說客》（*The Hidden Persuaders*）加劇了這種恐懼，該書講述了市場行銷人員如何在讓對象不知情的情況下，影響消費者選擇產品和政治人物的故事。多年後，一九七四年，美國聯邦通訊委員會發出警告，指出任何使用潛意識技術的廣播者，都可能失去執照。

只有一個問題：維凱瑞其實並沒有進行這項研究。在面對質疑時，他首先聲稱這是一項探索性的研究，樣本量太小，沒有統計意義。後來他終於坦承這項研究根本沒有發生過。有人聯繫了電影院經理，結果，經理指出從來就沒有對爆米花或可樂的銷售進行過測試。❶

這項研究是假的，但引發的恐懼卻是眞實的，而且到現在還依然存在。我們在感覺被操弄時會有強烈的情緒反應，特別是當發現竟然沒有察覺自己的行爲被改變時。這表示我們不是自己做出選擇的主體。這涉及一個複雜且有爭議的哲學領域，就是研究自己是否擁有自由意志和主體性。有些哲學家主張自由意志只是一種幻覺，所有行爲都是由外部力量決定的，另一些哲學家則認爲，儘管外部影響確實存在，但我們的確做出了自己的選擇。這兩種族群被冠以兩個不十分明顯的名詞，**不相容論者**與**相容論者**。

我對哲學家相信什麼並不感興趣，但對於一般人如何看待對自己選擇的控制力，我卻很感興趣。我們對外部影響的作用有什麼想法，尤其是自己不知道的外部影響？人們在什麼時候會覺得他們的選擇受到了影響，又在什麼時候開始對此感到不滿？爲了幫助我們了解此事，我轉向一個相對新穎的領域，那就是經驗哲學（empirical philosophy），在這個領域中，哲學家不再思考自己的信念和直覺，而是直接問一般人他們相信什麼。他們研究被心理學家稱爲**「俗民理論」**（lay theory）或**「民間信仰」**（folk belief）的事物。

結果發現，人們對自由意志有兩種相互矛盾的信念。在某些情況下，人們傾向於承認，理論上，選擇是由外部力量決定的：約翰可能會買那輛紅色跑車，因爲他對朋友所說的話感到生氣。但與此同時，人們又堅信，自身的行爲是由自己的思想和信仰決定的：是我決定買那輛跑車的，與朋友對我的髮際線和肚子所做的冷嘲熱諷無關。儘管偏好是組合起來的，但我們對自己的有些信念卻不那麼一致。其他人的行爲可能是由他們無法控制的事決定，但我們卻相信，自己的行爲是由偏好或主體意志決定的。當有情緒性的後果時，我們就認爲自由意志更重要。

造成這種衝突的一個關鍵原因是，我們有一種自己正在做選擇的豐富經驗。我們覺知到自己在謹慎地爭論「我應不應該」，並覺得這種內在對話決定自己的選擇。但不知道其他人也有這種內在爭論，所以很輕易的認爲，是外部的影響改變他們的行爲。[2] 雖然聽起來很奇怪，但它確實解釋了幾個重要的事實。第一個是，爲什麼選擇架構似乎具有威脅性，因爲它讓設計者對我們的選擇取得一定的控制權。藉由設定預設選項，汽車經銷商可以影響你對內裝套件的選擇；透過對葡萄酒的排序，線上的酒商有可能讓廉價且低品質的葡萄酒看起來更有吸引力。也許選擇架構能同時引發恐懼和迷戀，是因為它觸及了兩個不相容的信念。它符合我們的一種直覺，就是他人的許多選擇是由外在環境決定的，而我們安於這種想法。與此同時，它卻與我們覺得是自己決定了選擇這個信念背道而馳。為了更深入了解這種覺察和恐懼，該是時候去了解在第3章提到的讀心專家布朗是如何完成一個把戲的了。

你相信魔術嗎？

在第3章中，我們將英國讀心專家布朗描述為一位寫心者。心理學家深入研究了布朗出名的一個把戲，不僅能幫助我們了解它是如何運作的，也有助於理解覺察的含意。這個把戲與魔術師所說的**強迫**有關，也就是暗中影響觀眾的選擇。**暗中**是關鍵詞。這表示雖然最後的選擇可能受到了影響，但選擇者不會把這股力量與他們的選擇聯想起來。在被詢問時，選擇者還會堅持，他們當時可以自由選擇任何選項。有一個仔細檢視布朗影響力的研究，進行方式如下。

你坐在大學的自助餐廳裡，對面坐著一位有著紅褐色頭髮，略帶法國口音的年輕女子。她說：「我要試著把這張卡牌的內容傳達給你。」然後她舉起一張撲克牌，牌面背對著你。她說：「別試著猜測它是什麼，等你收到我傳達的內容再說。」她停頓了一下。「讓顏色明亮而生動，」她接著說道：「想像一下在你腦海裡有個螢幕，在這個螢幕上，你看見在卡片底部角落和頂部都有數字，然後就是卡片中間的花色。」在她描述卡片時，她用手指比出了一個長方形，然後用食指在假想的角落畫了兩個曲線，用來指示數字所在的位置。然後，她用拇指、食指和中指指向假想卡片的中心，嘴裡說著：「蹦蹦蹦，在卡牌中央，有符號跟花色。」然後她問：「你看到卡片內容了嗎？」就機率而言，你抽到某一張特定牌的機率略低於二%，因爲一副撲克牌共有五十二張。

接受實驗的人之中，有一八%的機率選出了方塊三，比隨機選擇的機率高了九倍。而他們選出數字爲三的牌的機率爲三九%，抽到方塊花色的牌的機率爲三三%，兩者都超出一般預期。到現在你應該知道，我對任何一篇論文中提供的資料都保持著懷疑態度，所以我最近嘗試透過使用最初進行研究的心理學家分享的影片，與兩組人數眾多且聰明的MBA學生，一起試圖複製這個研究結果。結果我的學生有更強的傾向選到方塊三這張牌。當我展示一個版本的影片，其中那名女子做了完全相同的模式，但減去了某些關鍵元素時，就不再出現哪張特定卡片會被挑中的模式。沒有這些元素時，人們就眞的是隨機挑選卡牌。但有了它們時，在選擇卡牌時就會出現很強的特定模式。

很顯然，這名女子是在影響觀眾。在概率上，她就是影響觀眾選擇卡牌的外部力量。這是怎麼運作的？布朗把這個稱爲**「心理促發力」**（mental priming force），結果發現，這種主要由手勢構成的促發力量，會改變被選出來的東西。形成螢幕的手被傾斜而成爲象徵方塊的菱形，至於空中的波浪線條則被畫成阿拉伯數字三的形狀。她用了三根手指來指向中心，而且「蹦」也說了三次。最後，她要求觀眾讓顏色明亮而生動，就讓人更容易想起紅色而不是黑色的牌，因爲紅色更明亮與生動，而當然，在一副牌中，所有方塊的牌都是紅色的。

這個把戲就是這樣運作的，但人們是否察覺到這一點？倫敦大學金匠學院的心理學家愛麗絲．帕萊斯（Alice Pailhès）和古斯塔夫．庫恩（Gustav Kuhn）在研究時便詢問受訪者，有沒有注意到主持人提問的方式。帕萊斯和庫恩發現，有七二%的受訪者，至少察覺到了該把戲所使用的一項前述元素，但他們並不認爲這影響了自己的選擇。舉例來說，有些人認爲這名女子憑空畫的螢幕形狀像方塊，但並沒有把它與他們選擇的紙牌連結起來。

但他們爲什麼要看出連結呢？大多數的人都沒有意識到可及性的影響，而**「寫心」**這個名詞對他們來說則顯得很神祕。這裡使用的魔術就在於比如數字三和方塊等概念，在記憶中變得更可及，而且選擇者還沒察覺這個影響正在發生。❸

由於它不是一直都有效，所以魔術師從來不會完全依賴這種力量。一個好的表演者一定會留下後路的。舉例來說，他們可能會先問：「是方塊嗎？」接著問：「是三嗎？」然後才問：「是方塊三嗎？」當參與者回答「不是」時，他們就可能會接著問：「是紅心三嗎？」這增加了他們至少有一個猜測是正確的可能性。

選擇架構與魔術有許多一樣的特徵。設計者在設計中改變了一些細微的東西。選擇者可能會注意到這個變化，但仍然沒有察覺到它如何影響他們的行爲。大多數情況下，我們不會知道（除非你讀過這本書），選擇架構會如何影響自己的選擇。[4]

你認爲自己是個大方的人嗎？大方感覺就像是你的一部分，而且不容易改變。大方經常在應用所謂獨裁者賽局（dictator game）的實驗中做研究。假設突然有人給你十美元，並問你是否願意把剛收到的這些錢的一部分，送給一個陌生人。你可以依照經濟學家建議的保留所有的錢，畢竟錢總是多一些比少一些好。此外，在這些研究中，你的身分是保密的，不必面對那個陌生人。儘管如此，大多數的人實際上還是會將意外之財的一部分送給陌生人，通常在十美元中低於三美元，而給自己保留七美元。但這個結果會受到選擇架構的影響。

賓州大學有一項研究中，在網頁上列出十美元的各種可能拆分情況，並收集了參與者的答覆：一美元給陌生人，你保留九美元；二美元給陌生人，你保留八美元等不同的組合。有些參與者會先看到自私的分配（給陌生人零元，而你自己留下十美元），而且這個選項還已經被事先打勾當成預設選項。其他人則會先看到最大方的選擇（給陌生人十美元，你自己留下零元），而且這個選項被打勾當成了預設選項。在這兩種情況下，其餘可能的分配組合都會被隨機列出。

首先看到自私分配的人，平均只給對方一．四七美元，但先看到大方分配的人則平均給了對方三．一四美元。排序和勾選清單改變了人們大方的程度，讓送給陌生人的金額加倍。❺

選擇架構的改變，的確改變了人們的行爲，但是他們並沒有察覺。雖然有七一％的人發現第一個選項已經被預先勾選，不過只有八％的人認爲它影響了自己的選擇。大多數（超過八○％）察覺選項已經被事先勾選的人，認爲它並沒有改變自己的選擇。

簡言之，即使人們察覺到選擇架構，但他們仍然認爲自己基本上對這些選擇架構是免疫的。❻

揭露有幫助嗎？

如果有人沒有察覺選擇架構的影響，也許我們可以直接告知他們將受到影響。從吸塵器到香菸，各種產品都附有警語，那麼爲什麼選擇架構不也附加警語呢？

可惜的是，揭露選擇架構的存在和意圖，似乎不起作用。幾項研究都以各種方式告訴人們預設選項的作用，包括指出它們的目標就是改變行爲。舉例來說，研究人員表示，預設選項的目的就是增加對氣候保護基金的捐贈。事實上，所有這些警語，結果好像都只讓那股輕推的力量看起來更容易接受。❼

所以警告人們有選擇架構，結果沒有起任何作用，也就不足爲奇了。人們也許知道自己被影響了，但卻不知道是如何被影響。由於他們不明白可及性可能會影響偏好的組合方式，所以他們可能也不知道，預設選項可能改變他們的偏好。畢竟，在二〇一九年，有成千上萬的人擠滿了百老匯的考特劇院（Cort Theatre），他們明知布朗會對他們要花招，還爲此付出大筆金錢。但這些仍不足以阻止他們受到影響。❽如果你不知道這個花招是怎麼回事，就無法阻止這種錯覺。而在選擇架構中，由於你不知道預設選項、排序、順序和其他因素如何影響自己的選擇，因此你相對來說也是無法抗拒的，即使收到警告也是如此。

關於察覺的最後一點，從抽象的角度來看，我們可能認為，選擇架構的改變是可以接受的。在一系列廣泛的研究中，桑思坦和瑞希做了調查，詢問人們是否認為某些干預措施可以接受。舉例來說，他們詢問人們是否可以接受，將人們的預設選項設為向綠色且永續性的能源供應商買電這種行為。結果顯示，人們對什麼是可接受的干預措施，有相當程度的共識，而且這種共識大多是全球性的。即使是美國共和黨員，也有過半數的人認為可以接受。但這種抽象性的接受，並不表示當他們被告知個人確實將受到選擇架構的影響時，也會表達同意的預測結果。相反的，他們只是認為：「當我很有信心這種干預不會影響我時，我認為這是可以的。」❾

忽視選擇架構

設計者是否明白選擇架構的效果？在一項研究中，設計者被要求將預設選項呈現給選擇者。該研究中牽涉到兩種假設的藥物。其中一種比較便宜，每週的成本為二十美元，但一週要服用六次，另一種藥則要五十美元，但每週只需服用一次。人必須在成本和便利性之間取捨。研究人員要求設計者使用預設選項以鼓勵人選擇一種藥物，比如較便宜但不太便利的那個藥物。

這項研究的參與者應該一直利用預設選項，來鼓勵選擇者挑選兩種藥物中的某一種。但事實上，設計人員只有五一．九％的機率，選擇了正確的預設選項，與你認爲完全隨機挑選的機率相差無幾（請記住只有兩個選擇）。結果確實存在一些差異，有經驗的專家（例如執業醫師和律師）在對他人提出決策建議方面做得比較好，但這些數字距離完美還有很大差距。其他研究也顯示出一定程度的忽視預設選項現象，即使提供了設計者學習的機會，結果亦然。[10]

這是一個非常新穎的研究領域，可惜的是，它僅限於研究預設選項。但這也顯示設計者不一定知道他們可以運用的工具的力量。由於潛在的無知，仁慈的設計者在展示選項方面就沒能充分發揮能力。當我們檢視設計者可用的其他工具時，幾乎沒有理由認爲，選擇架構的影響會是顯而易見的。如果設計者有時對他們所做的事所產生的影響一無所知，會發生什麼事？他們可能會隨意選擇工具，並在無意間傷害了選擇者。

忽視選擇架構的傷害

忽視選擇架構可能導致傷害。在第 4 章中，我們討論了多少人應該等待更久才申請社會福利金，但是美國社會安全局卻無意間促成人們做了相反的事情。社會安全局提供一項被稱爲「**損益兩平年齡**」（break-even age）的資訊。在這個年齡，無論你是提前請領、在六十二歲或者之後請領，比如到了七十歲才請領，你所獲得的社會福利金總額都是相同的。專家認爲這個資訊與何時該申請社會福利金的決定，沒有特別的關係。令美國社會安全局驚訝的是，提供這些資訊的結果卻適得其反。它不但沒有讓人更晚提出申請，反而讓他們提早申請，大約提前了十八個月。⓫ 這不符合社會安全局認爲是對退休人員的最大利益，於是後來他們從申請福利金的標準描述中，刪除了損益兩平年齡的內容。

這種忽視選擇架構是假設，人們知道如何在你提供的選擇環境中做出正確的選擇，但忽略了他們確實需要幫助。這可能產生很嚴重的後果。

我們來思考壽命終了時的決定。當人們病重時，他們可以選擇可延長生命的干預措施，但這些療法是侵入性和令人不舒服的，而且生命藉此得以延長的時間，通常伴隨著安裝呼吸器或插入餵食管的代價。這些治療組合在一起稱爲「**延長壽命照護**」（life-extension care）。相對的治療組合的替代名詞則稱爲「**舒緩照護**」（comfort care）。後者拒絕許多侵入性干預措施，並專注於管理疼痛和確保舒適度。

理想情況下，這些決定應該讓患者參與，並以生前遺囑或醫師所說的**預立醫囑**等形式提前完成。但通常情況下，患者都沒有預立醫囑，只有約三分之一的患者在需要時能提出此類文件。

如果你做過大手術，可能曾經被要求完成一份預立醫囑。向你提供這份表格就表示，已經假設你可以指定自己的偏好選擇。但是，如果你沒有仔細考慮過想要哪一種護理呢？對大多數的人來說，這是一個他們還沒有做，也不想做的決定。臨終照護的選擇通常是需要組合的一種偏好。與所有選擇一樣，預立醫囑也有一個結構。那個架構會影響這個重要的選擇嗎？

史考特．哈爾彭（Scott Halpern）及其同事進行的一項引人注目的研究發現，末期疾病患者選擇的臨終照護，實際上也決定了他們的治療方案。研究人員給患者的預立醫囑首先就詢問他們的照護目標是什麼，是延長壽命或是舒緩照護。對三分之一的患者來說，這份醫療指示上的預設選項是舒緩照護，以一個預先勾選的方框顯示。第二組三分之一的患者沒有預設選項，剩下三分之一的患者則收到已經預設延長壽命的目標。在設爲預設選項時，舒緩照護最後有七七%的機率被選到；在沒有任何預設選項時，舒緩照護最後被選中的機率爲六六%，而當延長壽命是預設選項時，舒緩照護就只有四三%的機率被選中。類似的結果也出現在涉及特定干預措施的選擇中，比如使用餵食管。值得注意的是，預設選項對如此重要的決定竟產生了如此重大的影響。但接下來發生的事情卻提供了更多資訊。

身爲有道德感的科學家，研究人員後來對所有患者（至少那些仍然還活著的患者）解釋，指出他們被隨機分配了這些預設選項，也知會預設選項的影響，最重要的是，研究人員爲這些接受實驗的人提供了機會，讓他們改變主意。如果患者有偏好，這就是他們表達的機會。然而，在一百三十二名患有末期疾病的實驗對象中，只有兩個人改變了他們的選擇。即使告知他們預設選項是什麼、預設選項是隨機決定的，以及預設選項如何影響了選擇之後，預設選項的影響依然存在。

這是強有力的證據，證明對臨終照護的偏好是組合的，而且人們對這些選項並沒有預先存在的偏好。這是一個極爲艱難的決定，大多數患者在做出這些選擇之前，都不曾經歷過插管、插入餵食管，或者透析的痛楚，而且這些也不是任何人喜歡事前考慮的決定。當時間到時，主要決策者可能已經沒有意識，而承接決策的家人也不知所措。

確保人們擁有選擇權，是值得稱讚的事，但如果他們當下不知所措，就更可能選擇預設選項。這裡存在著一個問題，人們在被迫做選擇時口中想要的東西，與沒有被迫做選擇時所發生的結果，存在著重大的脫節。在哈爾彭領導的研究中，大多數患者在沒有預設選項的情況下，選擇了強調讓疼痛最少，以及盡量降低侵入性急救的舒緩照護。但如果你不做選擇，現實中發生的事就不是這樣。除非患者或其直系親屬另有表示，否則患者將被視爲選擇延長壽命。換言之，這就被認爲是預設選項，而他們也就得接受這些治療。大多數常用的預立醫囑的設計，似乎讓人們傾向於選擇延長壽命。舉例來說，「我想要使用生命維生設備」是一份常見文件的第一個選項。

假設患者有自主意識，而且忽視選擇架構的影響，會對痛苦、成本和尊嚴產生重大影響。醫師可能不願意影響臨終照護的選擇，但患者也不願意做出這些決定，這種不情願就增加了預設選項的重要性。

一個簡單的建議可能是將預設選項設爲大多數人想要的，那就是舒緩照護。如果人們逃避做選擇，那麼這就會是他們得到的，但如果他們確實有偏好，當然也可以選擇延長壽命照護。⓬

臨終時的選擇不僅是一項重要的主題，還說明了選擇架構在何時可能產生最大的影響。這些情況是，在做出選擇之前，偏好還沒有組合起來，而且人們又沒有選擇合理路徑的經驗。知道這些之後，我們就可以了解忽視選擇架構有多麼危險。

大多數的選擇都是平凡而重複的，但也有一些選擇既重要又罕見。當人們必須做出這種決定時，對自己想要什麼或該如何進行，通常缺乏清晰的想法。選擇學校、買房子、退休金計畫，以及一種臨終照護計畫，這些都是具有重大後果但很罕見的決定。尤其當決策者的目標相互衝突時，選擇結構會發揮更大的作用。

刻意弄糟的選擇架構

不是所有糟糕的選擇架構都是因爲無知或天眞。忽視選擇架構可能很常見，但並不普遍。有些設計者會實驗看看什麼才是有效的，比方說，直接發送電子郵件推廣活動，或是在網路上進行A／B測試。這些設計者也可以利用這些知識來增加自己的利益，而不是選擇者的利益。結果就可能做出惡意的選擇架構。當選擇架構變糟糕時，會發生什麼事呢？

讓我們從幾個越來越嚴重的例子開始看起。

一些惡意的選擇架構利用了流暢性，也就是人們對努力程度的初步判斷。正如我們所知，選擇者對初始投入成本非常敏感，無論是金錢或精力。懷有惡意的設計者就可以利用這一點。我們都做過開始或停止訂閱服務的決定，比如報紙或Spotify和Hulu之類的串流服務。流暢性可以用來打造訂閱陷阱，設計者讓開始訂閱變得很容易，但要退訂就很困難。報紙只是惡意較輕微的例子。你只需要在大多數報紙的網站上點擊幾下，就可以輕鬆訂閱，初始費率很低，比如每週只要一美元，持續五十二週。可是一旦你開始訂閱，就很難終止，像是當初期價格上漲到每週近五美元時。要取消訂報，就必須撥打一通免費電話。對一些使用訂閱陷阱的公司，這通電話需要等待很長的時間。

研究暗黑模式的研究人員給它取了一個特別的名字：**不對稱**，它還有一個更有趣的名字，被稱爲人與電腦介面的**蟑螂屋（roach motel）**。套用那個著名的害蟲誘捕器廣告內容，顧客能登記入住，但永遠不會退房。不對稱描述了決定開始使用某項服務，與登記停止使用該項服務的決定，兩者各自需要的努力程度差異。[13]

設計者也可以使用流暢性來抑制選擇，以維持現狀。幾年前，我接受了美國國家公共廣播電台《市場》（*Marketplace*）節目的採訪。採訪者和我坐在一起，而他正試圖改變自己在威訊（Verizon）應用程式上的隱私設定。根據預設選項，威訊可以追蹤他的電話並出售這些資訊。另一名記者採訪了威訊的一名代表，他描述了一個非常容易選擇退出這種追蹤設定的系統。現實卻不是這樣，在一條冗長的機器人訊息暗示我的採訪者可以「限制或更改對電信服務資訊的選項」之後，他又收到了一長串選項。在按下1表示他想改變隱私選項後，又被問到是否想對他的帳戶設定限制。這有點嚇人，彷彿他要放棄什麼東西，而不是單純改變自己的隱私設定。接著他被要求輸入帳單上的十位數電話號碼，然後輸入#鍵。機械聲音以很慢的速度逐一讀出數字，然後請他再輸入一次。然後又請他輸入帳單上帳號的前十三個數字，然後請他說出名字和姓氏，還別忘了每次都要按下#鍵，然後說出他的地址，以及居住的城鎮、州和郵遞區號，最後還要再次說出他的名字和姓氏，以確認他是做決定的人。我懷疑電話公司已經知道他的電話號碼了。因此，威訊報告選擇退出的人只有個位數，也就不足爲奇了。

當然，許多隱私協定都有這樣的結構，我們面對的服務條款冗長又複雜，目的似乎在限制你的理解。據估計，超過九〇%的網站用戶根本不閱讀服務條款文件。這可能會造成錯誤的決定。在一項研究中，有九八%的用戶同意了一項隱私政策，而該政策裡明確指出將與美國國家安全局及其雇主分享所有資訊，還要求他們提供第一個孩子來付款。幸運的是，這只是一個實驗，但是，在了解我們放棄了什麼時，不良的選擇架構的確會誤導自己。[14]

在惡意的選擇架構中，最令人震驚的例子也許就是與電子健康記錄系統有關的例子。在第1章中，我們見到了大型醫院系統如何經由改變介面，來增加使用學名藥的處方。由於它花更少的錢，卻提供相同的照護，因此這種選擇結構的改變增加了患者的福利，而且因爲它在開立處方時更迅速，所以醫師也一樣受益。

小型和單一醫師診所沒有資源來開發和調整自己的電子健康記錄系統。許多診所採用了由一家名爲執業融合（Practice Fusion）的成功初創公司所提供的一套免費系統。科技網站 TechCrunch 將該公司譽爲「醫療界的臉書」，該公司提供電子健康記錄系統，代價是要銷售針對醫師而刊登的廣告。⓯

但它做的還不只如此。執業融合還收取製藥公司的款項，換取它更改電子健康記錄的選擇架構。一個特別邪惡的例子就是，執業融合與一家在法庭和解協議中稱爲「X製藥」的公司達成的協議。在二〇一六年，執業融合收取了一百萬美元，在電子健康記錄系統中增加了一個警告，提醒醫師詢問患者的疼痛狀況，然後提供選項。這個警告在三年內向醫師發布了二億三千萬次，X製藥估計這個警告能增加三千名客戶，以及一千一百萬美元的銷售額。這種情況發生的同時，人們也正在擔憂止痛藥處方過量的狀況，尤其是延釋劑型（extended-release）的類止痛藥。美國疾病管制與預防中心針對非藥物和非類止痛藥的治療，發布了指南。如果需要開立類止痛藥時，建議醫師避免開立延釋劑型藥物，因爲這些藥物很可能導致長期依賴，指南也限制了可開立的藥丸數量。但即使指南中警告禁止使用此類藥物，執業融合的電子健康記錄系統卻包括一個延釋劑型類止痛藥的選項。

X製藥的身分後來遭揭露爲普度製藥（Purdue Pharma），也就是疼始康定持續藥效錠（OxyContin）的製造商，該公司在二〇二〇年就一項誤導行銷類止痛藥物的訴訟達成和解，罰款和支付款項總共估計達八十億美元。與此同時，執業融合坦承收取費用改變電子健康記錄的選擇架構，並就佛蒙特州提起之訴訟達成和解，和解金額達一億四千五百萬美元。[16] 執業融合和普度製藥都是選擇架構的設計者，但他們向醫師提供了不當的選項，而對患者造成了傷害。

這說明了設計者的決定具有影響力，而電子健康記錄並沒有中立版本，不是把疼始康定持續藥效錠列在上面，以增加它的銷售額，就是不要把它列在這個系統上。特別諷刺的是，現在的研究顯示，電子健康記錄的選擇架構可以降低開立類止痛藥的處方。舉例來說，改變預設選項來降低藥丸數量，或改變用來確定處方藥丸數量的計算器，都可以讓處方更接近指南上的數量。[17]

選擇架構可以對人們的福祉產生重大的影響。它能讓我們對隱私和個人資訊的控制，變得更困難或更容易。它也可以造成增加退休儲蓄金，以及幫助學生找到更好的學校。它可以增加或減少對可能成癮藥物的處方。選擇設計可以造成影響，而忽視它並不是一種選項。

當我們檢視誰受選擇架構的影響最大時，這個論點就特別正確。它對最弱勢的族群產生更大的影響，無論這個影響是正面或者負面的，這些弱勢族群就是收入較低、受教育程度較低，以及面對困難的社會環境的族群。換句話說，選擇架構可以成爲解決收入差距和社會正義特別有效的工具。另一方面，這也代表著惡意的選擇架構，就像剛才討論的例子一樣，對那些處於最不利地位的人特別有害。[18]

我們該怎麼辦？

在本書和本章中，我們回顧了選擇架構的優點和缺點，接下來應該考慮三件事：

1. 選擇者沒有察覺選擇架構的影響，也不對警告做出回應。
2. 設計者可能低估選擇架構的影響。
3. 選擇架構對最脆弱的人有更大的影響。

如果這三個說法是眞的，那麼我們應該怎麼做？一個起點是教育設計者和選擇者。我心目中的教育不僅是指出選擇架構及其效果，還要提供對其運作原理的了解。

我曾指出，選擇架構主要以兩種方式運作，改變合理路徑和改變偏好組合方式。這些過程是非常自動的。心理學家稱之爲「系統一」（System 1）過程，並展示了它們主要在我們沒有察覺的情況下運作。就像你不能解釋自己是如何閱讀，或有關刷牙的決定一樣，你也從不知道自己是如何選擇合理路徑或組合偏好的。所以人們無法抗拒選擇架構，甚至當已經被告知後果時也無法抗拒，這一點也就不足爲奇了。即使揭露了打算使用選擇架構的意圖，也沒有多大幫助，因爲人們對選擇架構如何運作的理解，充其量仍然是不完整的。可能知道設計者試圖改變我們的選擇，但不知道該如何防止這種情況。

如果我們知道這種影響如何運作，情況可能就會改變。雖然對這個主題的研究很少，但有一個直覺可以應用：我現在已經教過你心理促發力是如何運作的。在我們先前看到的例子中，它涉及到反覆引用「三」這個數字，包括在空中書寫的符號，以及說三次「蹦」，然後透過讓我們想著鮮明的顏色來激發紅色，以及讓虛擬螢幕變成方塊形狀來激發方塊的形狀。你現在已經知道，表演者使用這些技巧，讓數字三和方塊花色更容易在記憶中出現。你不僅知道意圖，也知道過程。在未來你就可以留意類似的把戲，注意到表演者手上形成的方塊形狀，看到空中畫出數字三，並發現到提起鮮明的顏色讓你想到紅色而不是黑色的卡牌。如果你想阻止自己受到這個把戲的影響，就可以想其他數字、閉上眼睛，或者當你知道被操縱了，就隨機挑選除了方塊三以外的任何卡片。了解它的運作原理後，你就更可能了解這個把戲的影響。⓳事實上，如果你知道所有內容，並看了影片，就可以自己試著玩玩這個把戲。

正如了解把戲的運作原理能降低它的效果一樣，詳細了解選擇架構工具的運作原理，也可能讓它們變得沒這麼有影響力。舉例來說，我們知道預設選項產生效果的部分原因，是讓你最初的注意力集中在預設選項上。於是你就可以決定先檢視其他選項。這可能就足以克服這種影響。在我的實驗室中，這樣做對其他偏見也起了作用，我們可以透過改變人們的注意焦點，讓他們更有耐心或防止稟賦效應。⓴向人警告他們即將接觸到選擇架構可能還不夠，但教導他們這些工具如何運作，以及該如何避免這些影響，可能足以讓他們戰勝設計者的意圖。既然你已經讀了這本書，我希望你能成爲一個更有效的設計者與更明智的選擇者。也許這是你選擇架構自衛訓練的起點。

我也希望每一個讀過這本書的人，都會渴望引導他人做出更好、更有益的選擇。雖然對選擇架構運作原理的深入了解，可能會誘使一些人爲了自己的目的而操縱其他人，但我希望他們是極少數。整體而言，更廣泛地理解我們設計的選擇會如何影響他人，應該導向更有目的又有建設性的選擇架構，讓自己都可以從中受益。

設計選擇架構，就像在地圖上選擇一條路徑。有許多可能的路徑，但對選擇者而言，有些路徑要好得多。可以根據選擇者的最大利益選擇預設選項。好的替代方案可以做得很容易被看到，而且不會被許多不好或不相關的選項所掩蓋。福利計畫可以變得容易理解，而不是更困難。另外，當我們確實知道想要什麼時，一個好的選擇架構可以讓自己很容易或很難找到它。但是，你要如何使用這些新發現的技能，當然取決於自己。

成爲更好的選擇建築師

選擇架構的概念可能是新的，但其實自從我們必須做選擇起，它就一直存在著。理論上，設計者在剛開始時可能低估了選擇架構，但透過觀察和不斷嘗試，他們一定會發現可以推進自己目標的設計。

新的事實是，我們已經更了解選擇架構如何影響決策，以及改變選擇環境已經變得更容易了。改變網站比重新設計商店花的力氣要少得多，而且還可以客製化，以獨特的方式改變每一個訪客的選擇，而受控制的實驗和A／B測試，也可以發現促成更好選擇的做法。

同樣新的發現則是，選擇架構不是可選擇的選項。所有的選擇都有一些可以影響選擇者的元素。我希望本書能促進大家對可用工具的範圍及其基本運作原理的了解。

雖然有些人質疑選擇架構是否合乎道德，我卻認爲正好相反：忽視選擇架構才是道德上的錯。設計者無可避免地一定會影響選擇者。假裝不是如此，將導致設計者和選擇者都得到不想要的結果，也是對雙方更差的結果。

如果我們認爲，選擇架構將對重要但很罕見的決定產生更大的影響，或者對更弱勢的族群產生更大的影響，那麼對道德的要求就會更強烈。在這方面，忽視選擇架構會產生更大的負面影響。

我認爲忽視選擇架構是不道德的，而且我也認爲這是不明智的。我們面臨的許多問題，可能很難用標準經濟學的兩個主要工具：資訊和激勵來解決。我會提出三個例子來說明：氣候變遷、不平等，以及兩極化和假新聞。要解決這些問題，除了我們已經有的其他工具之外，選擇架構可以成爲一個非常好的有效補充做法。

- **氣候變遷：**我們已經看到預設選項可以影響綠色和灰色電力之間的選擇，以及它如何使短期節約和長期效率提高的取捨更明顯。它還可以做更多事情，而且這些改變相當便宜。
- **不平等：**在第 1 章中，我們討論了更改計程車和類似服務（比如優步和 Lyft）的介面，可以增加付給司機的小費。我們也看到了選擇架構如何改善學校，以及增加社會福利金的理解，比如提高兒童認知發展的計畫。這些都是減少不平等的步驟，而且可以比一些替代方案更便宜、更有效，也更少爭議。

- **兩極化和假新聞**：我們在第9章看到，利用在前後文中容易理解的數字來描述政策，可以減少左右兩派在減稅和碳排放費方面的歧見。最近推特開始了一項創新之舉，在轉發一篇文章之前，推特會問你是否讀過它。它不會移除選擇，但沒有閱讀之前就想轉發時，會發生前期成本。目前也正在對介面進行類似的更改，以提高推特所說的**對話品質**：提醒你與某人擁有的相似之處的「人性化」提示，以及當你轉發被標記爲作假的內容時，會發出警告。我們還在等待關於這些變化的有效性的資料，但它們有兩個重要特徵，讓選擇架構變得非常吸引人：實施起來相對便宜，而且可以進行實驗，所以可以評估效果。

這些都是大問題，而解決方案牽涉到的不只是選擇架構。

對於一個在十二年前才得名的領域而言，這些都是非常重要的應用。但就像一個十二歲的孩子一樣，這個領域才剛開始，還有很長的路要走，而且對它所不知道的還有點茫然無措，但是看得到希望。它眼前的一些艱苦工作，將包括了解什麼工具有效、哪些時候有效、發明新的工具，以及在未來找到新的應用。我們需要更好的想法，以了解如何將這些想法納入組織和機構，並更深入了解它們如何影響個人。

最後，請思考一下要如何成爲你最了解的選擇者的設計者，而那個選擇者就是自己。你可能認爲選擇架構只對大型機構有用。但我們經常會架構自己的選擇，無論是關於工作、伴侶、行動，或者其他生活中重要的選擇。本書列出的工具，有可能幫助你了解何時要進行更多搜尋與何時該停止、如何標記屬性，以及通常該如何選擇良好的合理路徑和組合有用的偏好。當你這麼做的時候，可能會發現，設計者，也就是你，對選擇者具有強大的影響力，而在這個情況下，那個選擇者也是你。在如何使用選擇架構上，這件事提供了一個基本的觀察，也詮釋了黃金法則：爲他人設計時，就像希望別人爲你設計時一樣。

致謝

德國作曲家赫爾穆特・拉亨曼（Helmut Lachenmann）曾說，創作作品的過程會改變一個作曲家。撰寫本書的過程的確改變了我。在四年的認眞寫作期間，我學到了許多，深入思考了在應用選擇架構方面所引出的一些議題，而且我希望自己開發了一種方法，將這些令人興奮的可能性，傳達給那些不知道自己是設計者的人。

對決策的研究也發生了變化。在我研究選擇架構的大部分時間，我其實根本不知道我在研究這個領域。我的朋友塞勒和桑思坦在《推出你的影響力》書中創造了選擇架構這個名詞，給我的許多研究取了一個很好的描述性名稱。在我的職業生涯中，有許多人影響了我，但這篇謝詞的重點主要集中在與本書最相關的人。我要感謝幫助改變了這個領域的導師，因爲不知道該在哪裡對他們提出感謝。其中包括 J. Edward Russo、Herbert Simon、Hillel Einhorn 和 Amos Tversky。Colin Camerer 一直是一位非常有影響力和鼓舞人心的朋友，Robert J. Meyer 也是。

本書的最初靈感來自我在 Triennial Invitational Choice Symposium 上組織的一個工作小組，這個活動聽起來更像是一場藝術博覽會，而不是一個還不成氣候的會議。在那個場合中，一群學者圍坐在一起，寫了一章描述該領域現況的章節。結果產生了被大量引用的文章〈推出你的影響力之外：選擇架構的工具〉（Beyond Nudges: Tools of a Choice Architecture），這也催生了撰寫一本書的想法。這篇文章的重要貢獻者，但在其他地方都沒有被感謝過的人，包括 Suzanne Shu、Benedict Dellaert、Craig Fox、Ellen Peters 和 David Schkade。

本書某些章節的早期版本，已經在我於哥倫比亞大學商學院開設的「成爲更好的選擇建築師」課程中傳授。我要感謝參與該課程的學生的評論、意見和耐心。商學院也很支持這本書，對此我非常感謝。在哥倫比亞大學，Amanda Eckler 編輯了早期章節，而 Chung Ho 則是製作圖表的巫師。幫助本書研究工作的還有 Simon Xu、Inez Ajimi、Erica Shah 和 Wanja Waweru 等人，還要特別感謝 Shannon Duncan。現在賓州大學華頓商學院攻讀博士的 Linnea Gandhi 給了我極大的幫助，並讓我相信爲本書付出的努力是值得的。我希望她的看法是正確的，如果沒有她在初期提供的支持，這本書就不會存在。在洛克菲勒基金會貝拉吉奧中心爲期一個月的任職期間，也讓我受益匪淺。我喜歡在寫作時散步，在該中心的小路上散步特別令人感到神清氣爽。我隨時都願意回去。

Bob Cialdini、Cass Sunstein、Chip Heath 和 Daniel Kahneman 都對這本書的想法和初期草稿提出了早期評論。他們的評論很有幫助，這些評論也都是一種啓發。

過去兩年較嚴謹的寫作工作，始於我的經紀人 Max Brockman 的建議，以及 Riverhead Books 出版社的 Courtney Young 出色的監督和編輯，她非常專業地幫助我，並負責將冗長的散文變成更緊湊的最後作品。Jacqueline Shost 幫助指導了本書的製作，Bookitect 的 David Moldawer 也在本書開發過程中，幫助塑造了許多章節。

我也要感謝一些朋友幫助閱讀本書的部分內容。特別感謝 Gregory Murphy 對整本書充滿智慧的詳細評論。Daniel G. Goldstein、Kellen Mrkva 和 Nathaniel Posner 對幾個章節提供了評論。非常感謝我引用的研究的所有研究人員，他們還巧妙地指出了錯誤，或提供了更好的表達方式。這些人包括 Jessica Anker、Jack Soll、Maya Bar-Hillel、Wändi Bruine de Bruin、Raluca Ursu 和 Jay Russo。還要感謝 Richard Thaler 就器官捐贈與我進行了許多討論和評論。

我爲了理解資料背景與測試一些想法，透過電話和電子郵件，與幾位研究人員進行訪談。其中包括 Irwin Levin、Gerald Häubl、Rick Larrick、Al Roth 和 Scott Halpern。這些對話爲本書增加了清晰度和色彩。

我試圖在全書中強調自己之前合作過的合著者所做的貢獻，在此就不再重複我的感謝，但我非常感激所有的想法、樂趣、耐心和友誼。

每本書的最後，都有對長期受苦的配偶提出的敷衍感謝。在這次的情形中，這個配偶 Elke Weber 對我在許多午餐、晚餐和散步中提出的半生不熟的想法很有耐心，而她對本書的額外貢獻就是，在許多研究專案中擔任合著者與共同創作者的身分。謝謝妳。

注釋

第 1 章 形成選擇

1 關於這篇演說，請參照 "House of Commons Rebuilding: HC Deb 28 October 1943 Vol 393 Cc403- 73." 相關歷史在 "Bomb Damage" 及 "Churchill and Commons Chamber" 中進行了討論。座無虛席議會的重要性，在社交距離限制出席人數之後，顯得尤其重要。下議院議長林賽．霍伊爾（Lindsay Hoyle）曾說：「沒有比看著每一個人爭先恐後擠在一個塞滿人的會議室裡更重要的日子了。這就是讓下議院充滿活力的原因，也是打造下議院的因素。但除非我們知道它是安全的，否則不會發生。」艾爾戈特（Elgot）：「議長說，下議院可能永遠不會再回到擠滿會議室的辯論場景了。」

2 健康結果的記錄詳見 Shrank et al., "The Implications of Choice: Prescribing Generic or Preferred Pharmaceuticals Improves Medication Adherence for Chronic Conditions"。激勵失敗的案例在 O'Malley et al., "Impact of Alternative Interventions on Changes in Generic Dispensing Rates"。

3 Malhotra et al., "Effects of an E-Prescribing Interface Redesign on Rates of Generic Drug Prescribing: Exploiting Default Options"; Meeker et al., "Effect of Behavioral Interventions on Inappropriate Antibiotic Prescribing among Primary Care Practices: A Randomized Clinical Trial."

4 Haggag and Paci, "Default Tips"; Hoover, "Default Tip Suggestions in NYC Taxi Cabs."

5 關於根據《患者保護與平價醫療法案》所建立的交易結果，各州之間差異甚大，舉例來說，阿拉斯加州與阿拉巴馬州只提供六個或更少的選項。但俄亥俄州就提供七十三個選項。這個統計數字，是以在一個地點（比如阿拉斯加州君諾市或俄亥俄州哥倫布市），一個有配偶、一名子女、但沒有牙齒醫療保險的四十歲男性，在二〇二〇年十月造訪交易所，所得到的選項來計算的。詳見以下研究報告：Thanks to Benedict Dellaert of the Erasmus School of Economics, Erasmus University Rotterdam。

6 Rosenblatt "Ad Tracking 'Blocker' Comes to iOS6."

7 Brignull, "Dark Patterns: Inside the Interfaces Designed to Trick You." 數據來自顧問公司 Tune 進行的一個研究，請參照 Kaye 的報告 "Use of Limit Ad Tracking Drops as Ad Blocking Grows"。

8 Auxier et al., "2. Americans Concerned, Feel Lack of Control over Personal Data Collected by Both Companies and the Government."

9 Leswig, "Apple Makes Billions from Google's Dominance in Search—and It's a Bigger Business than iCloud or Apple Music"; Wakabayashi and Nicas, "Apple, Google and a Deal That Controls the Internet."

蘋果公司近來試著將隱私權當做核心價值加以推廣，用來和社群媒體平台公司競爭。

第 2 章 合理路徑

1 Kenneth P. Byrnes, chairman of the flight training department at Embry- Riddle Aeronautical University, in Wichter and Maidenberg, "More Jobs Will Be Cleared for Takeoff. Aspiring Pilots Are Ready. "

2 Wodtke, "Sully Speaks Out. "

3 請參照 Croft, "Connectivity, Human Factors Drive Next- Gen Cockpit "。

4 改編自美國國家運輸安全委員會，詳見 "Loss of Thrust in Both Engines after Encountering a Flock of Birds and Subsequent Ditching on the Hudson River, US Airways Flight 1549 Airbus A320– 214, N106US Weehawken, New Jersey, January 15, 2009 " 一文中的表三。

5 請參照 Langewiesche, "Anatomy of a Miracle"；國家運輸安全委員會 "Loss of Thrust in Both Engines after Encountering a Flock of Birds "。有關表現的數字與統計文字來自國家運輸安全委員會的報告。

6 事實上，薩利機長以為他降落的全程都維持在綠點速度，以及高於失速速度。但後來尋獲的飛行紀錄器卻顯示，他的飛行速度實際上是比綠點速度更慢（因此會下降得更快），而到迫降的最後關頭，飛機速度已經低於建議的失速速度。美國國家運輸安全委員會後來將此歸咎於薩利機長在高度壓力情況下伴隨而生的隧道視覺。但正如本書中提到的主題，這顯示決策者的自我報告系統有可能誤導。

7 在決策文獻中，這些決策的兩個常見名稱是選擇策略或「選擇捷思」（choice heuristics）。為了避免讀者困惑，我在本書中不用這些術語。康納曼和其他人已經提出了一系列知名的決策捷思法，但我談的選擇捷思在很多意義上都略顯不同。最重要的是，這並不是下意識的過程：一旦選定，通常是帶著覺知。大家可以談論這些選擇，因此這些選擇也是可以被中斷的。我們將會知道，選擇一個策略的過程往往是自動的，康納曼把這稱為系統一思考模式。想深入了解選擇捷思，可參照強森（Eric J. Johnson）與約翰．佩恩（John Payne）合著的《選擇中的心力與精確性》（*Effort and Accuracy in Choice*）。以及佩恩、詹姆斯．貝特曼（James R. Bettman）與強森的《決策中的適應性策略選擇》（*Adaptive Strategy Selection in Decision Making*）。

8 改編自 Hulgaard et al., "Nudging Passenger Flow in CPH Airports" 的【圖 1】【圖 2】。

9 Hulgaard et al., "Nudging Passenger Flow in CPH Airports. "

10 人們不計算利率這個論點的證據，來自提供利率的研究結果。當提供利率時，人們會變得更有耐性。相關討論請參照 Read, Frederick, and Scholten, "DRIFT: An Analysis of Outcome Framing in Intertemporal Choice "。

11 對於更複雜的決策，轉換合理路徑的決策會更常見。詳見 Shi, Wedel, and Pieters, "Information Acquisition During Online Decision Making: A Model-Based Exploration Using Eye- Tracking Data, " for a nice example of using eye tracking。

12 在早期，關於人們如何選擇合理路徑的研究著重在精確性和所要花費的精力之間的取捨。近來，經濟學中有很多研究表明，關於付出努力的決定，是根據眼前所見而有偏見的，詳見 Augenblick, Niederle, and Sprenger, "Working over Time: Dynamic Inconsistency in Real Effort Tasks"；Augenblick and Rabin, "An Experiment on Time Preference and Misprediction in Unpleasant Tasks"。這與經濟學中的其他研究形成了對比，通常被稱為「理性疏忽（rational inattention），這個觀點假設人們會考慮做出選擇所需的努力，選擇與標準經濟理論一致的策略。比方說，這些模型顯示，當賭注更高時，人們會更加努力工作，因此偏見就會減少。

13 關於流暢性在判斷中的影響，有大量但有點相互矛盾的文獻。Alter and Oppenheimer, "Uniting the Tribes of Fluency to Form a Metacognitive Nation " 提供了很好的論點。另可詳見 Oppenheimer, "The Secret Life of Fluency "。流暢度是在不經察覺的情況下快速計算，且包括考慮對象的許多特徵，這一觀點請參照 Reber, Wurtz, and Zimmermann, "Exploring 'Fringe' Consciousness: The Subjective Experience of Perceptual Fluency and Its Objective Bases"； Wurtz, Reber, and Zimmermann, "The Feeling of Fluent Perception: A Single Experience from Multiple Asynchronous Sources"。流暢性對選擇造成的影響，記載於 Novemsky, "Preference Fluency in Choice"。Marewski and Schooler, "Cognitive Niches: An Ecological Model of Strategy Selection" 描述了應用於推論的一個非常相似的想法。這是一篇關於整合認知，或者說是我們對自己思維的看法的大

型文獻中的一部分。我無意檢視這些廣泛的文獻及其爭議，但我認為此概念是一個有用的標籤，表達了我們對於做出選擇的過程的主觀感受。

14 Undorf and Zimdahl, "Metamemory and Memory for a Wide Range of Font Sizes: What Is the Contribution of Perceptual Fluency? " 是一篇相關的論文。如果細想一下，它可能會發生的原因，既是因為大字感覺更容易閱讀，也由於我們相信大字更容易閱讀（即使我們並不這麼認為）。雖然這是一個重要的理論區別，但我們討論的中心議題是：它影響我們認為某件事非常容易記住，即使其實根本沒有難易區別。

15 Rosenfeld, Thomas, and Hausen, "Disintermediating Your Friends: How Online Dating in the United States Displaces Other Ways of Meeting. "

16 BernieSingles 後來改名為 loveawake.com。請參照 Cesar, "Of Love and Money: The Rise of the Online Dating Industry"。

17 Etherington, "Daily Dating Site Coffee Meets Bagel Lands $600K from Lightbank, Match.Com Co- Founder. "

18 Etherington, "Daily Dating Site Coffee Meets Bagel Lands $600K from Lightbank, Match.Com Co- Founder. "

第 3 章 組合偏好

1 Green, "How Derren Brown Remade Mind Reading for Skeptics."

2 範例詳見 Levin and Johnson, "Estimating Price-Quality Tradeoffs Using Comparative Judgments"。

3 截至目前，單字小世界已經蒐集了一萬二千個單字的資料，有三百六十萬個回應。你可以前往該網站，看看你喜歡的單字在腦中引發什麼想法，也看看其他人的回應。Small World of Words：https:// smallworldofwords.org。

4 Kristensen, "8 E- Commerce A/ B Testing Examples You Can Learn From."

5 當然，曼德爾除了沙發外，還使用了其他產品與壁紙。詳見 Mandel and Johnson, "When Web Pages Influence Choice: Effects of Visual Primes on Experts and Novices"。

6 科學家很快就指出，一個城市的小規模短期氣候差異，與氣候的變化幾乎沒有關聯。

7 這是一種因果關係，而不僅僅是相關性的原因之一，是因為使用了一種稱為工具變數回歸（instrumental variable regression）的計量經濟學技術。另外可以參照 Zaval et al., “How Warm Days Increase Belief in Global Warming.” The experiments that vary temperature are described in Risen and Critcher, “Visceral Fit: While in a Visceral State, Associated States of the World Seem More Likely.” Other studies show the correlational result: Egan and Mullin, “Turning Personal Experience into Political Attitudes: The Effect of Local Weather on Americans’ Perceptions about Global Warming”; Hamilton and Stampone, “Blowin’ in the Wind: Short- Term Weather and Belief in Anthropogenic Climate Change”。

8 Busse et al., “The Psychological Effect of Weather on Car Purchases” 進行了這項汽車研究。步布斯和共同研究的朋友有一個稍微不同的解釋，稱為「投射偏見」(projection bias)。我們的可及性故事比較接近他們認為的另一個解釋「突顯性」（salience），根據他們的評論，他們的數據無法區別這兩種效應。

9 詳細內容可以參照 Conlin, O’Donoghue, and Vogelsang, “Projection Bias in Catalog Orders”。

10 在這項測試中，還有另一種新增抑制和減少回憶的讓人驚訝的方法，那就是向參與者展示一張有五十州的空白地圖。包括我在內的大多數人都打賭這會有正面幫助。但實際上，空白地圖降低了研究參與者能記起的州名。如果他們必須把正確州名放進空白地圖，人們通常會「忘記」九個州，只記得三十一個州，而不是在沒有地圖時，能夠記得的四十個州。請參照 Brown, “Reciprocal Facilitation and Impairment of Free Recall” and Karchmer and Winograd, “Effects of Studying a Subset of Familiar Items on Recall of the Remaining Items: The John Brown Effect”。

11 Laberee and Bell, eds., *Mr. Franklin: A Selection from His Personal Letters*.

12 本書稍後章節將提及提問理論，如果你對此有興趣，請參照 Johnson, Haubl, and Keinan, “Aspects of Endowment: A Query Theory of Value Construction”; Weber et al., “Asymmetric Discounting in Intertemporal Choice”。

13 Payne et al., “Life Expectancy as a Constructed Belief: Evidence of a Live-to or Die-by Framing Effect.” 年金是用早逝者支付的費用付給長壽者，你需要成為一個優秀的精算師才能銷售年金。

14 Partners Advantage, “Getting Your Prospect to Think About Longevity, and Longevity Calculators.”

第 4 章 選擇架構的目標

1 “Apple COVID- 19.”

2 新冠病毒症狀追蹤器（COVID Symptom Tracker）的成功，記載於 Menni et al., “Real- Time Tracking of Self- Reported Symptoms to Predict Potential COVID- 19”。

3 無論該決定涉及社會福利退休保障或其他結構類似的公共福利或雇主計畫福利，結果都是如此。其他國家（比如德國）的公共養老金計畫也有類似的結構。

4 這個討論是根據 Knoll et al., “Time to Retire: Why Americans Claim Benefits Early and How to Encourage Delay”; Muldoon and Kopcke, “Are People Claiming Social Security Benefits Later? “; Song and Manchester, “Have People Delayed Claiming Retirement Benefits? Responses to Changes in Social Security Rules”。

5 雖然塞勒和桑思坦在書中的處理更微妙，但推力的常見含意已經演變為應用任何操縱手段，改變行為走向預定結果，而放棄了結果應符合決策者最佳利益這個重要的警告。

6 關於如何延後申領社會福利金年齡，也有其他建議。比如我們可以見到「充分退休年齡」這個名詞，指的是等到七十歲再申請社會福利金，而不是現行的六十六歲。

7 見 “Retirement Benefits” 和 “How the Retirement Estimator Works” 等頁面。這些頁面直到二〇二一年三月仍然存在，只是增加了一組較流暢的頁面。

8 關於這個重要主題的研究非常少，更多細節可參照 Novemsky, “Preference Fluency in Choice”。

9 MacDonald, “How Long Do Workers Consider Retirement Decision? “ 有關最近的退休時間與感受，請參照 Helman, Copeland, and VanDerhei, “The 2015 Retirement Confidence Survey: Having a Retirement Savings Plan a Key Factor in Americans’ Retirement Confidence” 。

10 關於社會福利金，有一個大家都沒體認的額外福利，那就是基本上，只要你活著，它就會持續支付。如果你和一般美國人一樣，有一筆七萬六千美元的退休儲蓄存款，那麼隨著你活得越久，這筆錢就會不敷開銷。但在社會福利金每月付款機制下，你就沒有這個風險。這在業界稱為年金或長壽保險，在活得更久的時候，會照顧你的需要。這顯然是有價值的，我們在計算金額時沒有將這部份納入，但這是做得到的。

如果你認為這改變大部分人都在犯錯這個想法，那麼針對既擁有年金、又很早申請社會福利金的人，已經有研究。詳見 Bronshtein et al., " Leaving Big Money on the Table: Arbitrage Opportunities in Delaying Social Security" 。這些研究學者發現，這對這些家庭造成二十五萬美元的成本，而且有數百萬戶都犯了這個錯誤。

11 很多歷史的描述詳見 Lichtenstein and Slovic, "The Construction of Preference"。

12 另一種使用決策模擬器的方式，就是測量選擇者想達到什麼目的。在約會網站例子中，我們可以嘗試找出你的理想類型。為了做到這點，研究人員會使用一些技巧來塑造出你的偏好。所幸，有方法來測量這些取捨，這也經常用在開發新產品的過程。

這種方法有兩個挑戰。首先，當偏好確實組合起來時，我們無法以一種禁得起時間和情況考驗的穩定方式來精確建立模型。其次，模型最終可能做出不成立的假設。（這是一個科技論點，我在這裡不詳細描述，但如果你有興趣，可以在參考文獻中探討。）這些描述請參照 Meyer and Johnson, "Empirical Generalizations in the Modeling of Consumer Choice"。

13 參照 Mullainathan, Sendhil et al., "The Market for Financial Advice"。

第 5 章 預設選項的決策

1 Johnson and Goldstein, "Do Defaults Save Lives?"

2 Thaler and Sunstein, *Nudge*.

3 Abadie and Gay, "The Impact of Presumed Consent Legislation on Cadaveric Organ Donation: A Cross- Country Study."

4 Abadie 和 Gay 的研究，比 Johnson 和 Goldstein 的原始論文，採用了更複雜的技巧，以及更多國家當對象。就在英國改變政策前，做了一個系統化的檢視，請參照 Rithalia et al., "Impact of Presumed Consent for Organ Donation on Donation Rates: A Systematic Review"。這份報告檢視了比較各國政策的研究結果，以及做出改變的國家的政策，報告結論為預設選項確實增加了捐贈例子。他們也提醒改變預設的國家，可能也會增加曝光度與行銷廣度。Shepherd, O'Carroll, and Ferguson, "An International Comparison of Deceased and Living Organ Donation/ Transplant Rates in Opt-In and Opt-Out Systems: A Panel Study" 檢視了對死後與活體捐贈的綜合效果，也就是研究人員所稱的排擠效應（crowding out），人們在知道預設選項已經改變的狀況下，有可能拒絕捐贈。這些研究人員對此發現了一些證據，但這種效果還沒有強烈到足以克服預設選項的效果。Bilgel, "The Impact of Presumed Consent Laws and Institutions on Deceased Organ Donation" 則認為預設選項的效果大小，要看其他因素而定。整個文獻的一個挑戰，就是不可能隨機對一些國家指定預設選項。但一些先進的計量經濟學技術試圖使用工具變數回歸推斷因果關係，並認為預設選項的影響事實上導致了移植案量增加，但這個證據還不足以證明有因果關係存在。

5 Steffel, Williams, and Tannenbaum, "Does Changing Defaults Save Lives? Effects of Presumed Consent Organ Donation Policies."

6 新加坡原始法律僅限於對非回教徒在意外死亡後採集腎臟。舉例來說，腎臟移植手術數量，從一九八七年原始法律規範下的每年約五件，增加至二〇〇四年法律改變後的每年超過四十九件。詳見 Low et al., "Impact of New Legislation on Presumed Consent on Organ Donation on Liver Transplant in Singapore: A Preliminary Analysis"。智利的經驗記載於 Zuniga-Fajuri, "Increasing Organ Donation by Presumed Consent and Allocation Priority: Chile"。關於英國針對威爾斯所進行的長期研究，詳見 "Wales' Organ Donation Opt-Out Law Has Not Increased Donors"。法國則成立了國家拒絕登記局（National Rejection Registry），詳見 Eleftheriou-Smith, "All French Citizens Are Now Organ Unless They Opt Out"。加拿大新斯科細亞省的變化則記載於 "Changes to Organ and Tissue Donation"。

7 顯然，醫療基礎設施必須到位。在大部分國家，即使器官捐贈者已經主動同意捐贈行為，也一定要諮詢過家人。西班牙的模式在 Badcock 的訪談中加以討論 "How Spain Became the World Leader in Organ Donations," and in Matesanz, "Factors Influencing the Adaptation of the Spanish Model of Organ Donation"。有意思的是，在一些醫院裡，醫師會因為促成捐贈率高而得到報酬。這當然就引起了道德議題，而我們在以下文章 Smith, Goldstein, and Johnson, "Choice Without Awareness: Ethical and Policy Implications of Defaults" 與第 10 章中會討論。

8 Fabre, Murphy, and Matesanz, "Presumed Consent: A Distraction in the Quest for Increasing Rates of Organ Donation."

9 Zink and Wertlieb, "A Study of the Presumptive Approach to Consent for Organ Donation."

10 See Glazier and Mone, "Success of Opt-In Organ Donation Policy in the United States."

11 二〇一九年的一項調查顯示，有五六%的美國人支持選擇退出的政策，相較於二〇一二年的調查結果增加了五．二%，但有人指出這個增加可能來自網路受測者。不過，仍有約五〇%的人支持選擇退出政策，其中以年輕人更支持這項政策。約有三〇%的受測者表示，如果採行這種機制，他們會選擇這種政策。詳見 “2019 National Survey of Organ Donation.” The impact of such a possible change is discussed in DeRoos et al., “Estimated Association Between Organ Availability and Presumed Consent in Solid Organ Transplant”。

12 “Organ Trafficking: The Unseen Form of Human Trafficking”; May, “Transnational Crime and the Developing World.”

13 Becker and Elias, “Introducing Incentives in the Market for Live and Cadaveric Organ Donations”。這不一定非得是直接支付給捐贈者的支付現金方案。即使在死後捐贈的情況下，死亡後捐贈器官者的家屬仍可得到補償性金額。舉例來說，經濟學者就曾建議，捐贈者家屬可以收到金額來補貼喪葬費用。

14 然而，強迫人們回應不太可能成功。二〇一二年，紐約州通過了蘿倫法案（Lauren’s Law），這是一種積極選擇的形式。人們被問到是否願意成為器官捐贈者，或者也可以選擇跳過這個問題。紐約州的努力似乎並不有效，只有二八%的州民願意成為捐贈者，在全美五十個州中排名第四十八。相較之下，蒙大拿州有八九%的成年人登記成為捐贈者。

15 Johnson, “Apple, AT& T Shares Fall on Fewer- than- Expected iPhone Subscriptions”; Posner and Snyder, “Attention and Cognitive Control.”

16 影片可參照伊扎里克 “iPhone Bill”。但是反應的細節記錄在 Hafner, “AT& T’s Overstuffed iPhone Bills Annoy Customers”，其中包含了伊扎里克帳單的照片。《電腦世界》的文章是 Haskin, “Technology’s 10 Most Mortifying Moments”。AT&T 的回應記錄在 Perenson, “The 300- Page iPhone Bill to Disappear”。

17 Benartzi and Thaler, “Behavioral Economics and the Retirement Savings Crisis.”

18 細節可以參照 Johnson et al., “Framing, Probability Distortions, and Insurance Decisions.”。

19 更早的研究報告檢視了一種更常見的現象，稱為現狀偏見，意思就是總會預選一個選項，包括根據選擇者過去的決定做出選擇。Samuelson and Zeckhauser, “Status Quo Bias in Decision Making” 是一篇經典的論文。

20 Dinner et al., “Partitioning Default Effects: Why People Choose Not to Choose”; 也可以參照 McKenzie, Liersch, and Finkelstein, “Recommendations Implicit in Policy Defaults”。下一段的鐵路例子來自 Goldstein et al., “Nudge Your Customers Toward Better Choices”。

21 Pichert and Katsikopoulos, "Green Defaults: Information Presentation and Pro-environmental Behaviour." Ebeling and Lotz, "Domestic Uptake of Green Energy Promoted by Opt-out Tariffs."

22 關於後續研究的討論，詳見 Kaiser et al., "The Power of Green Defaults: The Impact of Regional Variation of Opt- Out Tariffs on Green Energy Demand in Germany"。

23 我們詢問人們是否認為，承包商希望他們做出一個決定或另一個決定，然後發現輕鬆感和背書都不會影響決策，我們還透過量測他們做出決定所花的時間，來檢查輕鬆度。這些都沒有影響他們的選擇。

24 這個研究來自 Dinner et al., "Partitioning Default Effects: Why People Choose Not to Choose"。

25 例子可見 Sunstein and Reisch, "Automatically Green: Behavioral Economics and Environmental Protection"。

26 見 Hedlin and Sunstein, "Does Active Choosing Promote Green Energy Use: Experimental Evidence"; Pichert and Katsikopoulos, "Green Defaults: Information Presentation and Pro- environmental Behaviour"; Sunstein and Reisch, "Green by Default" 可以看到討論與類似結果。

27 Kahneman, Knetsch, and Thaler, "Experimental Tests of the Endowment Effect and the Coase Theorem" 是稟賦效應的原始示範。Johnson, Haubl, and Keinan, "Aspects of Endowment: A Query Theory of Value Construction" 探討了提問理論的解釋力。

28 這與標準的森林圖不同。我用自己認為不錯的選擇架構改變了這張圖表：在本圖中越高表示越正面的效果。森林圖通常以旋轉方式顯示，而效果為從右向左。我還繪製了全部信任區間的分布圖，而不僅是九五%的信任區間，因為這強調了結果可能更接近平均值，並以持續的方式描繪了可變性。在完整的分析中，有一項研究具有小型顯著和負面影響，但是我報告的平均值已經包括所有研究。

29 森林圖並不能代表全貌。我們至少還需要擔心兩件事。首先，我們如何選擇要放在圖中的研究報告？如果我們只看已發表的研究，我們就可能不會畫上沒有「成功」的研究，也就是結果與零沒有區別的研究。原因來自發表偏見，研究人員會提交與期刊會接受的，大多是那些沒有失敗的論文。研究人員必須搜索所有線上資料庫的結果，並系統化地要求人們分享這些研究結果，來克服這一問題。

關於森林圖的第二個警告是，它們不一定能判定哪些實驗因為所謂的

p-hacking，而誇大了它們的結果，或縮小了它們的信賴區間。p-hacking 的意思，就是進行許多可能的分析，但只提報效果最好的結果。
有些圖表和分析可以幫助檢測這種現象，稱為漏斗圖和 p 曲線。

30 可以參照 Jachimowicz et al., "When and Why Defaults Influence Decisions: A Meta- Analysis of Default Effects"。

31 相關評論與研究，請參照 Goldstein et al., "Nudge Your Customers Toward Better Choices"，特別是我們大幅討論了有利於某個而不是另一個預設選項的情況。

32 "Characteristics of U.S. Mutual Fund Owners."

33 請參照 Smith, Goldstein, and Johnson, "Choice Without Awareness: Ethical and Policy Implications of Defaults"; Johnson and Goldstein, "Decisions by Default."

34 Peters, "Zoom Adds New Security and Privacy Measures to Prevent Zoombombing"; Garber, "A Company Called Zoom Technologies Is Surging Because People Think It's Zoom Video Communications (ZOOM, ZM)."

35 "Automatic Voter Registration in Oregon a Huge Success."

第 6 章 有多少選擇？

1 Robbins, "Lost in the School Choice Maze."

2 其他例子包括為居民與醫院，以及需求的腎臟與潛在捐獻者配對。

3 Nathanson, Corcoran, and Baker- Smith, "High School Choice in New York City: A Report on the School Choices and Placements of Low- Achieving Students."。

4 "The Tyranny of Choice: You Choose."

5 Scheibehenne, Todd, and Greifeneder, "What Moderates the Too-Much-Choice Effect?"

6 Scheibehenne, Greifeneder, and Todd, "Can There Ever Be Too Many Options? A Meta- Analytic Review of Choice Overload"; Chernev, Bockenholt, and Goodman, "Choice Overload: A Conceptual Review and Meta- Analysis."

7 Schwartz, *The Paradox of Choice: Why More Is Less*.

8 我們還可以看看呈現前二名、前三名、前四名等中間某一個的機率，或者檢視整組中最佳選項的品質。計算方式會比這個簡單例子複雜得多，但基本觀點維持不變，擁有更多仔細考慮的選項，可以提高整個群組中最佳選項的品質。我們同時還假設，沒有一個選項是像第 4 章討論的那種優勢選項。

9 Bhargava, Loewenstein, and Sydnor, "Choose to Lose: Health Plan Choices from a Menu with Dominated Option."

10 Johnson et al., "Can Consumers Make Affordable Care Affordable? The Value of Choice Architecture." This discussion is based mostly on experiment 6 in this paper.

11 與我們不付錢給人的情形相比，實質上支付款項會讓人們繼續工作的時間延長三〇%，但有趣的是，他們並沒有做出比較好的決定。

12 Barnes et al., "Moving Beyond Blind Men and Elephants: Providing Total Estimated Annual Costs Improves Health Insurance Decision Making"; Johnson et al., "Can Consumers Make Affordable Care Affordable? The Value of Choice Architecture.

13 LoGiurato, "Meet the 16-Year-Old Kid Who Got to Introduce President Obama in Brooklyn"; Saddler, "The Day I Introduced Barack Obama"; Zazulia, "Early College High School a Strong Path for IBM's Radcliffe Saddler."

第 7 章 排序

1 這個討論與威爾遜的引言出自 Krosnick, Miller, and Tichy, "An Unrecognized Need for Ballot Reform: Effects of Candidate Name Order"。

2 Grant, "The Ballot Order Effect Is Huge: Evidence from Texas."

3 大部分的研究都支持這個看法，詳見 Miller and Krosnick, "The Impact of Candidate Name Order on Election Outcomes"; Koppell and Steen, "The Effects of Ballot Position on Election Outcomes"; Meredith and Salant, "On the Causes and Consequences of Ballot Order Effects"; King and Leigh, "Are Ballot Order Effects Heterogeneous?"; Krosnick, Miller, and Tichy, "An Unrecognized Need for Ballot Reform: The Effects of Candidate Name Order on Election Outcomes"。也可以參照 Ho and Imai, "Estimating Causal Effects of Ballot Order from a Randomized Natural Experiment: The California Alphabet Lottery, 1978– 2002." 至於 Krosnick, Miller, and Tichy, "An Unrecognized Need for Ballot Reform" 推測二〇〇〇年大選的效應會那麼大的原因是，選民對兩位候選人的感覺更複雜矛盾。

也有實驗證據證實這些影響，詳見 Kim, Krosnick, and Casasanto, "Moderators of Candidate Name-Order Effects in Elections: An Experiment"。這是一個需要整合分析的領域。

排序效果甚至進一步滲透到政治。克羅斯尼克發現，排序差異可以部份解釋民調與投票結果的差異。詳見 Adams, "How the Pollsters Got It So Wrong in New Hampshire"。二〇〇八年時，歐巴馬被預估將贏得新罕普夏州的初選，因為民調領先三到一三％。但希拉蕊讓眾人跌破眼鏡，竟然贏了三％。克羅斯尼克說：「我敢說，希拉蕊贏歐巴馬的選票中，至少有三％的選票只是單純因為她被列在靠近前面。」

4 "Did Trump Win Because His Name Came First in Key States?"; Kam, "No, Donald Trump's Name Will Not Appear Automatically at the Top of Your Ballot"; Saunders, "Court Refuses to Reconsider Ballot Order Ruling."

5 很多探討這個效應的論文，詳見 Brownstein, "Biased Predecision Processing"; Carlson, Meloy, and Lieb, "Benefits Leader Reversion: How a Once- Preferred Product Recaptures Its Standing"; Blanchard, Carlson, and Meloy, "Biased Predecisional Processing of Leading and Nonleading Alternatives"; Russo et al., "Choosing an Inferior Alternative"; Simon, Krawczyk, and Holyoak, "Construction of Preferences by Constraint Satisfaction"; Simon and Holyoak, "Structural Dynamics of Cognition: From Consistency Theories to Constraint Satisfaction"; Simon et al., "The Emergence of Coherence over the Course of Decision Making"。

6 最初的研究可參照 Feenberg et al., "It's Good to Be First: Order Bias in Reading and Citing NBER Working Papers"; see also Irwin, "How Economists Can Be Just as Irrational as the Rest of Us"。

7 這個研究的描述請參照 Ursu, "The Power of Rankings: Quantifying the Effect of Rankings on Online Consumer Search and Purchase Decisions"。

8 我們在此討論的就是選擇中的排序效果。參考下列文章以探討更廣泛的排序效果，Bar-Hillel, "Position Effects in Choice from Simultaneous Displays"。他發展出我在這裡用的某些論點。

還有其他關於近因的證明，詳見 Bruine de Bruin and Keren, "Order Effects in Sequentially Judged Options Due to the Direction of Comparison"; Bruine de Bruin, "Save the Last Dance for Me: Unwanted Serial Position Effects in Jury Evaluations"; Bruine de Bruin, "Save the Last Dance II: Unwanted Serial Position Effects in Figure Skating Judgments"。

最後，我們要注意，首因與近因都是來自與記憶力相關的類似研究。在那些研究中，研究人員研究當我們將字彙與數字一次一個提供給人們，然後要求他們複述出來時，人們的學習結果有多好。
儘管這些名詞有所相似，但在其他文獻中的結果卻與此處的討論無關。此處的決策是根據決策者眼前的資訊（或口味），而不是直接依賴他們的記憶。關於品酒的例子，在下文的圖中即有描述，我將其修改並加以引用。Matonakis et al., “Order in Choice Effects of Serial Position on Preferences”。

9 Atalay, Bodur, and Rasolofoarison, “Shining in the Center: Central Gaze Cascade Effect on Product Choice.” 垂直顯示似乎比水平顯示的效果更強，詳見 Kim et al., “ Position Effects of Menu Item Displays in Consumer Choices: Comparisons of Horizontal Versus Vertical Displays”。強烈的首因效果研究請參 Nguyen et al., “Examining Ordering Effects in Discrete Choice Experiments: A Case Study in Vietnam”; Raghubir and Valenzuela, “Center- of- Inattention: Position Biases in Decision-Making.” Li and Epley, “When the Best Appears to Be Saved for Last: Serial Position Effects on Choice” 也探討首因效果。

10 詳見 Dreze, Hoch, and Purk, “Shelf Management and Space Elasticity”。

11 為了更了解哪個更突出，設計者可以觀察眼光軌跡，或者使用分析圖像的數位版本的演算法，詳見 Bartels, “How Eye Tracking Can Unlock Consumer Insights”; Chandon, Hutchinson, and Bradlow, “Does In-Store Marketing Work? Effects of the Number and Position of Shelf Facings on Brand Attention and Evaluation at the Point of Purchase”。

12 Lynch and Ariely, “Wine Online: Search Costs Affect Competition on Price, Quality, and Distribution”; Diehl, “When Two Rights Make a Wrong: Searching Too Much in Ordered Environments”; Diehl, Kornish, and Lynch, “Smart Agents: When Lower Search Costs for Quality Information Increase Price Sensitivity.”

13 詳見 Glazerman, “The Choice Architecture of School Choice Websites”。

14 Steve Miller 是麻州 Miller Resource Group 總裁，在菜單設計研討會上擔任講師。引言出自 Panitz, “Does Your Menu Attract or Repel Diners?”。

15 From Reynolds, Merritt, and Pinckney, “Understanding Menu Psychology.” Another, more contemporary example is “Meet the ‘Menu Engineers’ Who Optimize Restaurant Revenue.”
Menu designer William Doerfler identified power position as an optimum position in the November 1978 issue of Cornell Hotel and Restaurant Administration Quarterly. 多年來，菜單設計者一直以菜單布局能直接影響銷售為前提。然而，這方面的支持研究卻很少。為了從實證經驗上評估這種關係，在美國東北

部一所大型大學的一間獨立休閒餐廳中進行了一項實驗。第一次實驗整合了菜單上價格位置的操弄，但沒有造成顯著不同的平均消費總額。第二次實驗則測試了菜單上更顯著地顯示特定品項帶來的效果。再次證明與假設相反，這並沒有影響客人點選菜色的機率。詳見 Doerfler, "Menu Design for Effective Merchandising"。

16 Kincaid and Corsun, "Are Consultants Blowing Smoke? An Empirical Test of the Impact of Menu Layout on Item Sales." One retracted paper is Wansink and Love, "Slim by Design: Menu Strategies for Promoting High-Margin, Healthy Foods."

17 Both figures are from Yang, "Eye Movements on Restaurant Menus: A Revisitation on Gaze Motion and Consumer Scanpaths."

18 Dayan and Bar- Hillel, "Nudge to Nobesity II: Menu Positions Influence Food Orders— ProQuest." 要記住這些效果依賴人們分配注意力而定。菜單不像沙拉吧。讓東西難以取得，也會讓它們變得不受歡迎。Rozin 與同事的研究結果顯示，在午餐時間供應成人餐點秤重計價的沙拉吧，改變不同食物的可及性，將改變人們對食物的選擇。讓某項食物較難取得（挪動約二十五公分），或者改變取餐的器具（提供杓子或食物夾）都會微幅但明顯降低人們對該項食物的攝取，效果約達八至一六%。詳見 Rozin, Dingley, and Urbanek, "Nudge to Nobesity I: Minor Changes in Accessibility Decrease Food Intake"。See Cadario and Chandon, "Which Healthy Eating Nudges Work Best? A Meta-Analysis of Behavioral Interventions in Field Experiments," for a recent review of how nudges affect eating。

第 8 章 描述選項

1 有關超省油開車族的資訊可參照 Gaffney, "This Guy Can Get 59 MPG in a Plain Old Accord. Beat That, Punk"; Moskowitz, "Hypermiling: Driving Tricks Stretch Miles Per Gallon"。本田 Cardona 里程數資料來自美國能源部 "Gas Mileage of 2008 Honda Civic." 這個研究與數字引用自 Larrick and Soll, "The MPG Illusion"。

2 此處改寫自 https://www.epa.gov/sites/production/files/styles/large/public/2016-08/label_pre2008_650_0.gif。

3 這個例子引用自 Ungemach et al., "Translated Attributes: Aligning Consumers' Choices and Goals Through Signposts"。

4 這個例子引自 Hardisty, Johnson, and Weber, "A Dirty Word or a Dirty World?,"

study 2。這些差異通常被稱為損失規避，也就是人們不喜歡損失，多於相對可能利潤的程度。不過，損失規避更像一種觀察所得的標籤，而不是一種說明。提問理論把找回記憶當成一個必要過程，補充了傳統損失規避的解釋。詳見 Wall et al., "Risky Choice Frames Shift the Structure and Emotional Valence of Internal Arguments: A Query Theory Account of the Unusual Disease Problem"。

5 這個數字與結果出自 Dowray et al., "Potential Effect of Physical Activity Based Menu Labels on the Calorie Content of Selected Fast Food Meals"。我在《決策科學新聞》（*Decision Science News*）的一個條目上第一次注意到了這條研究路線。詳見 Antonelli and Viera, "Potential Effect of Physical Activity Calorie Equivalent (PACE) Labeling on Adult Fast Food Ordering and Exercise"; Deery et al., "Physical Activity Calorie Expenditure (PACE) Labels in Worksite Cafeterias: Effects on Physical Activity"; Long et al., "Systematic Review and Meta-Analysis of the Impact of Restaurant Menu Calorie Labeling"。

6 許多家用事務帳單（比如第四台、網路、電力，以及電話費等）卻正好相反，提供單一目的的許多屬性，單一目的就是選擇者關心的是單月服務的最終總價格，但伴隨著這個價格而來的有很多不同組合成分，例如：第四台的特許頻道費用，或者必須的維護費等。由於它們的目的沒有不一致之處，選擇者就寧願只看見一個總數。服務提供者也許有合理目標，因此提供這些費用的細項，但增加這些說明會讓總數變得不明顯，除非選擇者知道這些費用都是相同的，否則這些列出來的費用會讓選擇者不去進行比較。詳見 Thaler and Johnson, "Gambling with the House Money and Trying to Break Even— The Effects of Prior Outcomes on Risky Choice"; Read, Loewenstein, and Rabin, "Choice Bracketing"; Gabaix and Laibson, "Shrouded Attributes, Consumer Myopia, and Information Suppression in Competitive Markets"; Morwitz, Greenleaf, and Johnson, "Divide and Prosper: Consumers' Reactions to Partitioned Prices"; Greenleaf et al., "The Price Does Not Include Additional Taxes, Fees, and Surcharges: A Review of Research on Partitioned Pricing"。

7 詳見 O'Donovan, "An Invisible Rating System at Your Favorite Chain Restaurant Is Costing Your Server"; DeShong, "Do Drivers Think You're a 'Ridezilla'? Better Check Your Uber Rating"; Shaban, "Uber Will Ban Passengers with Low Ratings"; Cook, "Uber's Internal Charts Show How Its Driver-Rating System Actually Works"。

8 實際的計算方法是由公式（log（2）/log（1+（利率）/100）計算得出的，我相信你可以用心算得出答案。但有一個技巧可以讓你得到非常接近的數字，叫做 72 法則。想知道利率為 r 時，一筆金額翻倍需要多少時間，本案例中的 r 為 10%，只需將 72 除以 r 即可。因此，在我們的案例中，72/10 代表著這筆錢在

7.2 年後就可翻倍。也就是 7.2 年後，你將擁有 2 萬美元。這也表示在 45 年後，這筆錢將成為 6.2 倍，或總計 76 萬美元，這是很接近的大概數字。當我把這個案例交給我的 MBA 學生時，大約有 10% 的人正確地使用了這個 72 法則。"Intuitive Compounding: Framing, Temporal Perspective, and Expertise."

9 這是一個很多討論的領域，但這並不代表人們改變了借款成本如何呈現。最早的一篇實驗性文章 Einsenstien and Hoch, "Intuitive Compounding: Framing, Temporal Perspective, and Expertise" 發表後，政府就發布了調查資料的分析報告（the Survey of Consumer Finances），Stango and Zinman, "Exponential Growth Bias and Household Finance," 這是家戶人口分布與財務「資產負債表」很有代表性的例子與寫照。它也提供了關於這個主題的研究歷史說明。無法了解利率這一點很嚴重。所有這些關係都相互關聯，又讓人擔憂。犯錯較嚴重的家庭，傾向於持有更少的股票（根據經濟理論長期觀點，這也表示他們的資產增加會更少），並且會有更多的短期債務。這種偏見對非裔美國人和女性來說也更大，即使在已經控制了如教育和當前財富等顯而易見的因素時也是如此。其他相關研究報告包括 Soll, Keeney, and Larrick, "Consumer Misunderstanding of Credit Card Use, Payments, and Debt: Causes and Solutions"; Song, "Financial Illiteracy and Pension Contributions: A Field Experiment on Compound Interest in China"; McKenzie and Liersch, "Misunderstanding Savings Growth: Implications for Retirement Savings Behavior"。

10 基普喬蓋的成就描述來自 Keh, "Eliud Kipchoge Breaks Two-Hour Marathon Barrier." Pope and Simonsohn, "Round Numbers as Goals"; Heath, Larrick, and Wu, "Goals as Reference Points"。數字與馬拉松結果來自 Allen et al., "Reference-Dependent Preferences: Evidence from Marathon Runners"。

11 "Envision Version 2.0: A Rating System for Sustainable Infrastructure." Shealy et al., "Using Framing Effects to Inform More Sustainable Infrastructure Design Decisions."

12 Beko, "Freestanding 7kg Condenser Tumble Dryer DCX71100." The picture describes a Freestanding 7kg Condenser Tumble Dryer DCX71100.

13 Musicus et al., "Online Randomized Controlled Trials of Restaurant Sodium Warning Labels."

14 詳見 Reyes et al., "Development of the Chilean Front-of-Package Food Warning Label" and Taillie et al., "An Evaluation of Chile's Law of Food Labeling and Advertising on Sugar-Sweetened Beverage Purchases from 2015 to 2017"。

15 "President Trump's Energy Independence Policy." 有一個討論可以參照 Peters

et al., "Numeracy and Decision Making," and Johnson et al., "Beyond Nudges: Tools of a Choice Architecture"，也可以參照 Peters, *Innumeracy in the Wild: Misunderstanding and Misusing Numbers*。

第 9 章 打造選擇引擎

1 Hardwick, "Top 100 Most Visited Websites by Search Traffic (as of 2020)."

2 Carr, "Giving Viewers What They Want."

3 McAlone, "The Exec Who Replaced Netflix's 5- Star Rating System with 'Thumbs Up, Thumbs Down' Explains Why."

4 Ciancutti, "Does Netflix Add Content Based on Your Searches?"; Netflix, "Netflix Quick Guide: How Does Netflix Decide What's on Netflix."

5 Gomez-Uribe and Hunt, "The Netflix Recommender System"; Carr, "Giving Viewers What They Want."

6 想做到協同過濾，你需要諸如一個大型使用者行為之類的資料庫，以及一個描述內容基準篩選器特徵的大型資料庫。一家新的企業或許擁有其中一項，但另一項就會付之闕如，不過，它可以隨業務發展而發展出新資料。

7 Giovanelli and Curran, "Efforts to Support Consumer Enrollment Decisions Using Total Cost Estimators: Lessons from the Affordable Care Act's Marketplaces"; Barnes et al., "Moving Beyond Blind Men and Elephants: Providing Total Estimated Annual Costs Improves Health Insurance Decision Making."

8 "Picwell" 完全披露：該公司創立時，我曾經擔任顧問，但目前與該公司完全沒有關係。我對該公司的財務也沒有利益關係。

9 Chien and Morris, "Household Participation in Stock Market Varies Widely by State"，以及許多其他研究報告，都記錄了報酬與缺乏參與的差異。似乎有系統化的差異。除了對財富的影響，比較缺少社交關係的人也比較少投資股票，這種現象在某些州比其他州更嚴重，即使將收入與財富等因素排除後仍然如此。舉例來說，內華達州的居民，就比佛蒙特州的人不願意持有股票。

10 根據網站與在二〇二〇年九月十二日截取的資料顯示，這些網頁於二〇二〇年六月十七日和六月三十日經過編輯修改。這些日期很重要。在克恩斯自殺，以及二〇二一年初的爭議事件後，這些網頁被徹底修改，變得更完整和複雜。

11 這種交易的機制非常複雜。造市商可能會以略高價格，例如 100.01 美元的價格出售股票，而以略低的價格，例如99.99美元的價格買入該股票。此處的價差就是0.02美元。這看來可能只是小數目，但單日交易的股數可能達到2億股，如果價差為0.02美元，造市商在當天就能收到400萬美元。這筆錢會由造市商、零售商（例如羅賓漢），以及客戶來分。這對客戶有何意義相當複雜，但很明顯的就是，這種安排對羅賓漢（以及其他不收佣金的零售商）而言，如果你買賣越多股票，它們就能賺更多錢，如果你買賣選擇權，它們還能賺更多。
並不是所有零售商都從這種交易中抽取費用。Fidelity Investments就把所有分配給他們的價差分配給客戶，而英國金融行為監理總署更是明令禁止收取此類費用。

12 Popper and Merced, "Robinhood Pays $65 Million Fine to Settle Charges of Misleading Customers."

13 你必須先通過羅賓漢的認證，才能買賣某些種類的選擇權，許多其他金融服務業機構也有設置類似條件，但只要宣稱你有買賣選擇權的經驗，就足以讓你獲得認證，而批准流程可以在短短十分鐘內完成。

14 Holladay, "Alexander Kearns Remembered by UNL Community as Positive, Always Willing to Help."

15 克恩斯於二〇二〇年六月十二日自殺。羅賓漢的高級主管說明，他們對於自殺事件深感悲痛，並捐贈了二十五萬美元給一個防止自殺基金會，並表示他們正「考慮對申請第三級選擇權交易的客戶，設置更多需求與教育，以確認客戶了解這些更複雜的選擇權交易。」他們還表示將會改善對客戶的教育，擴充與選擇權相關的說明內容，並「正著手修改使用者介面」。

16 有關這事件的詳細報導，請參 Popper, "Robinhood Has Lured Young Traders, Sometimes with Devastating Results"。關於交易與結果的關聯性研究，也可以參照 Barber et al., "The Cross-Section of Speculator Skill: Evidence from Day Trading"; Choy, "Retail Clientele and Option Returns"。關於最頻繁交易者的影響，可參照 Barber et al., "Attention Induced Trading and Returns: Evidence from Robinhood Users"。

17 改編自 "2016 Election Forecast"。

18 與先前圖形相同的資料，重新繪製成點狀密度圖，這是由 FiveThirtyEight.com 網站為二〇二〇年大選所改變的圖表。

19 使用〈美國二〇二〇年總統大選預測〉文中對二〇一六年的模擬結果所產生的圖表。

20 我有幸參與這項研究工作的一部分。在 Goldstein, Johnson, and Sharpe,

"Distribution Builder: A Tool for Measuring Preferences for Investment Risk" 的研究中，我們展示了根據這個技術預估得出的風險是可靠的，並在預測人們持股這方面，做得更精確。

也許 Goldstein and Sharpe 的想法中，最重要的部分就是人們可以藉由建立結果的分布，來表達他們對風險的偏好方式。我在這裡專注於第二階段，體驗結果。亦可參考 Hofman, Goldstein, and Hullman, "How Visualizing Inferential Uncertainty Can Mislead Readers about Treatment Effects in Scientific Results"; Kaufmann, Weber, and Haisley, "The Role of Experience Sampling and Graphical Displays on One's Investment Risk Appetite"; Goldstein and Rothschild, "Lay Understanding of Probability Distributions"; 其他的測試與應用請參照 Sharpe, Goldstein, and Blythe, "The Distribution Builder: A Tool for Inferring Investor Preferences"。

21 詳見 Hofman, Goldstein, and Hullman, "How Visualizing Inferential Uncertainty Can Mislead Readers about Treatment Effects in Scientific Results"; Kaufmann, Weber, and Haisley, "The Role of Experience Sampling and Graphical Displays on One's Investment Risk Appetite"; Hullman, Resnick, and Adar, "Hypothetical Outcome Plots Outperform Error Bars and Violin Plots for Inferences about Reliability of Variable Ordering"。

22 Ruginski et al., "Non-expert Interpretations of Hurricane Forecast Uncertainty Visualizations"; Meyer et al., "Dynamic Simulation as an Approach to Understanding Hurricane Risk Response: Insights from the Stormview Lab"; Meyer et al., "The Dynamics of Hurricane Risk Perception: Real- Time Evidence from the 2012 Atlantic Hurricane Season." 義大利麵圖改編自 https://www.weathernerds.org/tc_guidance/images/AL19_2020091318_ECENS_0-120h_large.png available from Weathernerds.org。

第 10 章 成爲更好的選擇建築師

1 Rogers, "How a Publicity Blitz Caused the Myth of Subliminal Advertising"; Salsa, "Subliminal Advertising Doesn't Exist"; Smith, Goldstein, and Johnson, "Choice Without Awareness: Ethical and Policy Implications of Defaults."

2 Nichols, "Experimental Philosophy and the Problem of Free Will"; Nichols and Knobe, "Moral Responsibility and Determinism: The Cognitive Science of Folk Intuitions."

3 你可以在帕萊斯和庫恩報告的補充材料中，看到有心理促發效果和沒有心理促發效果的影片，Pailhes and Kuhn, "Influencing Choices with Conversational Primes: How a Magic Trick Unconsciously Influences Card Choices." These are Pailhes, "Mental Priming Force"。

4 目前還沒有正式的整合分析，但有許多與這個想法一致的研究。

5 Dhingra et al., "The Default Pull: An Experimental Demonstration of Subtle Default Effects on Preferences." 想看利用遊戲研究偏好的介紹，請參照 Henrich et al., *Foundations of Human Sociality: Economic Experiments and Ethnographic Evidence from Fifteen Small-Scale Societies*。在這個研究中，受訪者被分為四個部分。我現在談的是第一個預設的效果，但其他的測試也顯示了類似的效果。

6 Bang, Shu, and Weber, "The Role of Perceived Effectiveness on the Acceptability of Choice Architecture." 這些研究人員實際上讓人體驗了這個效果。舉例來說，人們對牛絞肉做兩次評分，一次是看見肥肉百分比的描述，一次是瘦肉百分比。即使他們看到兩種標籤，也看到他們身上也發生了影響的效果，他們還是認為，其他人更容易受到影響。

7 Bruns et al., "Can Nudges Be Transparent and Yet Effective?" 也可以參照 Loewenstein et al., "Warning: You Are about to Be Nudged." The House of Lords report is "Behavior Change (Second Report)"。

8 並非所有人都不知道。我和韋伯以及兩個對魔術非常精通的朋友芭芭拉．梅勒斯（Barbara Mellers）和菲爾．特洛克（Phil Tetlock）一起去看了布朗最近在百老匯的演出。梅勒斯本人就是一名魔術師，也是魔術師兄弟會的成員。她知道魔術是如何完成的。韋伯和我則被布朗迷住了，最多也只能胡亂猜測魔術是怎麼做到的。但特洛克和梅勒斯就沒特別覺得這個魔術很了不起，因為他們知道這個魔術是如何做的。所以魔術師兄弟會對會員有不可分享祕密的嚴格規範，也就不足為奇了。

9 Reisch and Sunstein, "Do Europeans Like Nudges?"; Sunstein et al., "A World-Wide Consensus on Nudging? Not Quite, but Almost."

10 這些實驗是由在史丹佛與香港的團體所做，詳見 Zlatev et al., "Default Neglect in Attempts at Social Influence"。採用其他情境進行的額外研究，並沒有顯示出完全的預設忽視現象。Jung, Sun, and Nelson, "People Can Recognize, Learn, and Apply Default Effects in Social Influence"。也可參照 McKenzie, Leong, and Sher, "Default Sensitivity in Attempts at Social Influence"。忽視預設的其他例子可參照 Robinson et al., "Some Middle School Students Want Behavior Commitment Devices (but Take-Up Does Not Affect Their Behavior)"; Bergman,

Lasky-Fink, and Rogers, "Simplification and Defaults Affect Adoption and Impact of Technology, but Decision Makers Do Not Realize It"。

11 以下論文描述了這個結果，Brown, Kapteyn, and Mitchell, "Framing Effects and Social Security Claiming Behavior"。

12 原始研究請參照 Halpern et al., "Default Options in Advance Directives Influence How Patients Set Goals for End- Of- Life Care." 結果大致上重製於 Halpern et al., "Effect of Default Options in Advance Directives on Hospital- Free Days and Care Choices among Seriously Ill Patients"。Yadav et al., "Approximately One in Three U.S. Adults Completes Any Type of Advance Directive for End-Of-Life Care"，是預立醫囑統計數字的來源。想要舒緩照護的證據來自 Fried et al., "Understanding the Treatment Preferences of Seriously Ill Patients"。

13 Mathur et al., "Dark Patterns at Scale: Findings from a Crawl of 11K Shopping Websites"; Valentino-DeVries, "How E-Commerce Sites Manipulate You into Buying Things You May Not Want"; Brignull, "Dark Patterns: Inside the Interfaces Designed to Trick You."

14 Obar and Oeldorf-Hirsch, "The Biggest Lie on the Internet: Ignoring the Privacy Policies and Terms of Service Policies of Social Networking Services."

15 Empson, "Practice Fusion Continues to Reach beyond Digital Health Records, Adds Free Expense Tracking to New Booking Engine"; United States of America v. Practice Fusion, Inc.

16 United States of America v. Practice Fusion, Inc; U.S. Department of Health and Human Services, Centers for Disease Control and Prevention, "Checklist for Prescribing Opioids for Chronic Pain"; Court, "Health- Records Company Pushed Opioids to Doctors in Secret Deal with Drugmaker"; Lopez, "Purdue Pharma Pleads Guilty to Criminal Charges in $8 Billion Settlement with the Justice Department"; Empson, "Practice Fusion Continues to Reach beyond Digital Health Records, Adds Free Expense Tracking to New Booking Engine"; Farzan, "A Tech Company Gave Doctors Free Software— Rigged to Encourage Them to Prescribe Opioids, Prosecutors Say."

17 Santistevan et al., "By Default: The Effect of Prepopulated Prescription Quantities on Opioid Prescribing in the Emergency Department"; Delgado et al., "Association Between Electronic Medical Record Implementation of Default Opioid Prescription Quantities and Prescribing Behavior in Two Emergency Departments"; Crothers et al., "Evaluating the Impact of Auto-Calculation

Settings on Opioid Prescribing at an Academic Medical Center"; Jena, Barnett, and Goldman, "How Health Care Providers Can Help End the Overprescription of Opioids"; Zwank et al., "Removing Default Dispense Quantity from Opioid Prescriptions in the Electronic Medical Record."

18 有關金融知識的數據參自 Fernandes, Lynch, and Netemeyer, "Financial Literacy, Financial Education, and Downstream Financial Behaviors"。結果參自 Mrkva，其他則參自 Mrkva et al., "Do Nudges Reduce Disparities? Choice Architecture Compensates for Low Consumer Knowledge"。

19 正如帕萊斯和庫恩所言：「讓參與者感到自由是強迫技巧要成功的一個關鍵元素。如果魔術師想方設法在強迫一張牌卡被想起，但參與者覺得受到限制，而且不能自由選擇，這個把戲就不再有效了。」

20 Weber et al., "Asymmetric Discounting in Intertemporal Choice"; Dinner et al., "Partitioning Default Effects: Why People Choose Not to Choose."

Eurasian Publishing Group
圓神出版事業機構
用心與你對話．視野無限寬廣
先覺出版社
Prophet Press

www.booklife.com.tw　　reader@mail.eurasian.com.tw

商戰 220

選擇，不只是選擇：

全美決策領域最知名教授，告訴你選項背後的隱藏力量

作　　者／艾瑞克．J．強森（Eric J. Johnson）
譯　　者／林麗雪
發 行 人／簡志忠
出 版 者／先覺出版股份有限公司
地　　址／臺北市南京東路四段50號6樓之1
電　　話／（02）2579-6600．2579-8800．2570-3939
傳　　真／（02）2579-0338．2577-3220．2570-3636
總 編 輯／陳秋月
資深主編／李宛蓁
責任編輯／林淑鈴
校　　對／李宛蓁．林淑鈴
美術編輯／李家宜
行銷企畫／陳禹伶．黃惟儂
印務統籌／劉鳳剛．高榮祥
監　　印／高榮祥
排　　版／莊寶鈴
經 銷 商／叩應股份有限公司
郵撥帳號／18707239
法律顧問／圓神出版事業機構法律顧問　蕭雄淋律師
印　　刷／祥峰印刷廠
2022年4月　初版

定價 450 元　　ISBN 978-986-134-412-6　　Printed in Taiwan

如果你的直覺反應和審慎思考過後的決定不一樣，如何在兩種情境中做出一致的表現就很重要。如果你讓直覺當家，就連怎麼解讀盈虧這麼簡單的事情都會影響決策。但如果你忽略直覺，完全冷靜地計算得失後才做決定，那你也可能會忽略內心的警告訊號。

——《盲點：哈佛、華頓商學院課程選讀，爲什麼傳統決策會失敗，而我們可以怎麼做？》

國家圖書館出版品預行編目資料

選擇，不只是選擇：全美決策領域最知名教授，告訴你選項背後的隱藏力量／艾瑞克·J·強森（Eric J. Johnson）；林麗雪譯. -- 初版. --臺北市：先覺, 2022.4

384 面；14.8×20.8公分 --（商戰系列；220）

譯自：The Elements of Choice: Why the Way We Decide Matters

ISBN 978-986-134-412-6（平裝）

1.CST：決策管理

494.1　　111001789